有限时间理论及飞行器制导控制应用

丁一波　岳晓奎　朱战霞　郭容義　著

FINITE – TIME THEORY AND APPLICATION FOR GUIDANCE AND CONTROL OF FLIGHT VEHICLE

国防工業出版社
·北京·

内 容 简 介

本书主要内容包括有限时间控制理论的定义、稳定判定方法、发展体系及扩展应用，并将有限时间控制理论应用于临近空间高速飞行器的制导与控制方案设计中，给出临近空间高速飞行器容错控制问题、跟踪误差性能约束问题、智能机动博弈问题、多约束下协同拦截问题等制导控制问题的解决方案。相比现有其他书籍，本书面向先进飞行器开展前沿制导控制理论研究，实现了理论与工程的有机结合，具有鲜明的航天应用特色。

本书可作为有限时间控制理论、飞行器制导与控制方法研究的工具书，也可作为飞行器设计、飞行器控制与信息工程、控制科学与工程等相关专业教师、研究生以及本科生的教材或参考书。

图书在版编目（CIP）数据

有限时间理论及飞行器制导控制应用 / 丁一波等著. 北京：国防工业出版社，2025. 3. -- ISBN 978-7-118-13630-2

Ⅰ. V47

中国国家版本馆 CIP 数据核字第 2025MH4879 号

※

国防工業出版社 出版发行

（北京市海淀区紫竹院南路 23 号　邮政编码 100048）

雅迪云印（天津）科技有限公司印刷

新华书店经售

*

开本 710×1000　1/16　**插页** 2　**印张** 13　**字数** 229 千字

2025 年 3 月第 1 版第 1 次印刷　**印数** 1—1500 册　**定价** 89.00 元

国防书店：（010）88540777　书店传真：（010）88540776

发行业务：（010）88540717　发行传真：（010）88540762

前　言

控制理论始于对机械和电气系统的建模与分析，而后发展出诸如PID（比例-积分-微分）控制器等经典方法。然而，随着复杂系统的出现与科技的飞速发展，工业、交通、医疗、航空等领域对控制系统性能的要求变得越来越严格，这些传统方法逐渐显得力不从心。状态空间理论的引入为理解和分析动态系统提供了更为灵活的工具，但对于一些需要更高性能的应用而言，依然存在一些局限性。这为鲁棒控制、自适应控制等新兴领域的崛起创造了机遇。有限/固定时间控制理论在这一背景下应运而生。

以自动控制系统中应用最为广泛的PID控制为例，其只能实现系统渐近稳定，即理论上系统状态收敛到平衡点所需的时间无穷大。相比渐近稳定理论，有限时间理论能保证状态精确收敛到平衡点的时间有界，即具有更快的收敛速度，因此作为21世纪新兴的一种控制理论取得了迅速发展。从广义上说，所有能实现有限时间稳定的控制方法都可称为有限时间控制；从狭义上说，有限时间控制主要指的是控制器中带有分数幂次项，且能实现有限时间稳定的非线性控制方法。

随着现代控制任务的复杂多样化发展，以及现代高精度和甚高精度敏感器（传感器）的发展，控制系统的精度要求越来越高，很多高精度控制任务要求控制误差几近为零，而有限时间控制能够保证系统状态误差收敛到零或零附近的邻域，其特点与这种高精度的控制需求高度一致。在实际工程中，由于模型不确定性和外界干扰的存在，实际的有限时间控制和渐近控制都只能保证系统状态于有限时间内收敛到标称系统平衡点附近的邻域内。但现有研究的大量对比仿真表明，相比于渐近控制器，有限时间控制依然能显著提高控制系统的稳态精度和收敛速度等指标。因此在实际工程中，连续的有限时间控制方法有望取代PID控制。

有限时间控制理论的高精度、快收敛特性使其在工业生产领域具备显著优势，特别是在航空航天领域得到了广泛应用。其中，临近空间高速飞行器兼具航天器与航空器的优势，具有重大的军事价值与潜在的经济价值。作为新世纪航空航天领域的战略研究重点，临近空间高速飞行器制导与控制技术已经成为世界强国关注的主要发展方向。因此，本书以有限时间控制理论为基础，重点讨论临近空间高速飞行器的制导与控制问题。

临近空间高速飞行器依赖于先进控制系统以维持其姿态稳定，保障操稳性能。但是相比于传统飞行器，超高声速飞行下空气动力学效应会导致强烈的湍流、激波和气动加热，对飞行器的稳定性和控制性能提出严峻挑战。同时，高超声速飞行环境力热载荷严酷，极易导致执行机构发生脆化、热损伤、缺损等故障，进而造成姿态控制精度下降甚至失稳，引发飞行任务失败。传统控制器在剧烈外界扰动与参数摄动的影响下难以实现较高的控制品质，无法满足飞行器快速响应、强鲁棒性与高精度的控制需求，因此需要研究收敛速度快、精度高、扰动抑制能力强的控制算法。本书以临近空间高速飞行器为研究对象，开展有限时间控制方法研究，以期提升飞行控制系统的响应时间、跟踪精度与抗扰性能，同时解决执行机构故障容错问题、跟踪误差性能约束问题。

临近空间高速飞行器博弈能力与其制导律设计息息相关。临近空间高速飞行器具有高速度、强机动特点，使其博弈场景呈现高动态、快时变特点。同时，为保障更好的毁伤效能，临近空间高速飞行器制导律需满足末端攻击角约束需求，这对飞行器制导律设计提出了新的挑战。传统比例导引等制导律视线角速度收敛时间长，针对高机动目标的鲁棒性弱，无法满足高动态博弈的制导需求。因此，本书基于有限时间控制理论，开展临近空间高速飞行器博弈制导律、末段拦截制导律研究，以期提升飞行制导系统的响应时间、跟踪精度与抗扰性能，同时解决视线角跟踪误差性能约束问题、博弈机动指令自学习问题。

全书共分为 7 章。第 1 章介绍临近空间高速飞行器的研究现状及制导控制技术存在的问题。第 2 章介绍有限时间控制的定义、稳定性验证方法及滑模控制的基础理论与扩展应用。第 3 章介绍临近空间高速飞行器的动力学模型与制导系统模型。第 4 章基于高阶滑模理论设计了一种鲁棒固定时间滑模控制器，有效抑制执行机构故障影响。第 5 章针对受跟踪误差性能与发动机进气条件约束的临近空间高速飞行器控制需求，设计了约束预设性能控制器。第 6 章针对携带护卫弹的临近空间高速飞行器博弈对抗需求，设计基于深度确定性策略梯度的高速飞行器智能博弈制导律与护卫弹自适应有限时间反拦截制导律。第 7 章将固定时间算法与预设性能控制应用于临近空间高速拦截器拦截制导律设计中，并结合时间协同制导算法实现针对来袭目标的多拦截器协同拦截。

目录

第1章 绪论

1.1 研究背景、目的和意义

近几十年来，随着社会生产力水平和科学技术的高速发展，被控对象或工业过程日趋复杂，对控制器的精度和性能要求也在提高。同时实际应用中的系统几乎都是复杂的非线性系统，且由于大时滞、死区、饱和、迟滞、状态约束等不确定性和约束的影响，高性能控制器设计变得越发困难。在系统控制器设计中，首要考虑的是如何让系统能够稳定运行。传统的控制中广义使用渐近稳定方法，即系统在时间达到无穷大时收敛到平衡点。而实际情况下，由于系统模型不确定性和外界未知干扰的存在，渐近稳定理论只能够使误差收敛至平衡点附近，其收敛速度和收敛区间大小均未知。但是许多实际工程都期望系统能够在有限的时间内达到稳定，以尽快实现控制目标，例如：①在车辆行驶方面，当紧急情况发生时，期望制动系统能够使车辆尽快停下，减少故事发生；②飞行器表演方面，若干个飞行器的编队表演中，单个飞行器需要在有限时间内到达指定位置。而目前渐近稳定的方法已经无法满足实际需求。于是，一种新型的控制理论应运而生，即有限时间控制。

有限时间控制理论的主要思想为系统的轨迹可以在有限时间内收敛到平衡点。有限时间控制的快收敛速度主要取决于其具有带分数幂次项的控制附加项，该附加项同时又使得有限时间控制相较于非有限时间控制具有更强的抗干扰能力。其次，在传统有限时间控制的基础上又发展出了固定时间控制和预设时间控制，其都归属于有限时间控制的范畴，但又分别从不同角度出发改进了传统方案。

有限时间理论的高精度、快速收敛与强抗扰特性使其在航空航天制导与控制领域得到广泛应用[1-8]。其中，临近空间高速飞行器作为一种高速度、大射程、快响应的新型飞行器既能在大气层内高速巡航飞行，又能穿越大气层作空间运输载具，在不同领域都呈现出深远的价值与意义。但是，临近空间高速飞行器强非线性、参数摄动严重、静不稳定等特性都对其制导与控制系统设计带来严重挑战。因此，本书重点介绍有限时间控制理论的体系发展，并以临近空间高速飞行器为对象，基于有限时间理论开展制导与控制算法的应用研究。

控制系统设计作为临近空间高速飞行器的核心关键技术之一，与飞行性能直接关联。相比于传统飞行器，它具有宽速域、大空域飞行全包线能力的临近空间高速飞行器存在环境参数变化剧烈、气动参数非真实性与不确定性强等问题。另外，临近空间飞行器一般采取将吸气式发动机与机身融合为一体的设计方式，飞行过程中姿态的改变会对发动机进气产生显著影响，进而影响发动机推进性能，这种气动与推力之间的强耦合关系带来对飞行姿态的多方约束[9]。不仅如此，临近空间高速飞行器在复杂且恶劣的飞行环境下进行超高速飞行时，产生的气动热现象容易导致执行机构受到突发故障影响。作为高端技术的集合体，临近空间高速飞行器价值大且任务重要性高，若其执行机构故障未得到及时、有效处理，致使任务失败，将造成不可估量的损失，因此需要研究具有强容错性能的快收敛控制算法；临近空间高速飞行器跟踪控制的瞬态性能对飞行状态有重要影响，较大的超调量会生成过大的飞行攻角，无法维持发动机进气条件，导致发动机熄火，因此，需要针对临近空间高速飞行器研究同步考虑跟踪误差性能与发动机进气条件约束的控制方法[10]。综上所述，本书针对临近空间高速飞行器执行机构故障、进气约束问题分别开展理论研究，设计相关先进控制策略并加以解决。

制导系统基于飞行器实际位置与预定位置的飞行偏差，形成导引指令，其直接决定临近空间高速飞行器的飞行与命中精度。然而，临近空间高速飞行器飞行速度快、环境变化剧烈、高动态博弈对制导律收敛速度与收敛精度要求高，传统比例导引律等视线角速度收敛速度慢，对于高速移动目标命中效果差，因此，需要研究收敛速度快、精度高、扰动抑制能力强的制导算法。受导引头视场有限等因素限制，临近空间高速飞行器视线角收敛过程需严格精确限定以确保目标始终位于导引头视场范围内，因此需要针对临近空间高速飞行器视线角收敛过程的瞬态与稳态性能研究，考虑预设性能的高精度拦截制导律。临近空间高速飞行器博弈任务呈现高动态特点，制导系统需实时智能自主产生机动指令，传统博弈制导算法智能化不足，制约飞行器博弈胜率，因此需要融合有限/固定时间控制理论与强化学习等智能算法，开展临近空间高速飞行器智能机动博弈算法研究。综上所述，本书针对临近空间高速飞行器博弈任务与精确拦截需求展开理论研究，设计先进制导策略加以解决。

为了满足国家航空航天事业对先进飞行器制导与控制领域的人才需求，开展有限控制理论教学具有重要意义。本书以临近空间高速飞行器面临的各种制导与控制难题为背景，基于有限/固定时间算法进行理论分析与研究，培养学生的创新思维和问题解决能力，为国家航空航天技术发展孕育更多优秀的工程师和科研人员。

1.2 国内外临近空间高速飞行器研究现状

临近空间高速飞行器自诞生起就受到各航空航天强国的广泛重视，进入21世纪以来，美、俄、英、日、德、法等国持续发力，大力推进临近空间高速飞行器研发工作。下面分别介绍美国、俄罗斯与中国临近空间高速飞行器研究现状。

1.2.1 美国临近空间高速飞行器研究现状

20世纪初，美国开始了X系列临近空间高速飞行器的研究计划。迄今为止，美国临近空间高速飞行器可分为两大类：助推滑翔临近空间高速飞行器与吸气式临近空间高速飞行器[11]。

1）助推滑翔临近空间高速飞行器

助推滑翔临近空间高速飞行器的飞行过程为：通过火箭助推器将飞行器推进至大气层外，待助推器分离后飞行器再入大气层，依靠自身气动外形进行远距离机动滑翔[12]。美国对助推滑翔临近空间高速飞行器的研究可以追溯到桑迪亚高能再入飞行器实验（Sandia Winged Energetic Reentry Vehicle Experiment, SWERVE），这一实验开始于20世纪70年代（图1－1）。1985年，SWERVE进行了首次滑翔弹体测试。

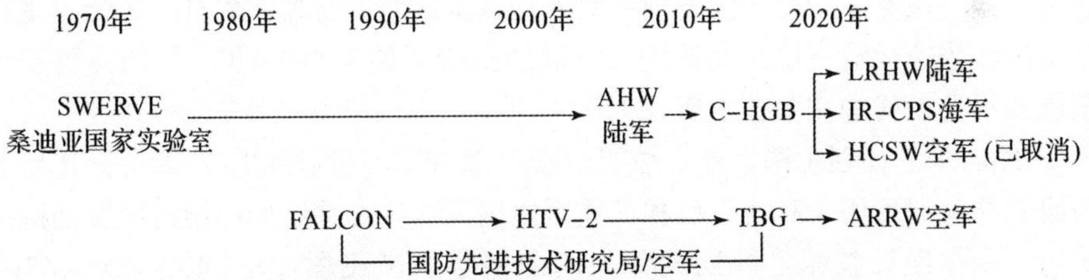

图1－1 美国国防部助推滑翔临近空间高速飞行器研究历史

2003年，美国国防先进技术研究局启动了“美国陆军应用与发射”（Force Application and Launch From Continental United States, FALCON）项目，即“猎鹰”项目，期望研制可从美国本土发射的临近空间高速飞行器。2008年，美国设立“常规快速全球打击”（Conventional Prompt Global Strike, CPGS）计划，以推进“猎鹰”项目中关键技术的发展[13]。该项目侧重于研究洲际高超声速飞行器 Hypersonic Technology Vehicle - 2（HTV - 2），并在2010年和2011年进行试飞，2011年因与载具失去联系，飞行测试宣告失败。随后，HTV - 2项目经费被大幅削减。2012年，美国国防部开始将重心放在短程临近空间高速飞行器上，同时该项目更名为“常规快速打击”（Conventional Prompt Strike，CPS）项目。

在这一阶段同期，陆军也开始了“先进高超声速武器”（Advanced Hypersonic Weapon，AHW）项目[14]，该项目以SWERVE项目早期的滑翔弹体为基础进行研发，并于2011年测试成功[15-17]，但在2014年的助推阶段测试中失败。随后，该项目被修改为“通用高超声速滑翔飞行器”（Common Hypersonic Glide Body，C - HGB）项目，由美国海军与陆军共同研发。陆军型号为“远程高超声速武器”（Long - Range Hypersonic Weapon，LRHW），计划于2025年和2027年各列装一个武器连。海军型号为“中程常规快速打击武器”（Intermediate - Range Conventional Prompt Strike，IRCPS），射程与陆军LRHW类似，计划部署在朱姆沃尔特级驱逐舰与弗吉尼亚级核潜艇上装备。

美国空军也大力开展先进临近空间高速飞行器研发项目，如“常规高超声速打击武器”（Hypersonic Conventional Strike Weapon，HCSW）项目，但该项目在2020年中止。与此同时，美国空军在国防先进技术研究局HTV - 2飞行器项目基础上，开展“中程空射快速反应武器”（Air - Launched Rapid Response Weapon，ARRW）计划，具体型号为AGM - 183A，采用一枚固体火箭发动机进行助推。

2）吸气式临近空间高速飞行器

吸气式临近空间高速飞行器是以超燃冲压发动机为动力的一类临近空间高速飞行器。该类飞行器的主要应用前景是战术巡航飞行器、察打一体无人飞行器与洲际快速运输飞机。对该类飞行器的探索开始于1955年，早期主要开展超燃冲压发动机的相关技术研究工作。

Hyper - X计划由国家航空航天局统一管理、兰利研究中心牵头，其目的为研究并验证可用于高速飞机和可重复使用天地往返系统的超燃冲压发动机技术与一体化设计技术。计划共分为四个型号的试飞器：X - 43A ~ X - 43D。X - 43A采用乘波体外形，使用全动式水平尾翼、双垂直尾翼作为控制面。迄今为止，X - 43A共进行了三次飞行试验。

HyTech为美国空军于1995年提出的临近空间高速飞行器发展计划，用于发展碳氢燃料 - 主动冷却超燃冲压发动机技术，验证马赫数为4 ~ 8时发动机的可操作性、性能和结构耐久度。HyTech计划的验证机X - 51A具有乘波体外形，由固体火箭助推器、级间段与巡航飞行器组成。X - 51A共进行了四次飞行试验，2013 年 5 月的第四次试验基本成功。

2013 年 12 月，美国空军与 DARPA 将“高超声速吸气式武器概念”（Hypersnonic Air – breathing Weapon Concept，HAWC）项目与“战术助推滑翔”项目合并，形成了新的“超高速打击武器”（High Speed Strike Weapon，HSSW）项目[18-19]。2016 年，洛克希德·马丁公司拿下了 HSSW 项目的合同。

1.2.2 俄罗斯临近空间高速飞行器研究现状

俄罗斯临近空间高速飞行器研发可追溯到苏联时期。早在 20 世纪 80 年代初，苏联就制定了代号为“冷”的临近空间高速飞行器计划，并于 1991 年 11 月进行首次飞行试验[20]。苏联解体后，俄罗斯力图通过局部的不对称作战能力谋求对美国整体战略平衡，大力推进临近空间高速飞行技术开发，包括“匕首”“先锋”“锆石”等多款高超声速武器[21]。

“匕首”导弹是世界首型公开服役的高超声速导弹，基于伊斯坎德尔 – M 型陆基弹道导弹改进而来，可搭载米格 – 31K 战斗机或图 – 22M3 轰炸机，可携带常规或核战斗部[22]。2017 年 12 月，“匕首”导弹进入俄罗斯南部军区进行试验性战斗值班[23]；2022 年 3 月，俄空天军发射“匕首”导弹，精确命中乌军一处大型导弹与航空弹药库，这是人类历史上首次在实战中使用高超声速武器。“先锋”战略级高超声速导弹系统由滑翔弹头和 SS – 19 洲际弹道导弹助推器组成，可实现洲际飞行，于 2019 年 12 月服役[24]。“锆石”高超声速巡航导弹于 2015 年开始进行飞行试验，在 2022 年前后完成部署，后续还将以舰射型号为基础发展潜射和陆基型号。

1.2.3 我国临近空间高速飞行器研究现状

我国对临近空间高速飞行器相关技术研发给予同等重视。自 2002 年起，国家自然科学基金委先后成立“空天飞行器的若干重大基础问题”与“近空间飞行器的关键基础科学问题”两个重大专项研究计划[11]，国内多家研究院所与院校相继开展临近空间高速飞行器相关技术研究。2014 年 1 月，WU – 14 临近空间高速飞行器进行首次飞行试验；2018 年 8 月，星空二号发射成功，并进行 10min 飞行试验，完成了主动程序转弯、抛整流罩、级间分离、弹道大机动转弯等试验程序，最终按预定弹道进入落区，这是世界上首次公开报道的实现超高速大幅度机动飞行的飞行器。

1.3 临近空间高速飞行器控制方法研究现状

本书以临近空间高速飞行器为对象研究其控制问题。相比于传统飞行器，超高速飞行下空气动力学效应会导致强烈的湍流、激波和气动加热，对飞行器的稳定性和控制性能提出严峻挑战。同时，极端气动热效应导致飞行器表面温度急剧升高，极易导致执行机构故障引发飞行任务失败。考虑到临近空间高速飞行器具有前述诸多控制难点，传统飞行控制方法难以满足其性能要求，因此，近年来临近空间高速飞行器的控制问题得到了国内外学者的极大关注。由于临近空间高速飞行器复杂的外界飞行环境极易引发飞行器执行机构故障、进气道阻塞，引发系统不稳定。下面根据不同控制需求对临近空间高速飞行器跟踪控制方法进行综述。

1.3.1 考虑执行机构故障影响的容错控制方法研究现状

临近空间高速飞行器的实际飞行环境恶劣，而且高速飞行产生的气动热现象极易使得执行机构遭遇突发故障影响，这会导致飞行控制性能恶化，甚至引发灾难性事故。由于临近空间高速飞行器造价昂贵，且通常用于执行各项关键任务，因此，有必要研究有效的容错控制方法，保证飞行器在发生执行机构故障情况下仍能正常工作，顺利完成预定任务。现有的容错控制方法通常分为两类[25]：主动容错控制与被动容错控制。主动容错控制通过实时在线重构控制器来提升系统的容错性能，未知故障通过采用自适应方案或故障检测与隔离机制进行识别[26-29]。相比于被动容错控制，主动容错控制的保守性更低，但是被动容错控制不需要控制器切换或重构，因此避免了故障检测与重构机制引起的时间延迟，且可提升控制系统的可靠性。诸多先进控制理论可用于临近空间高速飞行器的被动容错控制器设计。文献［30－32］针对故障临近空间高速飞行器设计了动态逆与指令滤波反步控制器，其中未知扰动的上界值与执行机构效率因子的下界值通过采用自适应律进行实时估计。文献［33］应用径向基函数神经网络估计非线性集总扰动，同时采用最少学习参数（Minimal Learning Parameter，MLP）法估计理想权重向量的范数，用于减小计算压力。Hu 与 Mushage 等使用模糊逻辑系统估计执行机构故障和外部扰动产生的未知非线性函数[34-35]。文献［36］应用扰动观测器估计执行机构的故障影响，并在反步控制器中做前馈补偿。Gao 等基于模型参考控制框架设计了自适应鲁棒容错控制器[37-38]。与上述各类渐近、指数收敛的容错控制方法相比，滑模控制的有限时间收敛能够实现更快的收敛速度与更高的收敛精度。Sun 等针对故障临近空间高速飞行器设计了快速自适应终端滑模控制器[39]。在文献［40］中，积分滑模控制器结合自适应更新律用于估计执行机构效率因子的最小值。Yu 通过结合有限时间积分滑模面和固定时间观测器为临近空间高速飞行器设计了容错控制器[41]。Li 等则针对临近空间高速飞行器结合固定时间扰动观测器、Slotine式滑模面与固定时间二阶趋近律设计了新型容错控制器[42]。

由于临近空间高速飞行器自身静不稳定，若执行机构发生故障后无法得到快速补偿，闭环系统会发生显著的性能恶化，甚至引发不稳定。相比于传统有限时间滑模控制，固定时间控制同样能够保证系统状态在有限时间内收敛，但其收敛时间的上界与初始条件无关。因此，为临近空间高速飞行器设计固定时间收敛滑模控制器，能够进一步提升响应速度与闭环系统的容错可靠性。因此，如何保证受执行机构故障影响的临近空间高速飞行器的跟踪误差实现非奇异固定时间收敛是一项重要的研究内容。

1.3.2　考虑瞬态性能约束的预设性能控制方法研究现状

在飞行控制过程中，临近空间高速飞行器的瞬态性能与稳态性能一样需要受到关注。若系统跟踪误差超调较大，会产生过大攻角，无法维持吸气式发动机的进气量，导致发动机熄火。因此，需要针对临近空间高速飞行器的瞬态性能设计预设性能控制。预设性能控制指的是系统跟踪误差满足期望超调量、收敛速率与稳态误差。现有预设性能控制主要分为三类：漏斗控制法、障碍李雅普诺夫函数法、坐标转换法[43]。文献［44］在反步设计中采用有限时间稳定理论限定系统的稳态收敛时间，使用漏斗边界限定输出的超调量。Wang等设计了新型自适应漏斗控制以改进传统方案，并与滑模控制相结合提升系统瞬态性能[45]。在文献［46］中，Bu首次将漏斗控制方法应用于临近空间高速飞行器中，用于限定速度与高度跟踪误差的瞬态、稳态性能。速度通道基于隐函数定理设计了简化神经控制器；高度通道则结合低通滤波器设计了反步控制器。然而，漏斗控制的局限性在于其仅可应用于相对阶为一或二的系统。在文献［47］中，Dong等在自适应有限时间控制中加入障碍李雅普诺夫函数，限定临近空间高速飞行器的状态量跟踪误差。An等分别应用指令滤波反步法与障碍李雅普诺夫函数法限定虚拟控制与跟踪误差的边界，进而保证攻角满足约束[48]。文献［49］结合了反步法、复合学习法与障碍李雅普诺夫函数法，满足临近空间高速飞行器的攻角约束。但是，障碍李雅普诺夫函数的局限性在于当李雅普诺夫函数变化时控制器需要重新设计。坐标转换法是由Bechlioulis与Rovithakis提出的方案，该方法首先设计预设性能边界函数，然后对系统状态跟踪误差进行坐标转换得到新的无约束坐标。通过设计控制律保证新坐标有界即可将原本的跟踪误差限定在性能边界函数内[50]。作为坐标转换法中的重要一环，预设性能函数直接决定了跟踪误差的性能，因此学者们多着眼于性能函数的设计与改进。在文献［51］中，Bu采用传统的指数收敛形式性能函数，并应用反双曲正切函数进行坐标转换。文献［52］、［53］分别基于双曲余切与双曲余割函数设计预设性能边界函数，相比于传统方法，该方案无须精确已知系统跟踪误差的初值。为了改进传统方法，Liu 等设计了一种有限时间性能函数，该方案可保证性能函数在给定时刻精确收敛至稳态值[54]。Wang 与 Hu 则设计了一种随参考指令信号时变的性能函数，其可在参考信号剧烈变化时，避免控制输入超出限幅或发生抖振[55]。

综上所述，现有的性能函数能够自由调节函数收敛速率，但要实现较快收敛速率需要付出的代价是较大的初始控制量，这在实际控制幅值受限的临近空间高速飞行器中通常难以实现。因此，需要研究能够灵活调整收敛速率且初始控制量较小的新型性能函数。而且，如何基于性能函数方法针对临近空间高速飞行器设计同步考虑跟踪误差性能约束与发动机进气条件约束的控制器是一个需要解决的难题。

1.4 临近空间高速飞行器拦截制导方法研究现状

大空域、宽速域的临近空间高速飞行器因其高速、强机动、飞行轨迹难预测等特点，对各国现有防空反导系统构成极大压力，因此，各国提出了“以临反临”拦截策略。所谓“以临反临”指利用临近空间高速拦截器的高速和强机动特性以对抗来袭临近空间高速飞行器。临近空间拦截博弈呈现高动态特点，对拦截制导律设计提出如下需求：①高收敛精度与快收敛速度：临近空间高速拦截器拦截目标时，为保证命中效果，拦截制导律需精确导引临近空间高速拦截器以特定视线角实现对目标碰撞杀伤。同时，考虑到飞行器与目标相对运动速度大，可达数十马赫，博弈时间短，往往只有十余秒，因此，拦截制导律需保证临近空间高速拦截器视线角速度在有限时间收敛到零，以适应高动态、快时变战场环境需求。②视线角瞬态与稳态性能约束：由于导引头视场角限制，因此被拦截目标应始终处于临近空间拦截器的有限视场内，这使得临近空间高速拦截器视线角需收敛到特定稳态值以保证目标始终位于导引头可探测范围内。同时，拦截器视线角收敛过程应平滑快速，避免过大超调导致被拦截目标脱离临近空间高速拦截器导引头视场角引发拦截失败。因此，临近空间高速拦截器制导律应对视线角收敛过程中的瞬态（超调、调节时间等）与稳态（稳态误差）等性能做出精确限定。③强鲁棒需求：为实现对来袭目标的成功拦截，临近空间高速拦截器制导律需具备强鲁棒性以抑制目标强机动带来的干扰，实现精确拦截。

1.4.1 考虑目标强机动影响的滑模制导方法

目前，学者们已设计多种强鲁棒制导律来实现特定视线角约束下对目标的高精度毁伤，例如最优制导律[56-57]、H_2/H_∞制导律[58]、滑模制导律[59-60]等。其中，滑模制导律因强鲁棒性而得到广泛关注[61-62]。滑模制导律可抑制目标未知机动影响，提高拦截成功率与命中精度[63-64]。文献［65］使用等速趋近律设计制导律以拦截强机动目标，但是符号函数的引入使得制导律存在抖振问题，这极大限制了制导律的实际应用[66]。文献［67］设计了超螺旋制导律，通过将符号函数隐藏到积分项中以产生连续过载指令，进而有效减小抖振。考虑到临近空间高速拦截器与被拦截临近空间目标的相对速度快、拦截时间短，因此，临近空间高速拦截器的拦截制导律应确保视线角速度在有限时间内收敛到零，以保障拦截成功率[68-69]。文献［70］基于双幂次终端滑模算法设计制导律以实现视线角误差固定时间收敛[71]。但是，滑模制导律存在一个显著缺点：制导律增益需大于目标加速度上界，而实际中加速度上界无法获得。为解决该问题，学者将自适应算法引入制导律设计中。一种简单的增益自适应思路是在滑模变量收敛到零之前不断增加增益值，直到收敛至零[72]。但是，该自适应方法的缺点在于，当扰动减小时，增益并不能自主减小，这会导致增益过大引发抖振。为避免该问题，文献［73-74］设计了一种新的自适应律，在滑模变量收敛到零附近领域内时，可减小增益进而削弱抖振。但该自适应律的缺点是无法保证滑模变量严格收敛到零。因此，文献［75］基于等效控制概念，设计一种新型自适应律，其可根据当前扰动动态调整增益，保证滑模变量严格收敛到零[76]。

1.4.2 考虑视线角收敛过程约束的制导方法

考虑到导引头视场角限制，临近空间高速拦截器拦截制导律仅关注视线角收敛的稳态性能是不够的，还需关注其瞬态性能，以保证视线角收敛过程中被拦截目标始终处于临近空间高速拦截器视场范围内[77]。因此，学者们将预设性能控制与制导律相结合，以实现对视线角收敛过程的精确限定[78-79]。为进一步提高常用预设性能函数的收敛速度[80]，文献［81］设计了一种设定时间性能函数，可在预先设定时刻使得性能函数精确收敛到稳态误差值。但当初始视线角误差较大时，往往需要较大过载指令以保证设定时间收敛特性，这会导致飞行器过载饱和问题。因此，文献［82］引入抗饱和补偿系统以削弱过载饱和，但其使得算法变得更为复杂，不利于实际使用。因此，学者们着力于改进预设性能函数使其能够直接削弱饱和情况。文献［83］设计了一种可调收敛方向的预设性能函数，其基本思想在于当初始误差较大导致过载饱和时，扩大性能函数边界，进而减小制导指令。

通过对临近空间高速拦截器拦截制导律调研分析可知，为实现对来袭目标的高精度拦截效果，需要制导律实现高精度、快速度收敛，具备强鲁棒性，以抑制目标机动的影响，同时能够精确限定视线角收敛过程的瞬态性能。

1.5 临近空间高速飞行器博弈技术研究现状

现阶段临近空间高速飞行器博弈技术可分为三大类（图 1－2[84]）：①反识别类，主要通过隐身技术、干扰技术等降低临近空间高速飞行器被发现概率；②反拦截类，主要通过飞行器机动或实施主动防御技术以躲避拦截器拦截；③体系对抗类，主要通过干扰压制对方拦截系统，使其无法执行拦截任务。本书主要针对临近空间高速飞行器反拦截类博弈策略展开研究，包括无目的程序机动博弈、主动规避机动博弈和主动防御反拦截三种方案。

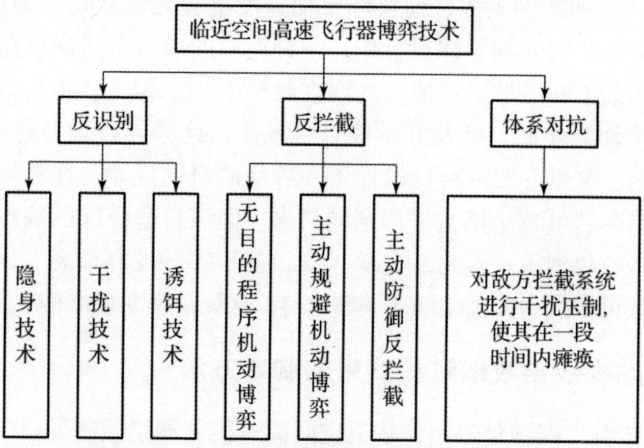

图 1－2　临近空间高速飞行器博弈技术分类

1）无目的程序机动博弈

无目的程序机动博弈技术是飞行器在预先装订的程序指令作用下，在固定时间点进行固定机动，改变飞行轨迹，进而增大拦截系统对临近空间高速飞行器的轨迹预测难度，保障博弈胜率，如图 1－3 所示[85]。程序机动博弈技术难度低，目前已较为成熟，其缺点在于临近空间高速飞行器机动方式与时机只能在发射前预先设定，无法根据当前博弈态势做出判断，智能化程度低，且一旦被获悉机动方式，被拦截概率将大大增加。

2）主动规避机动博弈

主动规避机动博弈是临近空间高速飞行器通过其携带的探测装置对拦截器

实施探测，并基于探测结果按照预先设定的机动制导律实施机动以达到突破防御目的，如图1-4所示[86]。主动机动博弈的关键在于准确测量拦截器状态与博弈制导律设计。目前主动机动博弈制导策略主要以微分对策算法为主[87]，通过设计最优机动策略集，并预先装载于弹载计算机，在监测到拦截器后基于实时博弈态势选择机动对策。但微分对策手段智能化程度较低，适应性与鲁棒性仍有不足[88]。此外，过大机动动作会导致临近空间高速飞行器能量消耗激增，并显著偏移期望轨迹，增加轨迹重规划难度，难以保障末段的命中成功率。

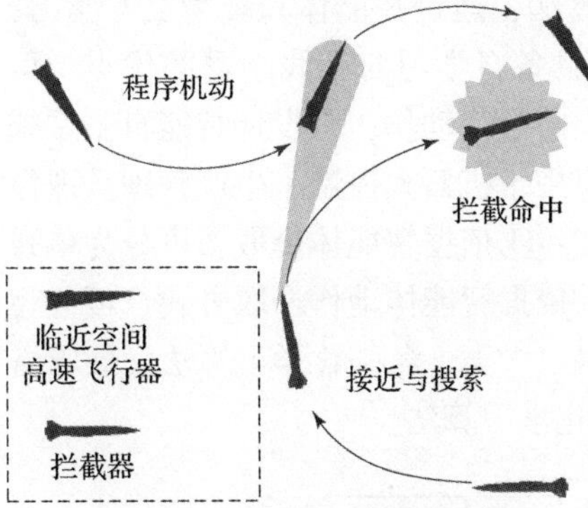

图1-3 无目的程序机动博弈

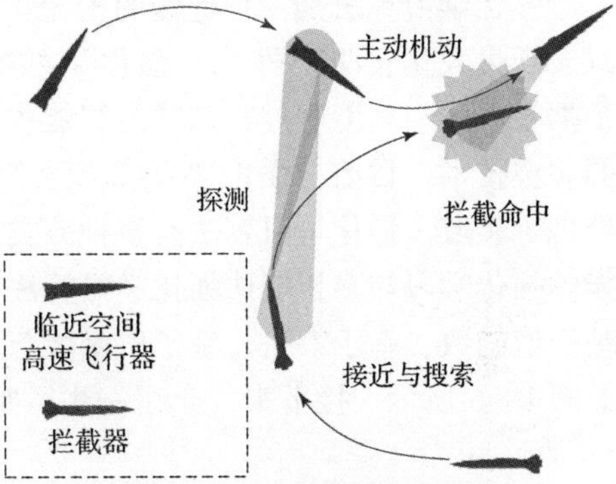

图1-4 主动规避机动博弈

3）主动防御反拦截

主动防御反拦截是指在对方拦截系统探测跟踪到来袭临近空间高速飞行器并实施拦截之前，临近空间高速飞行器携带的护卫弹主动打击拦截器，使之失去拦截能力，如图1-5所示[89-91]。护卫弹自身具备制导系统，机动性能良好，既可充当诱饵弹迷惑对方探测系统，又能主动攻击拦截器，为己方临近空间高速飞行器扫清障碍。

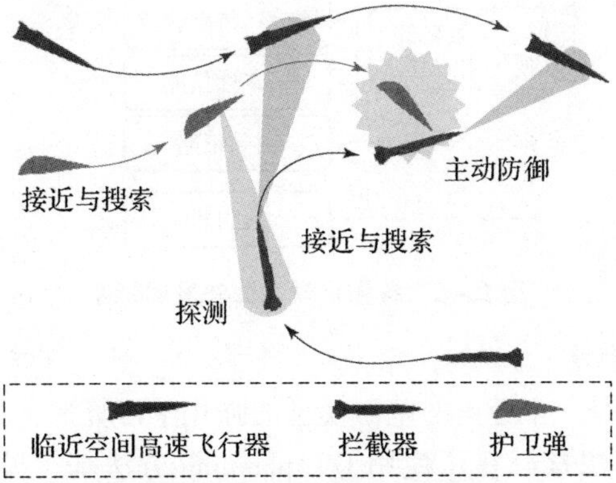

图1-5 主动防御反拦截

通过对临近空间高速飞行器博弈技术研究现状分析可知，现有机动博弈制导律智能化程度低，适应性弱，鲁棒性不足，难以应对复杂博弈环境；主动防御反拦截博弈中，博弈场景呈现高动态、快时变特点，对护卫弹主动反拦截制导律的视线角速度收敛速度与精度提出较高要求。

1.6 强化学习算法研究现状

强化学习算法是一种特殊的机器学习算法，通过智能体和环境交互学习，以实现最大化长期奖励[92]。强化学习算法具备自学习与在线学习的优点，可依据智能体与环境所处特殊状态智能决策当前最优动作，是设计智能自主系统的关键技术。目前，强化学习算法已广泛应用于机器人控制、生产管理、图像处理等领域。强化学习算法有多种分类方式：①依据智能体个数，可分为单智能体强化学习与多智能体强化学习算法；②依据智能体动作选取方式，可分为基于值函数、基于策略、基于值函数与策略三大类。各强化学习算法发展脉络如图 1 – 6 所示。接下来，介绍一些经典强化学习算法。

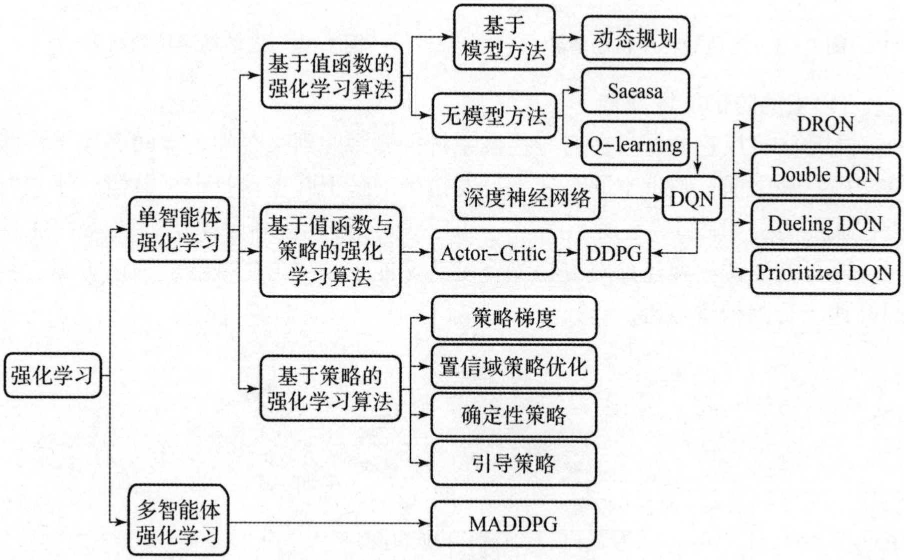

图 1 – 6　各强化学习算法发展脉络

1）Dyna – Q 算法

Dyna – Q 算法是一个经典的基于模型的强化学习算法，算法结构如图 1 – 7 所示。Dyna – Q 算法核心在于使用 Q – planning 方法基于模型生成模拟数据，利用模拟数据和真实数据一同进行智能体训练迭代，并采用与 Q – learning 类似的更新方式来更新动作价值函数。文献［93］使用 Dyna－Q 算法进行路径规划，以提高求解速度。文献［94］使用 Dyna－Q 算法实现旋翼无人机增益自适应调节，使得飞行器姿态更快收敛，并实现更高稳定度。文献［95］在 Dyna－Q 算法中引入专家知识，并采用树结构以减小存储空间，加快算法收敛速度。仿真结果表明，改进的 Dyna－Q 算法不仅能够减少存储空间数量，还能够更加有效、快速地构建环境模型信息用于规划过程，从而大幅加快算法的收敛速度。

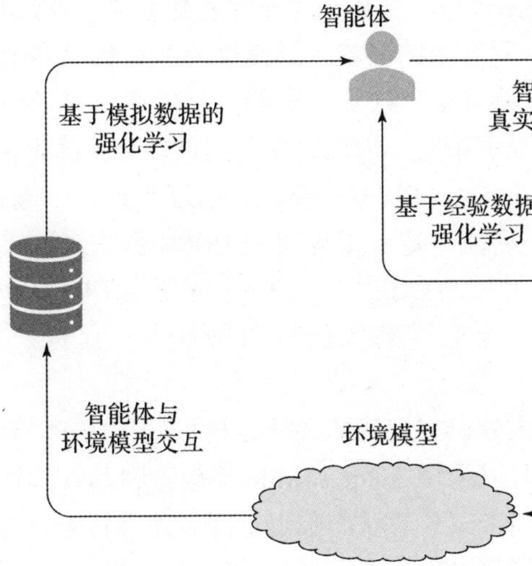

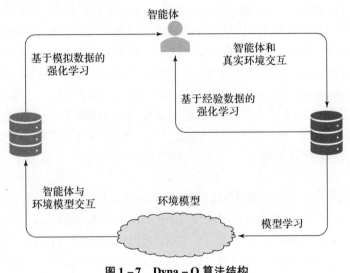

图1－7 Dyna－Q 算法结构

2）深度 Q 网络（Deep Q－Network，DQN）算法

Dyna－Q 算法依赖于 Q 值表存储动作价值对。但是，当动作对数量急剧增加时，表格形式难以记录全部动作价值对，这将导致“维数爆炸”问题。因此，学者们使用神经网络万能逼近特性，拟合动作价值，该神经网络称为 Q 网络，该算法即 DQN 算法。文献［96］使用 DQN 算法解决大规模多输入多输出通信网络中的功率分配与用户关联问题。Agarwal Vartika 使用 DQN 算法以求解交通拥堵时的最优路线，从而降低用户拥堵时间[97]。文献［98］则在原 DQN 算法基础上引入辅助权值网络，实现双网络权值设计方式，强化 DQN 网络性能。仿真结果表明，该算法能够保证双足机器人在极端测试环境中步态切换的稳定性。

3）策略梯度算法

Dyna－Q、DQN 及 DQN 改进算法都是基于值函数的强化学习方法，而策略梯度算法是一种基于策略的强化学习算法。对比两者，基于值函数的方法主要是学习值函数，然后根据值函数导出一个策略，学习过程中并不存在一个显式的策略；而基于策略的方法则是直接显式地学习一个目标策略。林俊文针对拖挂式机器人运动控制问题，采用策略梯度算法设计运动控制律，实现机器人稳定反向泊车运动，仿真结果表明，其控制算法具有很强的泛化性与鲁棒性[99]。李海亮在策略梯度算法中引入离线数据，减小训练时间，加快模型收敛速度，有效平衡算法稳定性和效率[100]。

4）深度确定性策略梯度算法

DQN 算法直接估计最优函数 Q，可在一定程度上避免“维数爆炸”问题，但 DQN 算法只能处理动作空间有限的环境，这是因为其需要从所有动作中挑选一个 Q 值最大的动作。如果动作个数是无限的，只能通过将动作空间离散化来完成选择，但这会损失控制精度。因此，学者们设计深度确定性策略梯度（Deep Deterministic Policy Gradient，DDPG）算法，通过构造一个确定性策略，用梯度上升的方法来最大化 Q 值。贺宝记等使用 DDPG 算法进行飞行器空战格斗自学习，得到飞行器最优机动形式[101]。Zhang 等使用 DDPG 算法构建无人机集群协同防御策略，引导集群高效执行防御任务，促进机群智能化发展[102]。

通过对强化学习算法国内外研究现状的调研分析可知，DDPG 算法能够处理高维连续动作空间问题，且其采用 Actor - Critic 架构，因其收敛速度快，现阶段得到了广泛重视。通过将 DDPG 算法与临近空间高速飞行器博弈制导律相结合，可智能获取最优机动策略，提高飞行器机动博弈成功率，满足临近空间高速飞行器博弈需求。

1.7 本书主要研究内容

本书主要介绍有限时间控制理论，并研究其在临近空间高速飞行器制导控制中的典型应用，重点针对临近空间高速飞行器控制问题、博弈制导、拦截制导问题进行深入研究，重在解决执行机构故障问题、跟踪误差性能与进气条件约束问题、临近空间高速飞行器智能博弈制导律设计问题、临近空间高速拦截器高精度制导律设计问题。本书具体内容如下。

第 2 章首先介绍了有限时间与固定时间稳定的定义，并给出齐次性与李雅普诺夫稳定性两种有限、固定时间稳定的验证方法；然后介绍五代滑模控制各自的典型方法及其优缺点与适用范围；最后介绍终端滑模面设计、自适应滑模控制器、固定时间控制器、精确鲁棒微分器、广义超螺旋观测器等滑模控制理论的扩展应用。

第3章基于飞行动力学、空气动力学分别建立刚体动力学方程，然后以已建立的刚体动力学模型为基础，忽略飞行器侧向运动，得到临近空间高速飞行器曲线拟合动力学模型。由于飞行器制导问题多关注质心运动而忽略姿态运动，因此，在已建立刚体动力学模型的基础上简化得到飞行器质心三自由度制导模型，并建立飞行器与目标的相对运动方程。

临近空间高速飞行器是一种高安全性系统，其执行机构在复杂飞行环境下易发生故障，若不及时、有效处理，可能造成巨大的损失甚至灾难事故。第4章针对执行机构故障情况下的临近空间高速飞行器设计固定时间收敛控制器。首先，基于快速固定时间高阶调节器设计了非奇异的快速固定时间积分滑模面，相比于传统调节器，快速固定时间高阶调节器能够实现更快的响应速度并避免复杂的参数调节；然后，结合连续固定时间类超螺旋趋近律实现滑模变量及其导数同时收敛；最后，采用一致收敛观测器实时估计包含突变执行机构故障在内的集总扰动，并在控制器中进行前馈补偿，有效削弱抖振现象，同时增强容错性能。

临近空间高速飞行器的瞬态性能在飞行控制系统中起着重要作用，较大超调量会产生过大的执行机构作动与过大攻角，无法满足吸气式发动机的进气条件，因此第5章针对跟踪误差性能约束与发动机进气条件约束设计了预设性能控制器。首先，提出了新型设定时间性能函数用于限定跟踪误差的瞬态与稳态性能，相比于传统方法，新型方案可保证性能函数在设定时刻精确收敛，同时灵活调整函数初始收敛速率；然后，将速度与高度受约束跟踪误差进行无约束转换，通过控制转化误差有界可满足原始跟踪误差的预设性能约束。在高度子系统中，为指令滤波反步法设计了新型固定时间滤波器，通过对攻角跟踪误差进行预设性能处理并对虚拟控制进行限幅，能够限定攻角变化幅值范围，满足吸气式发动机的进气需求。

临近空间高速飞行器博弈场景具有快时变、高动态等特点，传统程序式机动或微分对策机动博弈制导律存在智能化低、适应性弱等问题，难以快速消解紧迫拦截威胁。第6章针对携带护卫弹的临近空间高速飞行器遭遇拦截器的博弈场景，开展基于深度确定性策略梯度的智能博弈制导方法与基于自适应有限时间高阶滑模的主动反拦截制导方法研究。首先，建立临近空间高速飞行器博弈马尔可夫模型，通过智能体与博弈环境交互学习，智能获取飞行器最优机动策略；然后，提出一种带有固定时间观测器与增减判据自适应律的光滑超螺旋制导律，并应用于护卫弹实现高精度反拦截；最后，构建临近空间高速飞行器与护卫弹智能协同博弈制导律，通过临近空间高速飞行器智能机动诱导拦截器机动至护卫弹可攻击流形，降低护卫弹命中难度，保障协同博弈胜率。

针对多枚临近空间高速拦截器协同拦截来袭目标的任务场景，临近空间高速拦截器的拦截制导律需保障视线角速度在有限时间内收敛到零，同时，视线角应收敛到期望值以提高毁伤效果。考虑到飞行过程中导引头视场限制，视线角误差需保持在有限区域内，即拦截制导律要考虑收敛过程中的瞬态性能指标。此外，为提高毁伤概率与精度，往往需要多枚临近空间拦截器对目标实施协同拦截。综上所述，需要针对临近空间高精度拦截任务，设计考虑终端角约束、预设性能以及时间协同的制导算法。第 7 章首先设计新型抗饱和预设性能函数用于限定视线角误差的瞬态与稳态性能，并可缓解过载饱和问题；然后，设计变幂次滑模算法，使得视线角与角速度在固定时间内收敛到期望值；最后，针对多拦截器时间协同拦截需求，建立时间协同拦截制导律，以调节多拦截器的命中时间，使其趋于指定值，实现多枚拦截器协同拦截，提升整体命中概率。

第2章
有限时间与滑模控制基础理论

2.1 引言

本章介绍有限时间与固定时间控制理论的稳定验证方法，以及滑模控制理论发展体系及扩展应用。首先，给出齐次性与李雅普诺夫稳定性两种有限、固定时间稳定的判据，其中李雅普诺夫稳定性理论包括有限时间、快速有限时间、实际有限时间、固定时间、实际固定时间定理。然后，依次重点介绍滑模控制理论发展至今的五代体系，包括经典滑模控制、二阶滑模控制、超螺旋滑模控制、任意阶滑模控制与连续任意阶滑模控制。最后，扩展介绍终端滑模面与典型控制器设计、固定时间滑模面与典型控制器设计，以及滑模控制理论在微分器与观测器设计中的扩展应用方案。

2.2 有限时间与固定时间稳定的定义

考虑非线性系统，有

$$\begin{cases}\dot{\boldsymbol{x}}(t)=\boldsymbol{f}[t,\boldsymbol{x}(t)]\\ \boldsymbol{x}(0)=\boldsymbol{x}_0\end{cases} \tag{2-1}$$

式中：$\boldsymbol{x}(t)\in\mathbb{R}^n$表示系统的状态变量；$\boldsymbol{f}:\mathbb{R}\times\mathbb{R}^n\to\mathbb{R}^n$表示非线性向量函数。

定义2.1[103]：如果对任意$\varepsilon>0$，存在常数$\delta>0$，使得当$\|\boldsymbol{x}_0\|<\delta$时，对所有$t\geqslant0$，有$\|\boldsymbol{x}(t,\boldsymbol{x}_0)\|<\varepsilon$，则称系统（式（2-1））的原点是稳定的。

定义2.2[103]：如果系统（式（2-1））的原点是稳定的，且存在常数$\delta>0$，使得当$\|\boldsymbol{x}_0\|<\delta$时，有$\lim\limits_{t\to\infty}\|\boldsymbol{x}(t,\boldsymbol{x}_0)\|=0$，则称系统（式（2-1））的原点是渐近稳定的。

定义2.3[104]：如果系统（式（2-1））的原点是稳定的，且存在时间函数$T(\boldsymbol{x}_0):\mathbb{R}^n\setminus\{\boldsymbol{0}\}\to(0,+\infty)$，使得$\lim\limits_{t\to T(\boldsymbol{x}_0)}\|\boldsymbol{x}(t,\boldsymbol{x}_0)\|=0$，且对所有$t\geqslant$

$T(\boldsymbol{x}_0)$，有 $\boldsymbol{x}(t,\boldsymbol{x}_0)=\boldsymbol{0}$，则称系统（式（2-1））的原点是全局有限时间稳定的，时间函数 $T(\boldsymbol{x}_0)$ 称为有限时间。

定义 2.4[4]：如果系统（式（2-1））的原点全局有限时间稳定，并且存在 $T_{\max}$，使得对任意 $\boldsymbol{x}_0\in\mathbb{R}^n$，有 $T(\boldsymbol{x}_0)\leqslant T_{\max}$，则称系统（式（2-1））的原点是固定时间稳定的，$T_{\max}$ 称为固定时间。

渐近稳定的闭环系统表示系统状态会在时间趋于无穷时收敛到平衡点（如指数形式收敛）。

以生活中的实例类比：我在路上，马上到。

有限时间稳定的闭环系统表示系统状态将在有限时间内收敛到平衡点。

以生活中的实例类比：我五分钟内到。

固定时间稳定的闭环系统表示系统状态将在固定时间内收敛到平衡点，且收敛时间上界与初值无关。

以生活中的实例类比：无论我在哪，五分钟内必到。

对比能够发现，有限时间收敛具有更快的收敛速度。相关文献研究表明，在系统具有不确定性情况下，有限时间收敛的系统往往具有更好的鲁棒性能。

2.3 有限时间与固定时间稳定的验证方法

常用的连续有限时间稳定的判定方法主要有齐次性方法和李雅普诺夫稳定性方法两种。

2.3.1 有限时间齐次性方法

定义 2.5：设 $V(\boldsymbol{x}):\mathbb{R}^n\to\mathbb{R}$ 是连续函数，若 $\forall\varepsilon>0$，$\exists\sigma>0$，$(r_1,r_2,\cdots,r_n)\in\mathbb{R}^n$，其中，$r_i>0$，$i=1,2,\cdots,n$，使得

$$V(\varepsilon^{r_1}x_1,\cdots,\varepsilon^{r_n}x_n)=\varepsilon^{\sigma}f_i(\boldsymbol{x}),\quad \forall\boldsymbol{x}\in\mathbb{R}^n \tag{2-2}$$

则称 $V(\boldsymbol{x})$ 关于 $(r_1,r_2,\cdots,r_n)$ 具有齐次度 σ，称 $(r_1,r_2,\cdots,r_n)$ 为扩张。

定义 2.6：设 $\boldsymbol{f}(\boldsymbol{x})=[f_1(\boldsymbol{x}),f_2(\boldsymbol{x}),\cdots,f_n(\boldsymbol{x})]:\mathbb{R}^n\to\mathbb{R}^n$ 是向量函数，若 $\forall\varepsilon>0$，$\exists(r_1,r_2,\cdots,r_n)\in\mathbb{R}^n$，其中，$r_i>0$，$i=1,2,\cdots,n$，使得

$$f_i(\varepsilon^{r_1}x_1,\cdots,\varepsilon^{r_n}x_n)=\varepsilon^{k+r_i}f_i(\boldsymbol{x}),\quad i=1,2,\cdots,n \tag{2-3}$$

式中：$k>-\min\{r_i\}$，则称 $\boldsymbol{f}(\boldsymbol{x})$ 关于 $(r_1,r_2,\cdots,r_n)$ 具有齐次度 k。

定义 2.7：对于系统（式（2-1）），若向量场 $\boldsymbol{f}(\boldsymbol{x})$ 是齐次的，则称该系统是齐次的。

定理 2.1[105]：若系统（式（2-1））全局渐近稳定，且具有负齐次度 k，

则该系统全局有限时间稳定。

2.3.2 有限时间李雅普诺夫定理及其扩展

1. 有限时间李雅普诺夫定理

定理 2.2[106]：有限时间李雅普诺夫定理。

针对系统：

$$\dot{\boldsymbol{x}} = \boldsymbol{f}(\boldsymbol{x}),\ \boldsymbol{f}(\boldsymbol{0}) = \boldsymbol{0} \tag{2-4}$$

假设存在连续可微函数 $V:\boldsymbol{U}\to\mathbb{R}$ 使得其满足下列条件：

（1）V 为正定函数；

（2）存在正实数 $\alpha>0$、$0<p<1$，以及一个不包含原点的开邻域 $U_0\subset U$，满足

$$\dot{V}(\boldsymbol{x}) \leqslant -\alpha V^p(\boldsymbol{x}),\ \boldsymbol{x}\in \boldsymbol{U}_0\setminus\{\boldsymbol{0}\} \tag{2-5}$$

则系统为有限时间稳定，相应的收敛时间为

$$T \leqslant \frac{V_0^{1-p}}{\alpha(1-p)} \tag{2-6}$$

2. 快速有限时间李雅普诺夫定理

定理 2.3[107]：快速有限时间李雅普诺夫定理。

针对系统：

$$\dot{\boldsymbol{x}} = \boldsymbol{f}(\boldsymbol{x}),\ \boldsymbol{f}(\boldsymbol{0}) = \boldsymbol{0} \tag{2-7}$$

若存在连续可微函数 $V:\boldsymbol{U}\to\mathbb{R}$ 使得其满足下列条件：

（1）V 为正定函数；

（2）存在正实数 $\alpha>0$、$\beta>0$、$0<p<1$，满足

$$\dot{V}(\boldsymbol{x}) \leqslant -\beta V - \alpha V^p \tag{2-8}$$

则系统为快速有限时间稳定，相应的收敛时间为

$$T = \frac{1}{\beta(1-p)}\ln\frac{\alpha+\beta V_0^{1-p}}{\alpha} \tag{2-9}$$

3. 实际有限时间李雅普诺夫定理

定理 2.4[108]：实际有限时间李雅普诺夫定理。

针对系统：

$$\dot{\boldsymbol{x}} = f(\boldsymbol{x}),\ f(\boldsymbol{0}) = \boldsymbol{0} \tag{2-10}$$

若存在连续可微函数 $V:\boldsymbol{U}\to\mathbb{R}$ 使得其满足下列条件：

（1）V 为正定函数；

（2）存在正实数 $\lambda>0$、$0<\alpha<1$、$0<\eta<\infty$，满足

$$\dot{V}(\boldsymbol{x}) \leqslant -\lambda V^{\alpha}(\boldsymbol{x}) + \eta \tag{2-11}$$

则系统为实际有限时间稳定。

2.3.3 固定时间李雅普诺夫定理及其扩展

1. 固定时间李雅普诺夫定理

定理 2.5[4]：固定时间李雅普诺夫定理。

针对系统：

$$\dot{\boldsymbol{x}}=f(\boldsymbol{x}),\ f(\boldsymbol{0})=\boldsymbol{0} \tag{2-12}$$

若存在连续可微函数 $V:U\rightarrow R$ 使得其满足下列条件：

(1) V 为正定函数；

(2) 存在正实数 α、β、p、q、k，且 $pk<1$、$qk>1$，满足

$$\dot{V}(\boldsymbol{x})\leqslant-[\alpha V^{p}(\boldsymbol{x})+\beta V^{q}(\boldsymbol{x})]^{k},\ \boldsymbol{x}\in\boldsymbol{U}_{0}\setminus\{\boldsymbol{0}\} \tag{2-13}$$

则系统为固定时间稳定，相应的收敛时间 T 与系统初值无关：

$$\begin{aligned}T&=\frac{1}{\alpha^{k}(1-kp)}|V(\boldsymbol{x}_{0})|^{1-kp}\bar{F}\left(k,\frac{1-kp}{q-p},1+\frac{1-kp}{q-p},-\frac{\beta}{\alpha}|V(\boldsymbol{x}_{0})|^{q-p}\right)\\&\leqslant T_{\max}=\frac{1}{\alpha^{k}(1-pk)}+\frac{1}{\beta^{k}(qk-1)}\end{aligned} \tag{2-14}$$

式中：$\bar{F}(\cdot)$ 为高斯超几何函数。

2. 实际固定时间李雅普诺夫定理

定理 2.6[109]：实际固定时间李雅普诺夫定理。

针对系统：

$$\dot{\boldsymbol{x}}=\boldsymbol{f}(\boldsymbol{x}),\ f(\boldsymbol{0})=\boldsymbol{0}$$

若存在连续可微函数 $V:\boldsymbol{U}\rightarrow\mathbb{R}$ 使得其满足下列条件：

(1) V 为正定函数；

(2) 存在正实数 α、β、p、q、k、且 $pk<1$、$qk>1$、$0<\eta<\infty$，满足

$$\dot{V}(\boldsymbol{x})\leqslant-[\alpha V^{p}(\boldsymbol{x})+\beta V^{q}(\boldsymbol{x})]^{k}+\eta,\ \boldsymbol{x}\in\boldsymbol{U}_{0}\setminus\{\boldsymbol{0}\} \tag{2-15}$$

则系统实际固定时间稳定，系统解的残差集满足

$$\left\{\lim_{t\rightarrow T}\boldsymbol{x}\,\middle|\,V(\boldsymbol{x})\leqslant\min\left\{\alpha^{-1/p}\left(\frac{\eta}{1-\theta^{k}}\right)^{\frac{1}{kp}},\ \beta^{-1/p}\left(\frac{\eta}{1-\theta^{k}}\right)^{\frac{1}{kq}}\right\}\right\} \tag{2-16}$$

式中：θ 为标量（$0<\theta\leqslant1$）。

系统收敛到残差集的收敛时间与初值无关：

$$T\leqslant\frac{1}{\alpha^{k}\theta^{k}(1-pk)}+\frac{1}{\beta^{k}\theta^{k}(qk-1)} \tag{2-17}$$

2.4　经典滑模控制（第一代滑模控制）

经典（第一代）滑模控制的特征是结合滑模面与离散趋近律设计控制器，可实现滑模变量有限时间收敛；但最大的缺点是控制量不连续，抖振严重，且无法保证系统跟踪误差有限时间收敛。

2.4.1　滑模控制理论概述

考虑如下非线性系统：

$$\dot{\boldsymbol{x}}=\boldsymbol{a}(t,\boldsymbol{x})+\boldsymbol{b}(t,\boldsymbol{x})u \tag{2-18}$$

式中：$\boldsymbol{x}\in\mathbb{R}^n$为系统状态；$u\in\mathbb{R}$ 为控制输入；$\boldsymbol{a}(t,\boldsymbol{x})\in\mathbb{R}^n,\boldsymbol{b}(t,\boldsymbol{x})\in\mathbb{R}^n,a(t,\boldsymbol{x})$和$b(t,\boldsymbol{x})$均具有建模不确定性。

首先，确定滑模面：

$$s(t,\boldsymbol{x})=0 \tag{2-19}$$

这里的滑模面是存在于空间中的超平面（即滑模面要满足存在性），并且满足当系统状态收敛到滑模面上后，能沿滑模面滑动到系统平衡点（即滑模面要满足稳定性）。滑模面将状态空间分为$s(t,\boldsymbol{x})<0$和$s(t,\boldsymbol{x})>0$两部分。

然后，根据所确定的滑模面，设计控制输入u按照如下逻辑进行切换：

$$u=\begin{cases}u^{+}(t,\boldsymbol{x}), & s(t,\boldsymbol{x})>0,\quad \dot{s}(t,\boldsymbol{x})<0\\ u^{-}(t,\boldsymbol{x}), & s(t,\boldsymbol{x})<0,\quad \dot{s}(t,\boldsymbol{x})>0\end{cases} \tag{2-20}$$

综上可知，滑模控制算法的基本问题就在于构造滑模面$s(t,\boldsymbol{x})=0$和控制输入$u^{+}(t,\boldsymbol{x})$、$u^{-}(t,\boldsymbol{x})$，使闭环系统（式（2-18））能够在滑模面（式（2-19））上做滑动运动，滑模控制相轨迹如图 2-1 所示。

可以看出，滑模运动分为两个阶段：

（1）趋近阶段，即图 2-1 中的$\boldsymbol{x}_0A$段，在该阶段，系统状态可从任意初始位置在有限时间内到达滑模面；

（2）滑动模态阶段，即图 2-1 中的AO段，在该阶段，系统在控制输入的作用下沿滑模面运动至平衡点。

2.4.2　滑动模态的不变性

根据 2.4.1 节的分析可知，滑模运动分为趋近阶段和滑动模态阶段。当系统进入滑动模态阶段时，滑模控制对于满足特定条件的内部参数摄动和外部扰动具有完全的自适应性，这种完全的自适应性被称为滑模控制的“不变性”。本节将具体讨论滑动模态的不变性。

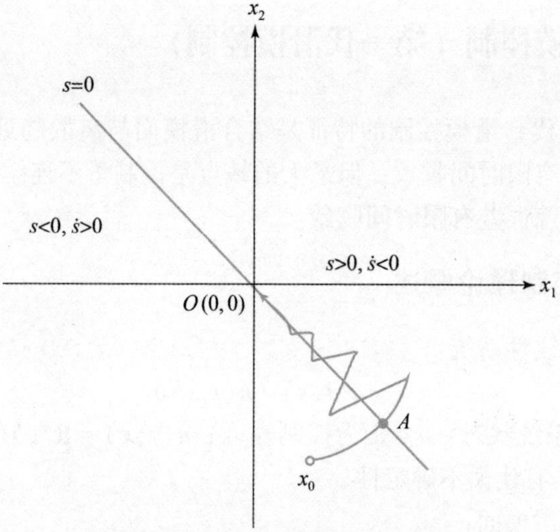

图 2-1　滑模控制相轨迹示意图

考虑如下非线性系统：

$$\dot{\boldsymbol{x}}=f(t,\boldsymbol{x})+\Delta f(t,\boldsymbol{x},\vartheta)+[g(t,\boldsymbol{x})+\Delta g(t,\boldsymbol{x},\vartheta)]u \tag{2-21}$$

式中：$\boldsymbol{x}\in\mathbb{R}^n$ 为系统状态；$u\in\mathbb{R}$ 为控制输入；$\Delta f(t,\boldsymbol{x},\vartheta)$ 与 $\Delta g(t,\boldsymbol{x},\vartheta)$ 为有界的不确定性；ϑ 为不确定参数。

选择滑模变量函数 $s(t,\boldsymbol{x})$，有

$$\begin{aligned}\dot{s}(\boldsymbol{x})&=\frac{\partial s(\boldsymbol{x})}{\partial t}+\frac{\partial s(\boldsymbol{x})}{\partial \boldsymbol{x}}\dot{\boldsymbol{x}}\\&=\frac{\partial s(\boldsymbol{x})}{\partial t}+\frac{\partial s(\boldsymbol{x})}{\partial \boldsymbol{x}}[f(t,\boldsymbol{x})+\Delta f(t,\boldsymbol{x},\vartheta)+g(t,\boldsymbol{x})u+\Delta g(t,\boldsymbol{x},\vartheta)u]\end{aligned} \tag{2-22}$$

当系统处于滑模面上，根据等效控制原理（即 $\dot{s}(\boldsymbol{x})=0$），可得

$$u_{\mathrm{eq}}=-\left\{\frac{\partial s(\boldsymbol{x})}{\partial \boldsymbol{x}}[g(t,\boldsymbol{x})+\Delta g(t,\boldsymbol{x},\vartheta)]\right\}^{-1}\left\{\frac{\partial s(\boldsymbol{x})}{\partial t}+\frac{\partial s(\boldsymbol{x})}{\partial \boldsymbol{x}}[f(t,\boldsymbol{x})+\Delta f(t,\boldsymbol{x},\vartheta)]\right\} \tag{2-23}$$

假设 $\frac{\partial s(\boldsymbol{x})}{\partial \boldsymbol{x}}[g(t,\boldsymbol{x})+\Delta g(t,\boldsymbol{x},\vartheta)]$ 可逆。将式（2-23）代入式（2-21），可得系统滑动模态：

$$\dot{\boldsymbol{x}}=f(t,\boldsymbol{x})+\Delta f(t,\boldsymbol{x},\vartheta)-[g(t,\boldsymbol{x})+\Delta g(t,\boldsymbol{x},\vartheta)]\left\{\frac{\partial s(\boldsymbol{x})}{\partial \boldsymbol{x}}[g(t,\boldsymbol{x})+\Delta g(t,\boldsymbol{x},\vartheta)]\right\}^{-1}$$

$$\frac{\partial s(\boldsymbol{x})}{\partial t}-[g(t,\boldsymbol{x})+\Delta g(t,\boldsymbol{x},\vartheta)]\left\{\frac{\partial s(\boldsymbol{x})}{\partial \boldsymbol{x}}[g(t,\boldsymbol{x})+\Delta g(t,\boldsymbol{x},\vartheta)]\right\}^{-1}$$

$$\frac{\partial s(\boldsymbol{x})}{\partial \boldsymbol{x}}[f(t,\boldsymbol{x})+\Delta f(t,\boldsymbol{x},\vartheta)] \tag{2-24}$$

假设存在 K_1、K_2，使得不确定项满足如下条件：

$$\begin{cases}\Delta f(t,\boldsymbol{x},\vartheta)=g(t,\boldsymbol{x})K_1\\ \Delta g(t,\boldsymbol{x},\vartheta)=g(t,\boldsymbol{x})K_2\end{cases} \tag{2-25}$$

将式（2-25）代入式（2-24），可得

$$\begin{aligned}\dot{\boldsymbol{x}}=&f(t,\boldsymbol{x})+g(t,\boldsymbol{x})K_1-[g(t,\boldsymbol{x})+g(t,\boldsymbol{x})K_2]\left\{\frac{\partial s(\boldsymbol{x})}{\partial \boldsymbol{x}}[g(t,\boldsymbol{x})+g(t,\boldsymbol{x})K_2]\right\}^{-1}\\&\frac{\partial s(\boldsymbol{x})}{\partial t}-[g(t,\boldsymbol{x})+g(t,\boldsymbol{x})K_2]\left\{\frac{\partial s(\boldsymbol{x})}{\partial \boldsymbol{x}}[g(t,\boldsymbol{x})+g(t,\boldsymbol{x})K_2]\right\}^{-1}\frac{\partial s(\boldsymbol{x})}{\partial \boldsymbol{x}}\\&[f(t,\boldsymbol{x})+g(t,\boldsymbol{x})K_1]=f(t,\boldsymbol{x})+g(t,\boldsymbol{x})K_1-g(t,\boldsymbol{x})K(1+K_2)\\&\left[\frac{\partial s(\boldsymbol{x})}{\partial \boldsymbol{x}}g(t,\boldsymbol{x})(1+K_2)\right]^{-1}\frac{\partial s(\boldsymbol{x})}{\partial t}-g(t,\boldsymbol{x})(1+K_2)\left[\frac{\partial s(\boldsymbol{x})}{\partial \boldsymbol{x}}g(t,\boldsymbol{x})(1+K_2)\right]^{-1}\\&\frac{\partial s(\boldsymbol{x})}{\partial \boldsymbol{x}}[f(t,\boldsymbol{x})+g(t,\boldsymbol{x})K_1]=\left\{1-g(t,\boldsymbol{x})\left[\frac{\partial s(\boldsymbol{x})}{\partial \boldsymbol{x}}g(t,\boldsymbol{x})\right]^{-1}\frac{\partial s(\boldsymbol{x})}{\partial \boldsymbol{x}}\right\}\\&f(t,\boldsymbol{x})-g(t,\boldsymbol{x})\left[\frac{\partial s(\boldsymbol{x})}{\partial \boldsymbol{x}}g(t,\boldsymbol{x})\right]^{-1}\frac{\partial s(\boldsymbol{x})}{\partial t}\end{aligned} \tag{2-26}$$

此时系统滑动模态为

$$\dot{\boldsymbol{x}}=\left\{1-g(t,\boldsymbol{x})\left[\frac{\partial s(\boldsymbol{x})}{\partial \boldsymbol{x}}g(t,\boldsymbol{x})\right]^{-1}\frac{\partial s(\boldsymbol{x})}{\partial \boldsymbol{x}}\right\}f(t,\boldsymbol{x})-g(t,\boldsymbol{x})\left[\frac{\partial s(\boldsymbol{x})}{\partial \boldsymbol{x}}g(t,\boldsymbol{x})\right]^{-1}\frac{\partial s(\boldsymbol{x})}{\partial t} \tag{2-27}$$

可以看到，式（2-27）中不含 $\Delta f(t,\boldsymbol{x},\vartheta)$、$\Delta g(t,\boldsymbol{x},\vartheta)$，滑动模态 $\dot{\boldsymbol{x}}$ 与不确定性项 $\Delta f(t,\boldsymbol{x},\vartheta)$、$\Delta g(t,\boldsymbol{x},\vartheta)$无关，也就是说，当不确定性满足匹配性条件（式（2-25））时，滑动模态对系统外部和内部的不确定性具有“完全适应性”，这称为滑模控制的不变性。一般称式（2-25）为滑动模态的匹配条件，其物理意义是，系统中所有参数的摄动和扰动等不确定因素均可以等价为输入通道中的不确定性。

2.4.3　线性滑模控制

1. 线性滑模面

一般地，单输入-单输出线性系统可等价转化为如下可控标准型：

$$\dot{\boldsymbol{x}}=\boldsymbol{A}\boldsymbol{x}+\boldsymbol{B}u \tag{2-28}$$

式中：$\boldsymbol{x}=[x_1,\cdots,x_n]^{\mathrm{T}}\in\mathbb{R}^n$；$u\in\mathbb{R}$；$\boldsymbol{A}\in\mathbb{R}^{n\times n}$；$\boldsymbol{B}=[0,\cdots,0,1]^{\mathrm{T}}\in\mathbb{R}^n$。

在滑模控制中，滑模面的作用是令系统状态可以按其轨迹滑动至原点。在该过程中，系统不受不确定项的影响，对其具有不变性。针对系统

（式（2-28）），线性滑模面可设计为系统状态变量的线性组合：

$$s(\boldsymbol{x})=\boldsymbol{C}\boldsymbol{x}=c_1x_1+c_2x_2+\cdots+c_{n-1}x_{n-1}+x_n \tag{2-29}$$

式中：$p^{n-1}+c_{n-1}p^{n-2}+\cdots+c_2p+c_1$ 为赫尔维茨多项式。

对滑模面（式（2-29））沿系统状态轨迹求导，当$\partial s(\boldsymbol{x})/\partial\boldsymbol{x}B(\boldsymbol{x})$非奇异时，基于等速趋近律设计滑模控制律：

$$u=-\left[\frac{\partial s(\boldsymbol{x})}{\partial\boldsymbol{x}}\boldsymbol{B}(\boldsymbol{x})\right]^{-1}\left[\frac{\partial s(\boldsymbol{x})}{\partial\boldsymbol{x}}\boldsymbol{A}(\boldsymbol{x})+k\text{sgn}(s)\right] \tag{2-30}$$

式中：k 大于扰动幅值上界，以满足系统镇定的要求。

对滑模控制律（式（2-30））进行分析，选择李雅普诺夫函数：

$$V(s)=\frac{1}{2}s^2(\boldsymbol{x}) \tag{2-31}$$

对李雅普诺夫函数（式（2-31））求导，可得

$$\dot{V}(s)=s(\boldsymbol{x})\dot{s}(\boldsymbol{x}) \tag{2-32}$$

将式（2-30）代入式（2-32），可得

$$\dot{V}(s)=-k|s(\boldsymbol{x})| \tag{2-33}$$

基于李雅普诺夫稳定性理论可得，因为趋近律的作用，滑模变量$s(\boldsymbol{x})$有限时间趋于零，即系统状态可以有限时间到达滑模面。到达滑模面后的系统动态，由滑模面方程$s(\boldsymbol{x})=0$唯一确定。当使用线性滑模面$s(\boldsymbol{x})=\boldsymbol{C}\boldsymbol{x}$时，系统状态对平衡点是渐近稳定的。

线性滑模面不仅设计简单，而且适用于低阶及高阶系统。虽然通过调节系数$\{c_1,c_2,\cdots,c_{n-1}\}$可以得到期望的动态响应，但无论如何调整，系统变量只能实现渐近收敛，无法在有限时间内到达原点。

2. 趋近律设计

趋近律方法是由国内学者高为炳教授根据滑模控制过程的本质提出的，具体是为滑模面设计一个收敛方程，当滑模面收敛到零时系统从初始状态运动到滑模面上。趋近律方法为滑模控制器设计提供了新方式，并且通过调整趋近律可以改进系统整体动态响应。

常见的趋近律主要如下。

（1）等速趋近律。

$$\dot{s}=-\varepsilon\text{sgn}(s) \tag{2-34}$$

式中：$\varepsilon>0$。

（2）指数趋近律。

$$\dot{s}=-\varepsilon\text{sgn}(s)-ks \tag{2-35}$$

式中：$\varepsilon>0$；$k>0$。

(3) 一般趋近律。

$$\dot{s} = -\varepsilon \operatorname{sgn}(s) - f(s) \tag{2-36}$$

式中：$\varepsilon > 0$；$f(0) = 0$；当 $s \neq 0$ 时，$sf(s) > 0$。

(4) 幂次趋近律。

$$\dot{s} = -\varepsilon |s|^{\alpha} \operatorname{sgn}(s) \tag{2-37}$$

式中：$\varepsilon > 0$；$0 < \alpha < 1$。

通过对幂次项系数 α 值进行调整，能够保证系统状态远离滑动模态（$|s|$较大）时，以较快的速度趋近于滑动模态；在系统状态接近滑动模态（$|s|$较小）时，趋近速度减缓，以保证在到达滑动模态以后有较小的抖振。

(5) 快速幂次趋近律。

$$\dot{s} = -k_1 |s|^{\alpha} \operatorname{sgn}(s) - k_2 s \tag{2-38}$$

式中：$k_1 > 0$；$k_2 > 0$；$0 < \alpha < 1$。

(6) 双幂次趋近律。

$$\dot{s} = -k_1 |s|^{\alpha} \operatorname{sgn}(s) - k_2 |s|^{\beta} \operatorname{sgn}(s) \tag{2-39}$$

式中：$k_1 > 0$；$k_2 > 0$；$0 < \alpha < 1 < \beta$。

2.5　二阶滑模控制（第二代滑模控制）

二阶滑模控制克服了传统一阶滑模控制中滑模变量相对阶仅能为 1 的限制，将适用范围拓展至相对阶为 2 的系统中。相比第一代滑模的设计理论，第二代滑模控制能够保证系统跟踪误差有限时间收敛，而且取消了滑模面的概念（广义而言，第二代滑模控制的滑模面可以看作系统原点）。

考虑如下非线性系统：

$$\dot{\boldsymbol{x}} = \boldsymbol{f}(t,\boldsymbol{x}) + \boldsymbol{g}(t,\boldsymbol{x})u,\ s = s(t,\boldsymbol{x}) \tag{2-40}$$

式中：$\boldsymbol{x} \in \mathbb{R}^n$为系统状态；$u \in \mathbb{R}$ 为控制输入；$\boldsymbol{f}(t,\boldsymbol{x})$与$\boldsymbol{g}(t,\boldsymbol{x})$为光滑的未知向量场；$s \in \mathbb{R}$ 为滑模变量。

式（2-40）的解是菲利波夫（Filippov）意义下的解，可以允许非连续控制[110]。

假定系统（式（2-40））的相对阶为 2，即滑模变量 $s(t,\boldsymbol{x})$的二阶导数可写为

$$\ddot{s} = h(t,\boldsymbol{x}) + l(t,\boldsymbol{x})u \tag{2-41}$$

式中：$h = \ddot{s}|_{u=0}$；$l = \frac{\partial}{\partial u}\ddot{s} \neq 0$。

假定 $h(t,\boldsymbol{x})$与 $l(t,\boldsymbol{x})$满足如下不等式：

$$0<K_m\leqslant l(t,\boldsymbol{x})\leqslant K_M,\quad |h(t,\boldsymbol{x})|\leqslant C \tag{2-42}$$

则会形成如下微分包含：

$$\ddot{s}\in[-C,C]+[K_m,K_M]u \tag{2-43}$$

因此，该控制问题就是要找到如下反馈：

$$u=\varphi(s,\dot{s}) \tag{2-44}$$

使得系统轨迹在有限时间内收敛到相平面的原点 $s=\dot{s}=0$。

广义的二阶滑模控制形式如下：

$$u=-r_1\operatorname{sgn}[\mu_1\dot{s}+\lambda_1|s|^{1/2}\operatorname{sgn}(s)]-r_2\operatorname{sgn}[\mu_2\dot{s}+\lambda_2|s|^{1/2}\operatorname{sgn}(s)] \tag{2-45}$$

式中：r_1 与 r_2 均为正数。

2.5.1 螺旋算法

螺旋算法是一种最早提出的二阶滑模控制算法[111-112]，控制算法表达式如下：

$$u=-[r_1\operatorname{sgn}(s)+r_2\operatorname{sgn}(\dot{s})],\quad r_1>r_2>0 \tag{2-46}$$

有限时间收敛的充分条件为

$$\begin{cases}(r_1+r_2)K_m-C>(r_1-r_2)K_M+C\\(r_1-r_2)K_m>C\end{cases} \tag{2-47}$$

该算法的特点：在 $sO\dot{s}$ 相平面上，系统轨迹围绕原点旋转，如图 2-2 所示。同时，系统的轨迹能在有限时间内经过无限次环绕收敛到原点，即系统的相轨迹与坐标轴相交值的绝对值，随着旋转次数的增多以等比数列形式减小。由式（2-46）可知，此控制律的设计需要已知 $\dot{s}$ 的符号。

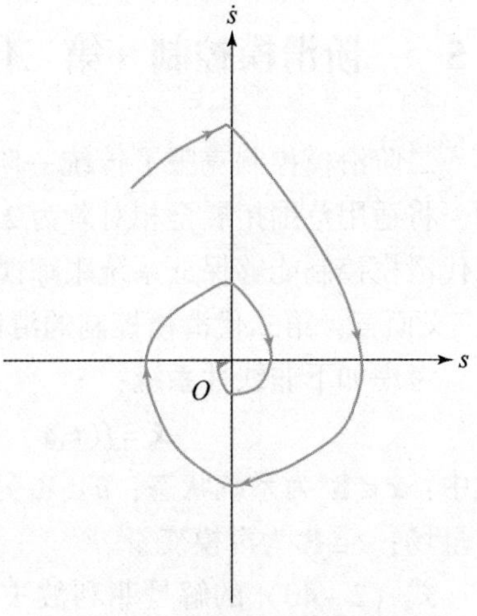

图 2-2　螺旋算法相轨迹图

若考虑控制输入受限的情形，则需增加以下条件[113]：

$$r_1+r_2\leqslant u_{\max} \tag{2-48}$$

2.5.2 次优算法

次优算法由 Bartolini 等[114]提出，控制算法表达式如下：

$$u=-r_1\operatorname{sgn}(s-s^*/2)+r_2\operatorname{sgn}(s^*),\quad r_1>r_2>0 \tag{2-49}$$

式中：s^* 为最近的时间内，$\dot{s}=0$ 时对应的 s 值，s^* 的初始值为 0。

次优算法有限时间收敛的充分条件为

$$\begin{cases} r_1 - r_2 > \dfrac{C}{K_m} \\ r_1 + r_2 > \dfrac{4C + K_M(r_1 - r_2)}{3K_m} \end{cases} \tag{2-50}$$

次优算法由经典的时间最优控制算法演化而来，控制量 u 实际依赖于 s 和 $\dot{s}$ 的整个测量历史，因此该算法不具有式（2-44）的反馈形式。可称次优算法为广义的二阶滑模算法。

如图 2-3 所示，$sO\dot{s}$ 相平面内的轨迹被限制在包括原点在内的有限抛物线之内。

2.5.3　预定收敛律控制算法

预定收敛律控制算法表达式如下[111-112]：

$$u = -\alpha \operatorname{sgn}[\dot{s} + \beta |s|^{1/2} \operatorname{sgn}(s)],\ \alpha,\beta > 0 \tag{2-51}$$

有限时间收敛的充分条件为

$$\alpha K_m - C > \beta^2/2 \tag{2-52}$$

图 2-4 为预定收敛律控制算法的相轨迹图。$sO\dot{s}$ 平面内的轨迹都会在有限时间内到达非线性滑模面 $\dot{s} + \beta|s|^{1/2}\operatorname{sgn}(s) = 0$，并沿着 $\dot{s} + \beta|s|^{1/2}\operatorname{sgn}(s) = 0$ 在有限时间内收敛到原点。

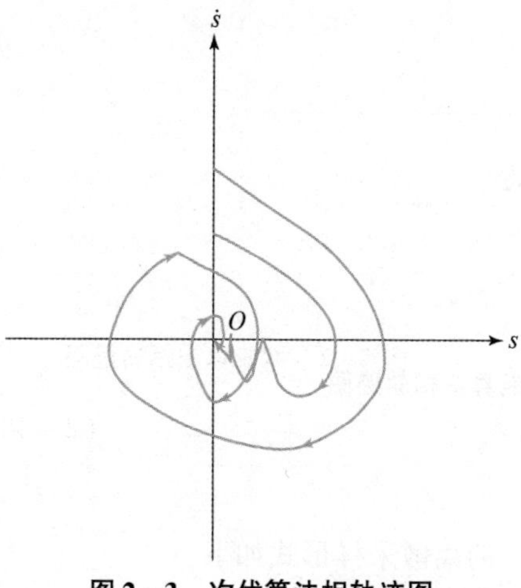

图 2-3　次优算法相轨迹图

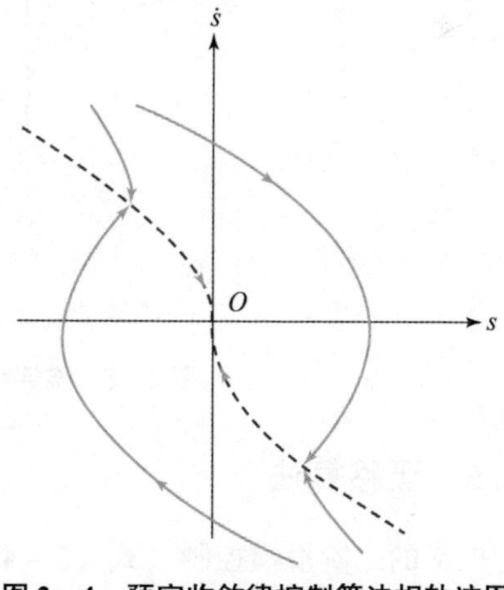

图 2-4　预定收敛律控制算法相轨迹图

2.5.4 准连续控制算法

准连续控制算法表达式如下[115]：

$$u = -\alpha \frac{\dot{s} + \beta |s|^{\frac{1}{2}} \mathrm{sgn}(s)}{|\dot{s}| + \beta |s|^{\frac{1}{2}}} \tag{2-53}$$

其中

$$\alpha > 0,\ \beta > 0,\ \alpha K_m - C > 0 \tag{2-54}$$

$$\alpha K_m - C - \alpha K_m \frac{\beta}{\rho + \beta} - \frac{1}{2}\rho^2,\ \rho > \beta \tag{2-55}$$

准连续控制算法的优点在于，除原点以外其他位置都是连续的。但在实际系统控制中，系统状态不可能被完全控制到平衡点。因此，从实际应用角度来看，准连续控制算法（式（2-53））设计的控制器为连续控制器，其在一定程度上能够减少抖振。如图 2-5 所示，当参数 α 充分大时，存在常数 ρ_1、ρ_2，满足条件 $0 < \rho_1 < \beta < \rho_2$，使得状态轨迹进入由曲线 $\dot{s} + \rho_1 |s|^{1/2} \mathrm{sgn}(s) = 0$ 和 $\dot{s} + \rho_2 |s|^{1/2} \mathrm{sgn}(s) = 0$ 构成的区域。

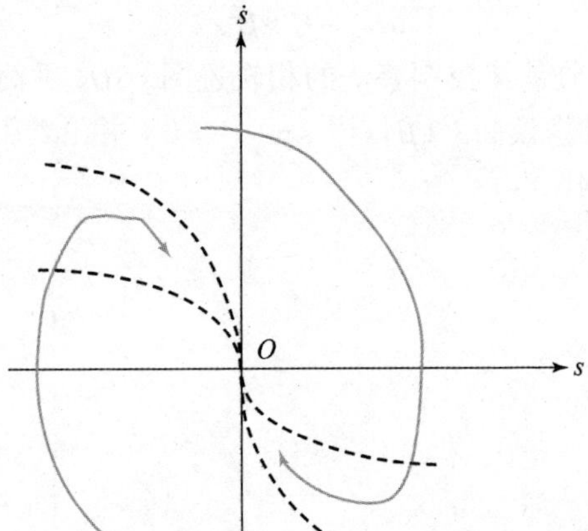

图 2-5　准连续控制算法相轨迹图

2.5.5 漂移算法

广义的二阶滑模控制（式（2-45））的离散采样形式如下：

$$u = -r_1 \mathrm{sgn}[\mu_1 \Delta s_i + \lambda_1 \tau\ |s_i|^{1/2} \mathrm{sgn}(s_i)] - r_2 \mathrm{sgn}[\mu_2 \Delta s_i + \lambda_2 \tau\ |s_i|^{1/2} \mathrm{sgn}(s_i)] \tag{2-56}$$

当控制参数满足条件 $\mu_1=\lambda_2=0$ 时，即为漂移算法。漂移算法表达式如下：

$$u=-r_1\mathrm{sgn}(s_i)-r_2\mathrm{sgn}(\Delta s_i) \tag{2-57}$$

注意，参数必须满足 $r_2>r_1>0$。图 2-6 为漂移算法相轨迹图。

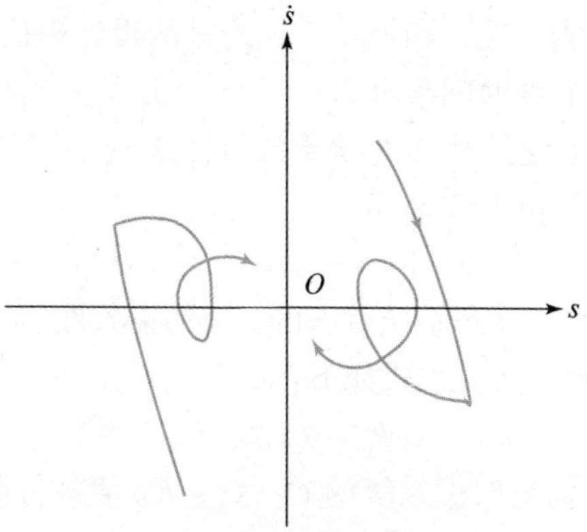

图 2-6　漂移算法相轨迹图

2.6　超螺旋滑模控制（第三代滑模控制）

超螺旋滑模控制[111]作为第三代滑模控制，其本质属于二阶滑模，但是相比其他类别的二阶滑模控制算法，超螺旋滑模控制具有连续的控制量；相比一阶滑模控制方法，超螺旋滑模控制具有二阶滑模收敛精度。超螺旋滑模控制的主要局限性在于，其作为二阶滑模控制，仅可应用于相对阶为 1 的控制系统中。

超螺旋滑模控制表达式如下：

$$\begin{cases}u=-k_1|s|^{1/2}\mathrm{sgn}(s)+u_1\\ \dot{u}_1=-k_2\mathrm{sgn}(s)\end{cases} \tag{2-58}$$

一般来说，增益参数可按照如下原则设计：

$$k_1=1.5\sqrt{L},\ k_2=1.1L \tag{2-59}$$

式中：L 为待设计参数，需要大于系统匹配扰动的利普希茨常数。

超螺旋滑模控制相轨迹如图 2-7 所示。

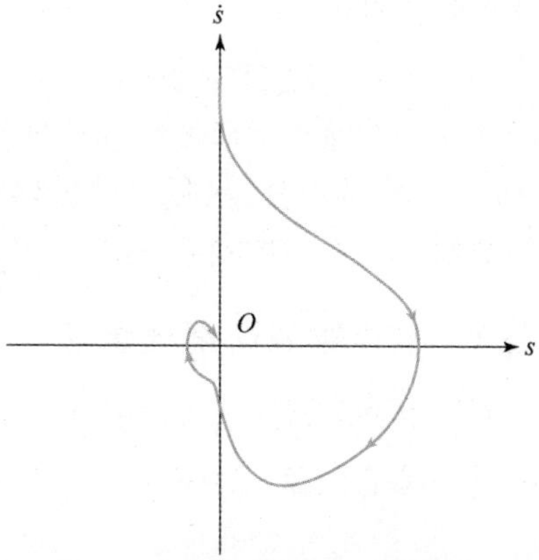

图 2-7　超螺旋滑模控制相轨迹图

2.7 任意阶滑模控制（第四代滑模控制）

第四代滑模控制将滑模控制的适用系统提升到任意阶，可以保证相对阶任意的系统在有限时间内收敛。相比第一代滑模的设计理论，第四代滑模控制能够保证系统跟踪误差有限时间收敛。

r 阶滑动集由滑模变量及其连续导数 $\{s,\dot{s},\ddot{s},\cdots,s^{(r-1)}\}$ 构成，关于滑模面 $s(t,x)$ 的 r 阶滑动集可由下式描述：

$$s=\dot{s}=\ddot{s}=\cdots=s^{(r-1)}=0 \tag{2-60}$$

式（2-60）构成了动态系统状态的 r 维约束条件。

r 阶滑模控制器的广义表达式如下：

$$u=-\alpha\Psi_{r-1,r}(s,\dot{s},\cdots,s^{(r-1)}) \tag{2-61}$$

式中，增益 $\alpha>0$，α 需要根据系统的 C、K_m、K_M 值进行调整。

2.7.1 嵌套式高阶滑模算法

嵌套式高阶滑模算法的一般递归形式为[116]：

$$\begin{cases} N_{i,r}=\left[\,|s|^{\frac{q}{r}}+|\dot{s}|^{\frac{q}{r-1}}+\cdots+|s^{(i-1)}|^{\frac{q}{r-i+1}}\right]^{\frac{(r-i)}{q}} \\ \Psi_{0,r}=\mathrm{sgn}(s),\ \Psi_{i,r}=\mathrm{sgn}(s^{(i)}+\beta_i N_{i,r}\Psi_{i-1,r}) \end{cases} \tag{2-62}$$

式中：q 为 $1\sim r$ 的最小倍数。

下面给出相对阶数 $r=1,2,3$ 时，嵌套式高阶滑模算法的具体表达式：

（1）$u=-\alpha\mathrm{sgn}(s)$。

（2）$u=-\alpha\mathrm{sgn}[\dot{s}+|s|^{\frac{1}{2}}\mathrm{sgn}(s)]$，该形式可以广泛应用于二阶系统，但控制量是离散的。

（3）$u=-\alpha\mathrm{sgn}\{\ddot{s}+2(|\dot{s}|^3+|s|^2)^{\frac{1}{6}}\mathrm{sgn}[\dot{s}+|s|^{\frac{2}{3}}\mathrm{sgn}(s)]\}$，该形式可以广泛用于三阶系统，但控制量是离散的；也可以应用于二阶系统，根据 s、$\dot{s}$、$\ddot{s}$ 获取 $\dot{u}$，然后积分得到连续控制量 u，但这种处理方式需要用到滑模变量的二阶导数，在实际控制系统中难以实现。

2.7.2 准连续高阶滑模算法

相比其他类型高阶滑模算法，准连续高阶滑模算法在除原点以外的所有位置都是连续的，即 $s=\dot{s}=\cdots=s^{(r-1)}=0$。

准连续高阶滑模算法的一般形式可写为

$$\begin{cases}\varphi_{0,r}=s,\ N_{0,r}=|s|,\ \Psi_{0,r}=\dfrac{\varphi_{0,r}}{N_{0,r}}=\operatorname{sgn}(s)\\ \varphi_{i,r}=s^{(i)}+\beta_i N_{i-1,r}^{\frac{r-i}{r-i+1}}\Psi_{i-1,r}\\ N_{i,r}=|s^{(i)}|+\beta_i N_{i-1,r}^{\frac{r-i}{r-i+1}},\ \Psi_{i,r}=\dfrac{\varphi_{i,r}}{N_{i,r}}\end{cases}\tag{2-63}$$

下面给出相对阶数 $r=1,2,3$ 时，准连续高阶滑模算法的具体表达式：

（1）$u=-\alpha\operatorname{sgn}(s)$。

（2）$u=-\alpha\dfrac{\dot{s}+|s|^{\frac{1}{2}}\operatorname{sgn}(s)}{|\dot{s}|+|s|^{\frac{1}{2}}}$，该形式的准连续高阶滑模算法可以广泛应用于二阶系统，但是该算法在原点处是离散的。

（3）$u=-\alpha\dfrac{\ddot{s}+2\left[|\dot{s}|+|s|^{\frac{2}{3}}\right]^{-\frac{1}{2}}\left[\dot{s}+|s|^{\frac{2}{3}}\operatorname{sgn}(s)\right]}{|\ddot{s}|+2\left[|\dot{s}|+|s|^{\frac{2}{3}}\right]^{\frac{1}{2}}}$，该形式可以广泛用于三阶系统，同样也可以类比嵌套式高阶滑模算法应用于二阶系统，根据 s、$\dot{s}$、$\ddot{s}$ 获取 $\dot{u}$，然后积分得到连续控制量 u。

2.7.3　改进的嵌套式高阶滑模算法

文献［117］对嵌套式高阶滑模算法进行改进，可得到改进嵌套式高阶滑模算法，其一般形式写为

$$\begin{cases}N_{i,r}=\left[|s|^{\frac{q}{r}}+|\dot{s}|^{\frac{q}{r-1}}+\cdots+|s^{(i-1)}|^{\frac{q}{r-i+1}}\right]^{\frac{r-i}{q}}\\ \psi_{0,r}=\operatorname{sgn}(s)\\ \psi_{i,r}=\operatorname{sgn}\left[s^{(i)}+\beta_i N_{i,r}\psi_{i-1,r}\right]\\ (i=1,2,\cdots,r-1)\end{cases}\tag{2-64}$$

注意，式（2-64）中 $N_{i,r}(i=1,2,\cdots,r-1)$ 的表达式与式（2-62）中的相同，但改进的嵌套式高阶滑模算法对参数 $N_r=N_{r,r}$ 的计算规则进行了更改：

$$N_r=N_{r,r}=\left[|s|^{\frac{q}{r}}+|\dot{s}|^{\frac{q}{r-1}}+\cdots+|s^{(r-1)}|^{q}\right]^{\frac{1}{q}}\tag{2-65}$$

式中：q 为 $1\sim r$ 的最小公倍数。

由于符号函数 sgn(·)会产生较大抖振，对控制系统造成不利影响，故采用饱和函数替换符号函数 sgn(·)。

定义饱和函数 $\operatorname{sat}(z,\varepsilon)=\min[1,\max(-1,z/\varepsilon)]$，满足：

$$\operatorname{sat}(z,\varepsilon)=\begin{cases}1, & z>\varepsilon\\ z/\varepsilon, & -\varepsilon<z<\varepsilon\\ -1, & z<-\varepsilon\end{cases} \tag{2-66}$$

则

$$\varepsilon\min[1,\quad \max(-1,\quad z/\varepsilon)]=\begin{cases}\varepsilon, & z>\varepsilon\\ z, & -\varepsilon<z<\varepsilon\\ -\varepsilon, & z<-\varepsilon\end{cases} \tag{2-67}$$

借鉴此饱和函数，可重新设计饱和嵌套式高阶滑模算法，表达式如下：

$$\psi_{0,r}=\operatorname{sgn}(s)$$

$$\psi_{i,r}=\operatorname{sat}[(s^{(i)}+\beta_i N_{i,r}\psi_{i-1,r})/N_r^{r-i},\ \varepsilon_i] \tag{2-68}$$

$$u=-\alpha\psi_{r-1,r}[s,\dot{s},\cdots,s^{(r-1)}] \tag{2-69}$$

下面给出相对阶数 $r=1,2,3$ 时，饱和嵌套式高阶滑模算法的形式：

（1）$u=-\alpha\operatorname{sgn}(\sigma)$。

（2）$u=-\alpha\operatorname{sat}\{[\dot{s}+\beta_1|s|^{1/2}\operatorname{sgn}(s)]/(|\dot{s}|^2+|s|)^{1/2},\varepsilon_1\}$。

（3）$u=-\alpha\operatorname{sat}\{\{\ddot{s}+\beta_2(|\dot{s}|^3+|s|^2)^{1/6}\operatorname{sat}\{[\dot{s}+\beta_1|s|^{2/3}\operatorname{sgn}(s)]/N_3,\varepsilon_1\}\}/N_3,\varepsilon_2\}$，其中，$N_3=[|s|^2+|\dot{s}|^3+|\ddot{s}|^6]^{1/6}$，$\beta_1,\beta_2,\cdots,\beta_r>0$ 为控制器参数，决定了收敛速率。

2.8 连续任意阶滑模控制（第五代滑模控制）

第四代滑模控制（即任意阶滑模控制）的主要缺点在于其控制量离散，抖振问题较为严重。为了改进此缺点，近年来学者们提出了第五代滑模控制（连续任意阶滑模控制），既可以实现对任意相对阶系统的有限时间收敛，又可以保障控制量连续，更具有实际应用价值。

2.8.1 高阶超螺旋算法

1. 标准高阶超螺旋算法

首先，给出如下定义。

定义 2.8：对 $\boldsymbol{x}\in\mathbb{R}^n$ 定义如下：

$$\operatorname{sig}^a(\boldsymbol{x})=|\boldsymbol{x}|^a\operatorname{sgn}(\boldsymbol{x}) \tag{2-70}$$

式中：$a\in\mathbb{R}$；sgn(·)为符号函数。

考虑如下 n^{th} 阶摄动积分系统：

$$\begin{cases}\dot{x}_1 = x_2 \\ \dot{x}_2 = x_3 \\ \vdots \\ \dot{x}_n = u + d\end{cases} \tag{2-71}$$

式中：$x_1, x_2, \cdots, x_n$ 为状态量；d 为利普希茨形式扰动，满足条件 $|\dot{d}| \leqslant L_{\mathrm{dL}}$（$L_{\mathrm{dL}}$为利普希茨常数）。

标准超螺旋算法仅能适用于一阶系统（标准超螺旋算法具有二阶收敛精度，也可称为二阶超螺旋算法），为了将其扩展适用于高阶系统，$(n+1)^{\mathrm{th}}$阶超螺旋算法如下[118]：

$$\begin{cases}u = -k_1 \mathrm{sig}^{1/2}(\phi_{n-1}) + x_{n+1} \\ \dot{x}_{n+1} = -k_{n+1}\mathrm{sgn}(\phi_{n-1})\end{cases} \tag{2-72}$$

定义 ϕ_{n-1}：

$$\phi_{n-1} = s_{n-1,n} \tag{2-73}$$

其中，$s_{i,n}$的表达式如下：

$$\begin{cases}s_{0,n} = x_1 \\ s_{1,n} = x_2 + k_2 R_{1,n}\mathrm{sgn}(s_{0,n}) \\ s_{i,n} = x_{i+1} + k_{i+1} R_{i,n}\mathrm{sgn}(s_{i-1,n}) \\ (i = 2, 3, \cdots, n-1)\end{cases} \tag{2-74}$$

$R_{i,n}$定义为

$$\begin{cases}R_{1,n} = |x_1|^{n/(n+1)} \\ R_{i,n} = \left| |x_1|^{r_1} + |x_2|^{r_2} + \cdots + |x_i|^{r_i} \right|^{1/q_i} \\ (i = 2, 3, \cdots, n-1)\end{cases} \tag{2-75}$$

式中：幂次 $r_1, r_2, \cdots, r_i$ 和 q_i 依据系统齐次权重选择。

下面以 $n=3$ 为例，推导四阶超螺旋算法 r_1、r_2 和 q_2 的确定方式。

根据系统齐次度定义：$f_i(\varepsilon^{w_1}x_1, \cdots, \varepsilon^{w_n}x_n) = \varepsilon^{k+w_i}f_i(x), i = 1, 2, \cdots, n$，应满足如下条件：

$$\begin{cases}\varepsilon^{w_2}x_2 = \varepsilon^{k+w_1}x_2 \\ \varepsilon^{w_3}x_3 = \varepsilon^{k+w_2}x_3 \\ -k_1 \, |\bar{\phi}_2|^{\frac{1}{2}}\mathrm{sgn}(\bar{\phi}_2) + \varepsilon^{w_4}x_4 = \varepsilon^{k+w_3}[-k_1 \, |\phi_2|^{\frac{1}{2}}\mathrm{sgn}(\phi_2) + x_4] \\ -k_4\mathrm{sgn}(\bar{\phi}_2) = \varepsilon^{k+w_4}[-k_4\mathrm{sgn}(\phi_2)]\end{cases} \tag{2-76}$$

其中

$$\begin{cases}\bar{\phi}_2 = \varepsilon^{w_3}x_3 + k_3\left(|\varepsilon^{w_1}x_1|^{r_1} + |\varepsilon^{w_2}x_2|^{r_2}\right)^{1/q}\operatorname{sgn}\left[\varepsilon^{w_2}x_2 + k_2|\varepsilon^{w_1}x_1|^{3/4}\operatorname{sgn}(\varepsilon^{w_1}x_1)\right]\\ \phi_2 = x_3 + k_3\left(|x_1|^{r_1} + |x_2|^{r_2}\right)^{1/q}\operatorname{sgn}\left[x_2 + k_2|x_1|^{3/4}\operatorname{sgn}(x_1)\right]\end{cases} \tag{2-77}$$

由于 r_1、r_2 和 q_2 的数值完全依赖于状态量 x_3 的权重分配 r_3，不失一般性，假设 x_3 的齐次权重 $w_3=2$，则根据式（2-76）可得如下等式条件：

$$\begin{cases}w_2=k+w_1, \quad k+w_2=2, \quad w_4=k+2, \quad k+2=1\\ w_1r_1=w_2r_2, \quad w_1r_1/q=2, \quad w_2=3w_1/4, \quad k+w_4=0\end{cases} \tag{2-78}$$

由式（2-78）可以确定 $w_1=4$，$w_2=3$，$w_3=2$，$w_4=1$，$k=-1$。而 r_1、r_2 和 q_2 满足：

$$4r_1=3r_2, \ 4r_1/q=2 \tag{2-79}$$

由此可见，r_1、r_2 和 q_2 的设计不唯一，其中最简单的选择方式为 $r_1=3$、$r_2=4$ 和 $q_2=6$。此时系统齐次，且齐次度为负。

因此，在控制器（式（2-72））的作用下，系统（式（2-71））的状态量 x_1 及其 n^{th} 导数均可在有限时间内收敛至原点[111,119]，且 x_1 具有 $(n+1)^{\text{th}}$ 阶滑模收敛精度[112,120]。

下面将高阶超螺旋算法分别应用于一阶、二阶、三阶系统，并给出控制器设计实例。

针对一阶系统，设计具有二阶收敛精度的高阶超螺旋算法（2-STA），系统动力学可写为

$$\begin{cases}\dot{x}_1 = -k_1|x_1|^{\frac{1}{2}}\operatorname{sgn}(x_1)+x_2\\ \dot{x}_2 = -k_2\operatorname{sgn}(x_1)+\dot{d}\end{cases} \tag{2-80}$$

式中：$\dot{d}$ 为扰动的导数，满足 $|\dot{d}|\leqslant L_{\text{dL}}$；$x_2$ 为扩展状态量。

控制器等价于超螺旋算法（式（2-58））。

针对二阶系统，设计具有三阶收敛精度的高阶超螺旋算法（3-STA），系统动力学可写为

$$\begin{cases}\dot{x}_1 = x_2\\ \dot{x}_2 = -k_1|\phi_1|^{\frac{1}{2}}\operatorname{sgn}(\phi_1)+x_3\\ \dot{x}_3 = -k_3\operatorname{sgn}(\phi_1)+\dot{d}\end{cases} \tag{2-81}$$

式中：$\phi_1 = x_2 + k_2|x_1|^{2/3}\operatorname{sgn}(x_1)$。

控制器可设计为

$$u_3 = -k_1 |\phi_1|^{\frac{1}{2}}\text{sgn}(\phi_1) + \int_0^t -k_3\text{sgn}(\phi_1)\text{d}\tau \tag{2-82}$$

式中，控制参数典型值可取为 $k_1=6$、$k_2=4$、$k_3=4$。

针对三阶系统，设计具有四阶收敛精度的高阶超螺旋算法（4-STA），系统动力学可写为

$$\begin{cases}\dot{x}_1 = x_2 \\ \dot{x}_2 = x_3 \\ \dot{x}_3 = -k_1 |\phi_2|^{\frac{1}{2}}\text{sgn}(\phi_2) + x_4 \\ \dot{x}_4 = -k_4\text{sgn}(\phi_2) + \dot{d}\end{cases} \tag{2-83}$$

式中：$\phi_2 = x_3 + k_3(|x_1|^3 + |x_2|^4)^{1/6}\text{sgn}[x_2 + k_2 |x_1|^{3/4}\text{sgn}(x_1)]$。

控制器可设计为

$$u_4 = -k_1 |\phi_2|^{\frac{1}{2}}\text{sgn}(\phi_2) + \int_0^t -k_4\text{sgn}(\phi_2)\text{d}\tau \tag{2-84}$$

式中，控制参数典型值可取为 $k_1=5$、$k_2=1$、$k_3=2$、$k_4=4$。

2. *n* 阶连续嵌套高阶滑模算法

文献［120］对标准高阶超螺旋算法进行简化，设计了 n 阶连续嵌套高阶滑模算法。

下面将 n 阶连续嵌套高阶滑模算法分别应用于一阶、二阶、三阶系统，并给出控制器设计实例。

针对一阶系统，设计具有二阶收敛精度的连续嵌套高阶滑模算法，系统动力学式（2-80）可写为

$$\begin{cases}\dot{x}_1 = -k_1 |x_1|^{\frac{1}{2}}\text{sgn}(x_1) + x_2 \\ \dot{x}_2 = -k_2\text{sgn}(x_1) + \dot{d}\end{cases} \tag{2-85}$$

注意，此时系统动力学与二阶标准高阶超螺旋算法的动力学式（2-80）相同，也与超螺旋算法的动力学相同。

针对二阶系统，设计具有三阶收敛精度的连续嵌套高阶滑模算法，系统动力学式（2-81）可重新写为

$$\begin{cases}\dot{x}_1 = x_2 \\ \dot{x}_2 = -k_1 |\phi_1|^{\frac{1}{2}}\text{sgn}(\phi_1) + x_3 \\ \dot{x}_3 = -k_3\text{sgn}(x_1) + \dot{d}\end{cases} \tag{2-86}$$

式中：$\phi_1 = x_2 + k_2 |x_1|^{2/3}\text{sgn}(x_1)$。

控制器可设计为：

$$u_3 = -k_1 \left|\phi_1\right|^{\frac{1}{2}}\operatorname{sgn}(\phi_1) + \int_0^t -k_3\operatorname{sgn}(x_1)\,\mathrm{d}\tau \tag{2-87}$$

式中，控制参数典型值可取为 $k_1=6$、$k_2=5$、$k_3=5$。

针对三阶系统，设计具有四阶收敛精度的连续嵌套高阶滑模算法，系统动力学式（2-83）可重新写为

$$\begin{cases}\dot{x}_1 = x_2\\ \dot{x}_2 = x_3\\ \dot{x}_3 = -k_1\left|\phi_2\right|^{\frac{1}{2}}\operatorname{sgn}(\phi_2) + x_4\\ \dot{x}_4 = -k_4\operatorname{sgn}(x_1) + \dot{d}\end{cases} \tag{2-88}$$

式中：$\phi_2 = x_3 + k_3\left(\left|x_1\right|^3 + \left|x_2\right|^4\right)^{1/6}\operatorname{sgn}\left[x_2 + k_2\left|x_1\right|^{3/4}\operatorname{sgn}(x_1)\right]$。

控制器可设计为

$$u_4 = -k_1\left|\phi_2\right|^{\frac{1}{2}}\operatorname{sgn}(\phi_2) + \int_0^t -k_4\operatorname{sgn}(x_1)\,\mathrm{d}\tau \tag{2-89}$$

式中，控制参数典型值可取为 $k_1=5$、$k_2=1$、$k_3=2$、$k_4=4$。

2.8.2 连续螺旋算法

1. 标准连续螺旋算法

对于如下二阶系统：

$$\begin{cases}\dot{x}_1 = x_2\\ \dot{x}_2 = u + d\end{cases} \tag{2-90}$$

式中，不确定性扰动 d 满足 $|\dot{d}| \leqslant L_{\mathrm{dL}}$。

连续螺旋算法基本公式如下所示：

$$\begin{cases}u = -k_1\left|x_1\right|^{1/3}\operatorname{sgn}(x_1) - k_2\left|x_2\right|^{1/2}\operatorname{sgn}(x_2) + \eta\\ \dot{\eta} = -k_3\operatorname{sgn}(x_1) - k_4\operatorname{sgn}(x_2)\end{cases} \tag{2-91}$$

假定 $x_3 \overset{\Delta}{=} \eta + \Delta$，代入式（2-91），可得

$$\begin{cases}\dot{x}_1 = x_2\\ \dot{x}_2 = -k_1\left|x_1\right|^{1/3}\operatorname{sgn}(x_1) - k_2\left|x_2\right|^{1/2}\operatorname{sgn}(x_2) + x_3\\ \dot{x}_3 = -k_3\operatorname{sgn}(x_1) - k_4\operatorname{sgn}(x_2) + \dot{\Delta}\end{cases} \tag{2-92}$$

对于没有扰动的标准形式，典型控制参数可取为

$$k_1 = 0.96746,\quad k_2 = 1.40724,\quad k_3 = 0.00844,\quad k_4 = 0.004601 \tag{2-93}$$

对于有扰动，对式（2-91）引入一个正常数 L，可得

$$\begin{cases}u = -L^{2/3}k_1\left|x_1\right|^{1/3}\operatorname{sgn}(x_1) - L^{1/2}k_2\left|x_2\right|^{1/2}\operatorname{sgn}(x_2) + \eta\\ \dot{\eta} = -L\left[k_3\operatorname{sgn}(x_1) + k_4\operatorname{sgn}(x_2)\right]\end{cases} \tag{2-94}$$

如果式（2-91）中 $k_1 \sim k_4$ 的参数选择能够保证扰动利普希茨常数为 L_{dL} 的系统（式（2-90））是有限时间稳定的，那么控制器（式（2-94））对于扰动利普希茨常数达到 L_{dL} 的系统，也可保证其有限时间稳定。

2. 自适应连续螺旋算法

由于实际中扰动尺度未知，控制器（式（2-94））中的参数 L 难以设计，因此可以针对其设计自适应律，根据实时系统状态调节参数 L 的增益。

文献［121］提出了一种自适应连续螺旋算法：

$$\begin{cases} u = -L^{2/3}(t)k_1 \, |x_1|^{1/3}\operatorname{sgn}(x_1) - L^{1/2}(t)k_2 \, |x_2|^{1/2}\operatorname{sgn}(x_2) + \eta \\ \dot{\eta} = -L(t)[k_3\operatorname{sgn}(x_1) + k_4\operatorname{sgn}(x_2)] \end{cases} \tag{2-95}$$

式中：$L(t)$ 为自适应律，且有

$$\dot{L}(t) = \begin{cases} l, & T_{\mathrm{e}}(t) \neq 0 \quad \text{或} \quad \|x\| \neq 0 \\ 0, & T_{\mathrm{e}}(t) = 0 \quad \text{和} \quad \|x\| = 0 \end{cases} \tag{2-96}$$

其中：l 为正常数；$T_{\mathrm{e}}(t)$ 为定时器，且有

$$T_{\mathrm{e}}(t) = \begin{cases} t_i + \tau - t, & t_i \leqslant t \leqslant t_i + \tau \\ 0, & t > t_i + \tau \end{cases} \quad (i = 0, \quad t_0 = 0) \tag{2-97}$$

其中：τ 为常数停留时间；t_i 为 x 的范数从零变为非零的瞬间。

2.8.3 连续终端滑模算法

连续终端滑模算法是另一种典型第五代滑模控制理论，由文献［119］首次提出。考虑二阶系统：

$$\begin{cases} \dot{x}_1 = x_2 \\ \dot{x}_2 = u + d \end{cases} \tag{2-98}$$

式中：d 为系统扰动，满足 $|\dot{d}| \leqslant L_{\mathrm{dL}}$。

连续终端滑模算法表达式为

$$\begin{cases} u = -k_1 L^{2/3} \, |\phi_L|^{1/3}\operatorname{sgn}(\phi_L) + \eta \\ \dot{\eta} = -k_2 L\operatorname{sgn}(\phi_L) \end{cases} \tag{2-99}$$

其中

$$\phi_L(x_1, x_2) = x_1 + \frac{\alpha}{L^{-1/2}} |x_2|^{3/2}\operatorname{sgn}(x_2) \tag{2-100}$$

定义 $x_3 \triangleq z + \mu$，将式（2-99）代入式（2-98），可得三阶微分方程：

$$\begin{cases} \dot{x}_1 = x_2 \\ \dot{x}_2 = -k_1 L^{2/3} \, |\phi_L|^{1/3}\operatorname{sgn}(\phi_L) + x_3 \\ \dot{x}_3 = -k_2 L\operatorname{sgn}(\phi_L) + \dot{\mu} \end{cases} \tag{2-101}$$

式中：L 为待设计参数（$L \geqslant L_{\mathrm{dL}}$）。

当 $L_{\mathrm{dL}}=1$ 时，连续终端滑模算法典型控制参数可按照表 2-1 中给出的四种方案选取。

表 2-1　连续终端滑模算法典型控制参数

参数方案	方案一	方案二	方案三	方案四
k_1	4.4	4.5	7.5	16
k_2	2.5	2	2	7
α	20	28.7	7.7	1

2.9　终端滑模面与典型控制器设计

本节介绍终端滑模面及其衍生的快速终端滑模面、非奇异终端滑模面、非奇异快速终端滑模面。

2.9.1　终端滑模面

引理 2.1：对任意 $\boldsymbol{x} \in \mathbb{R}^n$，$a \in \mathbb{R}$，有如下运算成立：

$$\begin{cases} \dfrac{\mathrm{d}|\boldsymbol{x}|^{a+1}}{\mathrm{d}t}=(a+1)\operatorname{diag}[\operatorname{sig}^a(\boldsymbol{x})]\dot{\boldsymbol{x}} \\ \dfrac{\mathrm{d}\operatorname{sig}^{a+1}(\boldsymbol{x})}{\mathrm{d}t}=(a+1)\operatorname{diag}(|\boldsymbol{x}|^a)\dot{\boldsymbol{x}} \end{cases} \tag{2-102}$$

终端滑模面是在滑模超平面设计中引入了非线性函数，使得跟踪误差在滑模面上能够于有限时间内收敛至 0。

终端滑模面设计如下：

$$s=\dot{x}_2+\beta\operatorname{sig}^p(x_1) \tag{2-103}$$

式中：β 为正常数；$p \in (0,1)$。

当系统状态在滑模面上运动时（即 $s=0$），给定任意初始状态 $x_1(0) \neq 0$，状态在有限时间 t_s 内收敛到 $x_1(0)=0$，t_s 表达式可写为

$$t_s=\frac{1}{\beta(1-q)}|x_{1(s)}|^{1-p} \tag{2-104}$$

式中，若滑模面初始值不为零（即 $s(0) \neq 0$），$x_{1(s)}$ 为系统状态到达滑模面（式（2-103））时($s=0$)的状态值；否则，$x_{1(s)}=x_1(0)$。

2.9.2 快速终端滑模面

虽然终端滑模面（式（2-103））在接近原点时具有快速收敛能力，但是当系统状态远离原点时，终端滑模面的收敛速率要低于线性滑模面的收敛速率。为了克服这个缺点，文献［122］引入线性项，设计了快速终端滑模面：

$$s = \dot{x}_1 + \alpha x_1 + \beta \mathrm{sig}^p(x_1) \tag{2-105}$$

式中：$\alpha > 0$；$\beta > 0$；$p \in (0,1)$。

对快速终端滑模面（式（2-105））进行分析。当系统到达滑模面后，有 $s = 0$，即

$$\dot{x}_1 + \alpha x_1 + \beta \mathrm{sig}^p(x_1) = 0 \tag{2-106}$$

令 $y = |x_1|^{1-p}$，则式（2-106）可写为

$$\dot{y} + (1-p)\alpha y = -(1-p)\beta \tag{2-107}$$

求解上述一阶微分方程，可得快速终端滑模控制收敛时间：

$$t_s = \frac{1}{\alpha(1-p)} \ln[(\alpha |x_{1(s)}|^{1-p} + \beta)/\beta] \tag{2-108}$$

下面将快速终端滑模面与等速趋近律、反馈线性化方法结合，给出一种控制器设计方法示例。考虑如下系统：

$$\begin{cases} \dot{x}_1 = x_2 \\ \dot{x}_2 = f_2(\boldsymbol{x}) + g_2(\boldsymbol{x})u + d \end{cases} \tag{2-109}$$

式中：$\boldsymbol{x} = [x_1, x_2]^{\mathrm{T}}$；$f_2$ 与 g_2 为已知函数；d 为未知扰动。

设计快速终端滑模面（式（2-105）），对其求导，可得

$$\dot{s} = \dot{x}_2 + \alpha x_2 + \beta p \mathrm{sig}^{p-1}(x_1) x_2 \tag{2-110}$$

取等速趋近律：

$$d_s = -(L + \eta)\mathrm{sgn}(s) \tag{2-111}$$

式中：$L > 0$；$\eta \geqslant |d|$。

可得

$$\dot{s} = f_2(\boldsymbol{x}) + g_2(\boldsymbol{x})u + d + \alpha x_2 + \beta p \mathrm{sig}^{p-1}(x_1) x_2 \tag{2-112}$$

设计控制律：

$$u = -\frac{1}{g_2}[f_2 + \alpha x_2 + \beta p \mathrm{sig}^{p-1}(x_1) x_2 + (L + \eta)\mathrm{sgn}(s)] \tag{2-113}$$

代入式（2-112），可得

$$\dot{s} = d - (L + \eta)\mathrm{sgn}(s) \tag{2-114}$$

选取李雅普诺夫函数：

$$V=\frac{1}{2}s^2 \tag{2-115}$$

对李雅普诺夫函数（式（2-115））求导，可得

$$\dot{V}=s\dot{s} \tag{2-116}$$

将式（2-114）代入式（2-116），可得

$$\dot{V}=s\dot{s}=s[d-(L+\eta)\operatorname{sgn}(s)]\leqslant -L|s|=-2LV^{\frac{1}{2}} \tag{2-117}$$

由李雅普诺夫稳定性理论可知，终端滑模控制器（式（2-113））能够使滑模变量实现有限时间收敛。

2.9.3 非奇异终端滑模面

在快速终端滑模控制律（式（2-113））的设计中，滑模面参数满足条件 $p\in(0,1)$，因此控制律（式（2-113））中存在奇异项 $\beta p\mathrm{sig}^{p-1}(x_1)x_2$。当状态量 x_1 趋于零时，控制量中 $\mathrm{sig}^{p-1}(x_1)$将趋于无穷，产生奇异问题。为解决上述奇异性问题，文献［123］提出非奇异终端滑模面。

非奇异终端滑模面可设计为

$$s=x_1+\beta\mathrm{sig}^g(\dot{x}_1) \tag{2-118}$$

式中：$\beta>0$；$g\in(1,2)$。

滑模面收敛时间为

$$t_s=\frac{g\ |x_{1(s)}|^{1-1/g}}{\beta^g(g-1)} \tag{2-119}$$

下面将非奇异终端滑模面与等速趋近律、反馈线性化方法结合，给出一种控制器设计方法示例。考虑如下系统：

$$\begin{cases}\dot{x}_1=x_2\\ \dot{x}_2=f_2(\boldsymbol{x})+g_2(\boldsymbol{x})u+d\end{cases} \tag{2-120}$$

设计快速终端滑模面（式（2-118））。

对滑模面（式（2-118））求导，可得

$$\dot{s}=\dot{x}_1+\beta g\mathrm{sig}^{g-1}(\dot{x}_1)\dot{x}_2 \tag{2-121}$$

取等速趋近律：

$$d_s=-(L+\eta)\operatorname{sgn}(s) \tag{2-122}$$

式中：$L>0$；$\eta\geqslant|d|$。

将式（2-120）代入式（2-121），可得

$$\dot{s}=x_2+\beta g\mathrm{sig}^{g-1}(\dot{x}_1)(f_2+g_2u+d) \tag{2-123}$$

设计控制律为

$$u=-\frac{1}{g_2}\left[f_2+\frac{1}{\beta g}\mathrm{sig}^{2-g}(\dot{x}_1)+(L+\eta)\mathrm{sgn}(s)\right] \tag{2-124}$$

注意，由于 $g\in(1,2)$，$2-g>0$，相比终端滑模面（式（2－113）），非奇异终端滑模面克服了奇异性问题。

将式（2－124）代入式（2－123），可得

$$\dot{s}=\beta g\mathrm{sig}^{g-1}(x_2)[d-(L+\eta)\mathrm{sgn}(s)] \tag{2-125}$$

选取李雅普诺夫函数：

$$V=\frac{1}{2}s^2 \tag{2-126}$$

对李雅普诺夫函数求导，并将式（2－125）代入，可得

$$\begin{aligned}\dot{V}&=s\dot{s}\\&=s\beta g\mathrm{sig}^{g-1}(x_2)[d-(L+\eta)\mathrm{sgn}(s)]\\&\leqslant -L\beta g\mathrm{sig}^{g-1}(x_2)|s|\\&=-2L\beta g\mathrm{sig}^{g-1}(x_2)V^{\frac{1}{2}}\end{aligned} \tag{2-127}$$

由李雅普诺夫稳定性理论可知，非奇异终端滑模控制器（式（2－124））能够使滑模变量实现有限时间收敛。注意：相比终端滑模控制器（式（2－113）），非奇异终端滑模控制器为了避免奇异问题，引入 $\beta g\mathrm{sig}^{g-1}(x_2)$ 项，最终导致式（2－127）中滑模变量李雅普诺夫函数的收敛系数与 x_2 相关，不再是常数。

2.9.4　非奇异快速终端滑模面

为了进一步提高非奇异终端滑模面的收敛速率，文献［124］设计了非奇异快速终端滑模面，如下所示：

$$s=x_1+\alpha\mathrm{sig}^{h_1}(\dot{x}_1)+\beta\mathrm{sig}^{h_2}(x_1) \tag{2-128}$$

式中：$h_1\in(1,2)$；$h_2>h_1$；$\alpha,\beta>0$。

非奇异快速终端滑模面收敛时间为

$$t_s=\frac{h_1\alpha^{1/h_1}}{h_1-1}|x_{1(s)}|^{1-\frac{1}{h_1}}\bar{F}\left[\frac{1}{h_1},\frac{h_1-1}{h_1(h_2-1)},\frac{h_1h_2-1}{h_1(h_2-1)},-\beta|x_{1(s)}|^{h_2-1}\right] \tag{2-129}$$

式中：$\bar{F}(\cdot)$为高斯超几何函数。

下面将非奇异快速终端滑模面与等速趋近律、反馈线性化方法结合，给出一种控制器设计方法示例。考虑如下系统：

$$\begin{cases}\dot{x}_1=x_2\\\dot{x}_2=f_2(\boldsymbol{x})+g_2(\boldsymbol{x})u+d\end{cases} \tag{2-130}$$

设计非奇异快速终端滑模面（式（2-128））。

对滑模面（式（2-128））求导，可得

$$\dot{s}=\dot{x}_1+\alpha h_1\mathrm{sig}^{h_1-1}(\dot{x}_1)\dot{x}_2+\beta h_2\mathrm{sig}^{h_2-1}(x_1)x_2 \tag{2-131}$$

取等速趋近律：

$$d_s=-(L+\eta)\mathrm{sgn}(s) \tag{2-132}$$

式中：$L>0$；$\eta\geqslant|d|$。

将式（2-130）代入式（2-131），可得

$$\dot{s}=x_2+\alpha h_1\mathrm{sig}^{h_1-1}(\dot{x}_1)(f_2+g_2u+d)+\beta h_2\mathrm{sig}^{h_2-1}(x_1)x_2 \tag{2-133}$$

设计控制律：

$$u=-\frac{1}{g_2}\left\{f_2+(L+\eta)\mathrm{sgn}(s)+\frac{1}{\alpha h_1}\mathrm{sig}^{2-h_1}(\dot{x}_1)\left[1+\beta h_2\mathrm{sig}^{h_2-1}(x_1)\right]\right\} \tag{2-134}$$

将式（2-134）代入式（2-133），可得

$$\dot{s}=\alpha h_1\mathrm{sig}^{h_1-1}(\dot{x}_1)\left[d-(L+\eta)\mathrm{sgn}(s)\right] \tag{2-135}$$

选取李雅普诺夫函数：

$$V=\frac{1}{2}s^2 \tag{2-136}$$

对李雅普诺夫函数求导，可得

$$\dot{V}=s\dot{s} \tag{2-137}$$

将式（2-135）代入式（2-137），可得

$$\begin{aligned}\dot{V}&=s\dot{s}\\&=s\alpha h_1\mathrm{sig}^{h_1-1}(x_2)\left[d-(L+\eta)\mathrm{sgn}(s)\right]\\&\leqslant-\alpha h_1L\mathrm{sig}^{h_1-1}(x_2)|s|\\&=-\alpha h_1L\mathrm{sig}^{h_1-1}(x_2)V^{\frac{1}{2}}\end{aligned} \tag{2-138}$$

由李雅普诺夫稳定性理论可知，非奇异快速终端滑模控制器能够使滑模变量实现有限时间收敛。同理，与非奇异终端滑模控制相同，式（2-138）中李雅普诺夫函数的收敛系数与 x_2 相关，不再是常数。

另外需要注意的是，非奇异快速终端滑模面本质上已经不仅仅是一种有限时间收敛的终端滑模面，其同样能够实现状态量固定收敛。2.10 节将具体介绍固定时间滑模面的几种典型形式，并给出固定时间收敛特性分析。

2.10 固定时间滑模面与典型控制器设计

本节介绍固定时间滑模面的几种形式，并给出二阶系统的固定时间典型控

制方法。

2.10.1　固定时间滑模面介绍

1. 形式一

固定时间滑模面[125]：

$$s = \dot{x}_1 + \mathrm{sig}^{k_1}[\alpha_1 \mathrm{sig}^{p_1}(x_1) + \beta_1 \mathrm{sig}^{g_1}(x_1)] \tag{2-139}$$

式中：$\alpha_1,\beta_1,p_1,g_1,k_1$ 为增益，且均为正数，满足 $p_1k_1 \in (0,1)$，$g_1k_1 > 1$。

对滑模面（式（2-139））进行分析。当系统到达滑模面时（$s=0$），有

$$\dot{x}_1 = -\mathrm{sig}^{k_1}[\alpha_1 \mathrm{sig}^{p_1}(x_1) + \beta_1 \mathrm{sig}^{g_1}(x_1)] \tag{2-140}$$

选择李雅普诺夫函数：

$$V = |x_1| \tag{2-141}$$

对李雅普诺夫函数求导，可得

$$\begin{aligned} \dot{V} &= \dot{x}_1 \mathrm{sgn}(x_1) \\ &= -|\alpha_1 \mathrm{sig}^{p_1}(x_1) + \beta_1 \mathrm{sig}^{g_1}(x_1)|^{k_1} \\ &= -(\alpha_1 V^{p_1} + \beta_1 V^{g_1})^{k_1} \end{aligned} \tag{2-142}$$

由定理 2.5 可知，系统状态 x_1 将在固定时间 t_s 内达到稳定状态。时间 t_s 满足条件：

$$t_s \leqslant \frac{1}{\alpha_1^{k_1}(1-p_1k_1)} + \frac{1}{\beta_1^{k_1}(g_1k_1-1)} \tag{2-143}$$

2. 形式二

固定时间滑模面[126]：

$$s = \dot{x}_1 + \alpha_1 x_1^{\frac{1}{2}+\frac{m_1}{2n_1}+\left(\frac{m_1}{2n_1}-\frac{1}{2}\right)\mathrm{sgn}(|x_1|-1)} + \beta_1 x_1^{\frac{p_1}{q_1}} \tag{2-144}$$

式中：增益 $\alpha_1>0,\beta_1>0$；m_1,n_1,p_1,q_1 均为正奇数，$m_1>n_1,p_1<q_1$。

系统到达滑模面时（$s=0$），滑模动力学方程如下：

$$\begin{cases} \dot{x}_1 = -\alpha_1 x_1^{\frac{m_1}{n_1}} - \beta_1 x_1^{\frac{p_1}{q_1}}, & |x_1|>1 \\ \dot{x}_1 = -\alpha_1 x_1 - \beta_1 x_1^{\frac{p_1}{q_1}}, & |x_1|<1 \end{cases} \tag{2-145}$$

对滑模面（式（2-144））进行分析。定义新变量 $z = x_1^{1-p_1/q_1}$，对式（2-145）进行改写。当 $|x_1|>1$ 时，$\dot{x}_1 = -\alpha_1 x_1^{m_1/n_1} - \beta_1 x_1^{p_1/q_1}$ 可重新写为

$$\dot{z} + \frac{q_1-p_1}{q_1}\alpha_1 z^{\frac{m_1/n_1-p_1/q_1}{1-p_1/q_1}} + \frac{q_1-p_1}{q_1}\beta_1 = 0 \tag{2-146}$$

定义变量 $\varepsilon = [(m_1-n_1)q_1]/[n_1(q_1-p_1)]$，则有

$$\dot{z}+\frac{q_1-p_1}{q_1}\alpha_1 z^{1+\varepsilon}+\frac{q_1-p_1}{q_1}\beta_1=0 \tag{2-147}$$

当$|x_1|<1$时，$\dot{x}_1=-\alpha_1 x_1-\beta_1 x_1^{p_1/q_1}$可重新写为

$$\dot{z}+\frac{q_1-p_1}{q_1}\alpha_1 z+\frac{q_1-p_1}{q_1}\beta_1=0 \tag{2-148}$$

由式（2-147）、式（2-148）可得，系统状态x_1将在固定时间t_s内达到稳定状态。时间t_s满足条件：

$$t_s\leqslant\frac{1}{\alpha_1}\frac{n_1}{m_1-n_1}+\frac{q_1}{q_1-p_1}\frac{1}{\alpha_1}\ln\left(1+\frac{\alpha_1}{\beta_1}\right) \tag{2-149}$$

3. 形式三

固定时间滑模面[127]：

$$s=x_1+\left(\frac{1}{\alpha_1 x_1^{\frac{m_1}{n_1}-\frac{p_1}{q_1}}+\beta_1}\dot{x}_1\right)^{\frac{q_1}{p_1}} \tag{2-150}$$

式中：$m_1>n_1$；$p_1<q_1<2p_1$；$\alpha_1>0$；$\beta_1>0$。

对滑模面（式（2-150））进行分析。当系统到达滑模面时（$s=0$），有

$$\dot{x}_1=-\left(\alpha_1 x_1^{\frac{m_1}{n_1}}+\beta_1 x_1^{\frac{p_1}{q_1}}\right) \tag{2-151}$$

对比形式一的固定时间滑模面（式（2-140））可以发现，二者具有相似的表达式，因此，形式三的固定时间滑模面（式（2-150））收敛时间t_s满足条件：

$$t_s\leqslant\frac{n_1}{\alpha_1(m_1-n_1)}+\frac{q_1}{\beta_1(q_1-p_1)} \tag{2-152}$$

4. 形式四

固定时间滑模面[128]：

$$s=\dot{x}_1^{\frac{m_1}{n_1}}+\alpha_1 x_1^{\frac{m_2}{n_2}}+\beta_1 x_1^{\frac{m_3}{n_3}} \tag{2-153}$$

式中：m_i,n_i均为正奇数；$1<m_2/n_2<m_1/n_1<m_3/n_3$；$m_1/n_1<2$。

对滑模面（式（2-153））进行分析。当系统到达滑模面时($s=0$)，有

$$\dot{x}_1=-\left(\alpha_1 x_1^{\frac{m_2}{n_2}}+\beta_1 x_1^{\frac{m_3}{n_3}}\right)^{\frac{n_1}{m_1}} \tag{2-154}$$

选择李雅普诺夫函数：

$$V=|x_1| \tag{2-155}$$

对李雅普诺夫函数求导，可得

$$\dot{V}=\dot{x}_1\operatorname{sgn}(x_1)\leqslant-\left(\alpha_1 V^{\frac{m_2}{n_2}}+\beta_1 V^{\frac{m_3}{n_3}}\right)^{\frac{n_1}{m_1}} \tag{2-156}$$

由定理2.5可知，系统状态x_1将在固定时间t_s内达到稳定状态。时间t_s

满足条件：

$$t_s \leqslant \frac{n_2 m_1}{\alpha_1^{n_1/m_1}(n_2 m_1 - m_2 n_1)} + \frac{n_3 m_1}{\beta_1^{n_1/m_1}(n_1 m_3 - m_1 n_3)} \tag{2-157}$$

上述四种典型固定时间滑模面在实际使用时候，可以与 2.4.3 节中所述的各种趋近律相结合。但需要注意的是，形式一和形式二两种固定时间滑模面在结合趋近律应用于二阶系统控制时，会发生奇异问题（奇异原因与 2.9.1 节的终端滑模面相同），而形式三和形式四两种固定时间滑模面在结合趋近律应用于二阶系统控制时，不会发生奇异问题。

2.10.2　二阶系统固定时间典型控制器设计

针对二阶系统，有

$$\ddot{s} = h(\boldsymbol{x}) + l(\boldsymbol{x})u \tag{2-158}$$

式中：$0 < K_m \leqslant l(\boldsymbol{x}) \leqslant K_M$；$|h(\boldsymbol{x})| \leqslant C$。

如果 $K_m = K_M = 1$，则典型二阶固定时间控制律设计如下：

$$\begin{cases} u = -\dfrac{\alpha_1 + 3\beta_1 s^2 + 2C}{2}\mathrm{sgn}(z) - [\alpha_2 \mathrm{sig}^2(z) + \beta_2 \mathrm{sig}^4(z)]^{\frac{1}{3}} \\ z = \dot{s} + \mathrm{sig}^{\frac{1}{2}}[\mathrm{sig}^2(\dot{s}) + \alpha_1 s + \beta_1 \mathrm{sig}^3(s)] \end{cases} \tag{2-159}$$

式中：α_1、β_1、α_2、β_2 为控制增益，且均大于 0。

2.11　精确鲁棒微分器

2.11.1　概念介绍

高阶滑模控制律的实现需要实时获取滑模变量 s 的高阶导数项。然而，实时微分是一个古老的问题，其主要难点在于微分对输入噪声敏感。现在流行的高增益微分器，当其增益取值无穷大时，理论上可以得到精确的微分信号[129]，但它对高频噪声的敏感性也会无限增大。当增益为有限值时，高增益微分器的带宽也有限，跟踪精度与速度的效果难以满足需求。在文献［136］中，Levant 基于超螺旋算法，提出了一阶微分器，一阶微分精度为 $O(\varepsilon^{1/2})$，其中 ε 为最大测量噪声的量值。若连续运用一阶超螺旋微分器求 n 阶微分，则 n 阶微分精度为 $O(\varepsilon^{2^{-n}})$，可见微分精度随阶数 n 的增长急剧下降。因此，Levant 提出了任意阶精确鲁棒微分器[131]。任意阶精确鲁棒微分器需要解决的问题为：设输入信号 $f(t)$ 是定义在$[0, \infty)$上的函数，它由未知的有界龙伯格可测噪声和未知基准信号 $f_0(t)$ 组成，假设 $f_0(t)$ 的 n 阶导数的利普希茨常数

L_{dL}已知，需要实现对$\dot{f}_0(t),\ddot{f}_0(t),\cdots,f_0^{(n)}(t)$的精确鲁棒估计。

下面具体介绍任意阶精确鲁棒微分器的递归与非递归两种形式。

2.11.2 递归形式

n 阶精确鲁棒微分器的递归形式为

$$\begin{cases}\dot{z}_0=v_0\\ v_0=-\lambda_n L^{\frac{1}{n+1}}|z_0-f(t)|^{\frac{n}{n+1}}\mathrm{sgn}[z_0-f(t)]+z_1\\ \dot{z}_1=v_1\\ v_1=-\lambda_{n-1}L^{\frac{1}{n}}|z_1-v_0|^{\frac{n-1}{n}}\mathrm{sgn}(z_1-v_0)+z_2\\ \vdots\\ \dot{z}_{n-1}=v_{n-1}\\ v_{n-1}=-\lambda_1 L^{\frac{1}{2}}|z_{n-1}-v_{n-2}|^{\frac{1}{2}}\mathrm{sgn}(z_{n-1}-v_{n-2})+z_n\\ \dot{z}_n=-\lambda_0 L\mathrm{sgn}(z_n-v_{n-1})\end{cases}\tag{2-160}$$

定理 2.7：若精确鲁棒微分器中的参数选择适当，则在没有测量噪声的情况下经历有限时间的瞬态过程，下列不等式成立[131]：

$$z_0=f_0(t),\quad z_1=\dot{f}_0(t),\quad z_i=v_{i-1}=f_0^{(i)}(t),\quad i=1,2,\cdots,n\tag{2-161}$$

定理 2.8：若测量噪声满足不等式$|f(t)-f_0(t)|\leqslant\varepsilon$，经历有限时间后，有下列不等式成立[131]：

$$\begin{cases}|z_i-f_0^{(i)}(t)|\leqslant\mu_i\varepsilon^{(n-i+1)/(n+1)}, & i=1,2,\cdots,n\\ |v_i-f_0^{(i+1)}(t)|\leqslant v_i\varepsilon^{(n-i)/(n+1)}, & i=1,2,\cdots,n-1\end{cases}\tag{2-162}$$

式中：μ_i、v_i 均为正常数，它们的值唯一取决于精确鲁棒微分器中的设计参数。

利用 n 阶微分器便可求得输入信号 f 的 n 阶导数，即 z_n 趋近于 $f^{(n)}$。

微分器待设计常数 L 需大于 $f^{(n)}$ 的利普希茨常数。当 n 不超过 5 时，微分器参数 λ_m 选择如下：

$$\lambda_0=1.1,\quad \lambda_1=1.5,\quad \lambda_2=3,\quad \lambda_3=5,\quad \lambda_4=8,\quad \lambda_5=12\tag{2-163}$$

或者

$$\lambda_0=1.1,\quad \lambda_1=1.5,\quad \lambda_2=2,\quad \lambda_3=3,\quad \lambda_4=5,\quad \lambda_5=8\tag{2-164}$$

2.11.3 非递归形式

n 阶精确鲁棒微分器的非递归形式为

$$\begin{cases}\dot{z}_0 = -\tilde{\lambda}_n L^{\frac{1}{n+1}} |z_0 - f(t)|^{\frac{n}{n+1}} \operatorname{sgn}[z_0 - f(t)] + z_1 \\ \dot{z}_1 = -\tilde{\lambda}_{n-1} L^{\frac{2}{n+1}} |z_0 - f(t)|^{\frac{n-1}{n+1}} \operatorname{sgn}[z_0 - f(t)] + z_2 \\ \vdots \\ \dot{z}_{n-1} = -\tilde{\lambda}_1 L^{\frac{n}{n+1}} |z_0 - f(t)|^{\frac{1}{n+1}} \operatorname{sgn}[z_0 - f(t)] + z_n \\ \dot{z}_n = -\tilde{\lambda}_0 L \operatorname{sgn}[z_0 - f(t)]\end{cases} \tag{2-165}$$

其中，参数满足如下关系：

$$\tilde{\lambda}_n = \lambda_n, \quad \tilde{\lambda}_i = \lambda_i \tilde{\lambda}_{i+1}^{\frac{i}{i+1}}, i = n-1, n-2, \cdots, 0 \tag{2-166}$$

典型参数选取如下：

当 $n=1$ 时，$\tilde{\lambda}_0 = 1.1$，$\tilde{\lambda}_1 = 1.5$。

当 $n=2$ 时，$\tilde{\lambda}_0 = 1.1$，$\tilde{\lambda}_1 = 2.12$，$\tilde{\lambda}_2 = 2$。

当 $n=3$ 时，$\tilde{\lambda}_0 = 1.1$，$\tilde{\lambda}_1 = 3.06$，$\tilde{\lambda}_2 = 4.16$，$\tilde{\lambda}_3 = 3$。

当 $n=4$ 时，$\tilde{\lambda}_0 = 1.1$，$\tilde{\lambda}_1 = 4.57$，$\tilde{\lambda}_2 = 9.3$，$\tilde{\lambda}_3 = 10.03$，$\tilde{\lambda}_4 = 5$。

当 $n=5$ 时，$\tilde{\lambda}_0 = 1.1$，$\tilde{\lambda}_1 = 6.93$，$\tilde{\lambda}_2 = 21.4$，$\tilde{\lambda}_3 = 34.9$，$\tilde{\lambda}_4 = 26.4$，$\tilde{\lambda}_5 = 8$。

注意，这些参数可以圆整为两位有效数字，而不会损失收敛性。

参数 $\boldsymbol{\lambda}_n$ 的选择依据是使矩阵 $\boldsymbol{A}$ 为赫尔维茨矩阵：

$$\boldsymbol{A} = \begin{bmatrix} -\lambda_n & 1 & 0 & \cdots & 0 \\ -\lambda_{n-1} & 0 & 1 & \cdots & 0 \\ & & \vdots & & \\ -\lambda_1 & 0 & 0 & \cdots & 1 \\ -\lambda_0 & 0 & 0 & \cdots & 0 \end{bmatrix} \tag{2-167}$$

2.12　迭代固定时间观测器

文献［132］基于滑模控制理论提出了一种能够在固定时间内收敛的迭代固定时间观测器。

考虑如下系统：

$$\begin{cases} \dot{x}_1(t)=f[x_1(t)]+g_\Delta(t) \\ y(t)=x_1(t) \end{cases} \tag{2-168}$$

式中：$x_1(t)\in\mathbb{R}$ 为系统状态量；$g_\Delta(t)\in\mathbb{R}$ 为系统不确定性；$f(x_1)\in\mathbb{R}$ 为已知函数；$y(t)\in\mathbb{R}$ 为输出值。

采用三阶迭代固定时间观测器对系统（式（2-168））中的未知扰动 $g_\Delta(t)$ 进行精确估计：

$$\begin{cases} \dot{\hat{x}}_1=-\kappa_{R1}L_R^{1/4}\mathrm{sig}^{3/4}(\hat{x}_1-y)-k_{R1}M_R^{1/4}\mathrm{sig}^{\beta_{R1}}(\hat{x}_1-y)+\hat{x}_2+f(x_1) \\ \dot{\hat{x}}_2=-\kappa_{R2}L_R^{1/3}\mathrm{sig}^{2/3}(\hat{x}_2-\dot{\hat{x}}_1)-k_{R2}M_R^{1/3}\mathrm{sig}^{\beta_{R2}}(\hat{x}_1-y)+\hat{x}_3 \\ \dot{\hat{x}}_3=-\kappa_{R3}L_R^{1/2}\mathrm{sig}^{1/2}(\hat{x}_3-\dot{\hat{x}}_2)-k_{R3}M_R^{1/2}\mathrm{sig}^{\beta_{R3}}(\hat{x}_1-y)+\hat{x}_4 \\ \dot{\hat{x}}_4=-\kappa_{R4}L_R\mathrm{sgn}(\hat{x}_4-\dot{\hat{x}}_3)-k_{R4}M_R\mathrm{sig}^{\beta_{R4}}(\hat{x}_1-y) \end{cases} \tag{2-169}$$

式中：L_R 与 M_R 为正设计参数。

参数 κ_{Ri} 与 k_{Ri} 选择如下：

$$\begin{cases} \kappa_{R1}=3, & \kappa_{R2}=2, & \kappa_{R3}=1.5, & \kappa_{R4}=1.1 \\ k_{R1}=3, & k_{R2}=4.16, & k_{R3}=3.06, & k_{R4}=1.1 \end{cases} \tag{2-170}$$

系数 β_{Ri} 满足循环关系：$\beta_{Ri}=i\beta_{R\varepsilon}-(i-1)$，$i=1,2,3,4$。其中，$\beta_{R\varepsilon}\in(1,1+\varepsilon_R)$，$\varepsilon_R$ 为充分小的正常数。

迭代固定时间观测器中的高幂次项用于使估计误差$(\hat{x}_1-y)$快速收敛进入较小的固定区间，且收敛时间独立于初始条件。分数幂次项的作用是使估计误差从固定区间内有限时间收敛至零。因此，估计误差$(\hat{x}_1-y)$的高精度收敛可在固定时间内得以实现。

定义迭代固定时间观测器的收敛时间为 T_O，则下述关系可在 T_O 之后得到满足：$\hat{x}_1=y,\hat{x}_2=g_\Delta$。此外，$\hat{x}_2$ 不仅连续且光滑，可有效避免抖振问题。

2.13 鲁棒一致收敛观测器

文献［133］基于滑模控制理论提出了一种能够在固定时间内收敛的鲁棒一致收敛观测器。

考虑如下系统：

$$\begin{cases} \dot{x}_1(t)=f[x_1(t)]+g_\Delta(t) \\ y(t)=x_1(t) \end{cases} \tag{2-171}$$

式中：$x_1(t)\in\mathbb{R}$ 为系统状态量；$g_\Delta(t)\in\mathbb{R}$ 为系统不确定性；$f[x_1(t)]\in\mathbb{R}$ 为

已知函数；$y(t) \in \mathbb{R}$ 为输出值。

利用三阶鲁棒一致收敛观测器，对系统（式（2－171））中的未知量 $g_\Delta(t)$ 进行精确估计，观测器如下式所示：

$$\begin{cases}\dot{\hat{x}}_1 = -\kappa_{A1}L_A^{1/4}\theta_A \operatorname{sig}^{3/4}(\hat{x}_1 - y) - k_{A1}(1-\theta_A)\operatorname{sig}^{(4+\alpha_A)/4}(\hat{x}_1 - y) + \hat{x}_2 + f(x_1) \\ \dot{\hat{x}}_2 = -\kappa_{A2}L_A^{2/4}\theta_A \operatorname{sig}^{2/4}(\hat{x}_1 - y) - k_{A2}(1-\theta_A)\operatorname{sig}^{(4+2\alpha_A)/4}(\hat{x}_1 - y) + \hat{x}_3 \\ \dot{\hat{x}}_3 = -\kappa_{A3}L_A^{3/4}\theta_A \operatorname{sig}^{1/4}(\hat{x}_1 - y) - k_{A3}(1-\theta_A)\operatorname{sig}^{(4+3\alpha_A)/4}(\hat{x}_1 - y) + \hat{x}_4 \\ \dot{\hat{x}}_4 = -\kappa_{A4}L_A\theta_A \operatorname{sgn}(\hat{x}_1 - y) - k_{A4}(1-\theta_A)\operatorname{sig}^{1+\alpha_A}(\hat{x}_1 - y)\end{cases} \tag{2-172}$$

式中：$L_A > 0$；参数 k_{Ai} 需要保证 $s^4 + k_{A1}s^3 + k_{A2}s^2 + k_{A3}s + k_{A4}$ 满足赫尔维茨条件，其特征值的实部越小，观测器的收敛速度越快。

κ_{Ai} 可取

$$\kappa_{A1} = 3,\quad \kappa_{A2} = 4.16,\quad \kappa_{A3} = 3.06,\quad \kappa_{A4} = 1.1 \tag{2-173}$$

α_A 是一个足够小的正数，定义参数 θ_A 为

$$\theta_A = \begin{cases}0, & \text{如果 } t < T_A \\ 1, & \text{否则 } t \geqslant T_A\end{cases} \tag{2-174}$$

式中：设计参数 $T_A > 0$，表示切换时间。当 $t < T_A$ 时，观测器的估计误差将呈指数形式收敛；当 $t \geqslant T_A$ 时，鲁棒一致收敛观测器将切换为滑模精确鲁棒微分器，进而可以保证估计误差在有限时间内收敛。

定义观测器误差：

$$\tilde{x}_1 = \hat{x}_1 - y,\quad \tilde{x}_2 = \hat{x}_2 - g_\Delta,\quad \tilde{x}_3 = \hat{x}_3 - \dot{g}_\Delta,\quad \tilde{x}_4 = \hat{x}_4 - \ddot{g}_\Delta \tag{2-175}$$

则由式（2－172）可得观测器观测误差：

$$\begin{cases}\dot{\tilde{x}}_1 = -\kappa_{A1}L_A^{1/4}\theta_A \operatorname{sig}^{3/4}\tilde{x}_1 - k_{A1}(1-\theta_A)\operatorname{sig}^{(4+\alpha_A)/4}\tilde{x}_1 + \tilde{x}_2 \\ \dot{\tilde{x}}_2 = -\kappa_{A2}L_A^{2/4}\theta_A \operatorname{sig}^{2/4}\tilde{x}_1 - k_{A2}(1-\theta_A)\operatorname{sig}^{(4+2\alpha_A)/4}\tilde{x}_1 + \tilde{x}_3 \\ \dot{\tilde{x}}_3 = -\kappa_{A3}L_A^{3/4}\theta_A \operatorname{sig}^{1/4}\tilde{x}_1 - k_{A3}(1-\theta_A)\operatorname{sig}^{(4+3\alpha_A)/4}\tilde{x}_1 + \tilde{x}_4 \\ \dot{\tilde{x}}_4 = -\kappa_{A4}L_A\theta_A \operatorname{sgn}\tilde{x}_1 - k_{A4}(1-\theta_A)\operatorname{sig}^{1+\alpha_A}\tilde{x}_1 - \dddot{g}_\Delta\end{cases} \tag{2-176}$$

当满足条件 $L_A \geqslant |\dddot{g}_\Delta|$ 时，式（2－176）中的观测误差可以在固定时间内实现精确收敛，即在固定时间之后，观测器输出满足以下关系：

$$\hat{x}_1 = y,\quad \hat{x}_2 = g_\Delta,\quad \hat{x}_3 = \dot{g}_\Delta \tag{2-177}$$

2.14 广义超螺旋观测器

广义超螺旋算法（generalized super - twisting algorithm，GSTA）[134] 是超螺旋算法（super - twisting algorithm，STA）的广义形式，可用于观测器设计。

对于如下系统：

$$\begin{cases}\dot{x}_1 = f_1(x_1, u) + x_2 + \delta_1(t, \boldsymbol{x}, u) \\ \dot{x}_2 = f_2(x_1, x_2, u) + \delta_2(t, \boldsymbol{x}, u, w) \\ y = x_1\end{cases} \tag{2-178}$$

式中：$x_1 \in \mathbb{R}$，$x_2 \in \mathbb{R}$ 均为系统状态；$u \in \mathbb{R}$ 为已知输入量；$w \in \mathbb{R}$ 为未知输入量；$y \in \mathbb{R}$ 为系统输出；f_1 为已知连续函数；f_2 为已知的非连续或多值函数；δ_1、δ_2 为系统不确定性项。

定义观测误差 $e_1 = \hat{x}_1 - x_1$，$e_2 = \hat{x}_2 - x_2$，则广义超螺旋观测器如下：

$$\begin{cases}\dot{\hat{x}}_1 = -l_1 \gamma \phi_1(e_1) + f_1(\hat{x}_1, u) + \hat{x}_2 \\ \dot{\hat{x}}_2 = -l_2 \gamma^2 \phi_2(e_1) + f_2(\hat{x}_1, \hat{x}_2, u)\end{cases} \tag{2-179}$$

式中：参数 $l_1 > 0$，$l_2 > 0$，$\gamma > 0$ 为观测器增益，需要选择足够大来保证观测器的收敛性。

ϕ_1 与 ϕ_2 表达式如下：

$$\begin{cases}\phi_1(e_1) = \mu_1 |e_1|^{\frac{1}{2}} \operatorname{sgn}(e_1) + \mu_2 |e_1|^q \operatorname{sgn}(e_1) \\ \phi_2(e_1) = \dfrac{\mu_1^2}{2} \operatorname{sgn}(e_1) + \mu_1 \mu_2 \left(q + \dfrac{1}{2}\right) |e_1|^{q - \frac{1}{2}} \operatorname{sgn}(e_1) + \mu_2^2 |e_1|^{2q-1} \operatorname{sgn}(e_1)\end{cases} \tag{2-180}$$

式中：μ_1 与 μ_2 均为非负常数。

将观测器（式（2－179））引入系统（式（2－178））可得观测器误差状态方程，即

$$\begin{cases}\dot{e}_1 = -l_1 \gamma \phi_1(e_1) + e_2 + \rho_1(t, \boldsymbol{e}, \boldsymbol{x}, u) \\ \dot{e}_2 = -l_2 \gamma^2 \phi_2(e_1) + \rho_2(t, \boldsymbol{e}, \boldsymbol{x}, u, w)\end{cases} \tag{2-181}$$

其中

$$\begin{cases}\rho_1(t, e_1, \boldsymbol{x}, u) = f_1(x_1 + e_1, u) - f_1(x_1, u) - \delta_1(t, \boldsymbol{x}, u) \\ \rho_2(t, \boldsymbol{e}, \boldsymbol{x}, u, w) = f_2(x_1 + e_1, x_2 + e_2, u) - f_2(x_1, x_2, u) - \delta_2(t, \boldsymbol{x}, u, w)\end{cases} \tag{2-182}$$

广义超螺旋观测器本质是一类观测器的集合，可通过调整或选择不同参数

得到不同种类的观测器。基于广义超螺旋算法设计的观测器能够明显减少抖振对观测系统的影响，提供更高的估计精度和更快的收敛速度。

下面介绍几种广义超螺旋观测器涵盖的典型观测器类型。

1. 高增益观测器

高增益观测器又称作线性观测器。当式（2－180）中参数 $\mu_1=0$、$\mu_2=1$、$q=1$，可得

$$\begin{cases}\phi_1(e_1)=e_1\\ \phi_2(e_1)=e_1\end{cases}\tag{2-183}$$

则高增益观测器表达式如下：

$$\begin{cases}\dot{\hat{x}}_1=-l_1\gamma e_1+f_1(\hat{x}_1,u)+\hat{x}_2\\ \dot{\hat{x}}_2=-l_2\gamma^2e_1+f_2(\hat{x}_1,\hat{x}_2,u)\end{cases}\tag{2-184}$$

将式（2－183）代入式（2－181）中，可得高增益观测器的误差状态方程：

$$\begin{cases}\dot{e}_1=-l_1\gamma e_1+e_2+\rho_1(t,\boldsymbol{e},\boldsymbol{x},u)\\ \dot{e}_2=-l_2\gamma^2e_1+\rho_2(t,\boldsymbol{e},\boldsymbol{x},u,w)\end{cases}\tag{2-185}$$

其中

$$\begin{cases}\rho_1(t,e_1,\boldsymbol{x},u)=f_1(x_1+e_1,u)-f_1(x_1,u)-\delta_1(t,\boldsymbol{x},u)\\ \rho_2(t,\boldsymbol{e},\boldsymbol{x},u,w)=f_2(x_1+e_1,x_2+e_2,u)-f_2(x_1,x_2,u)-\delta_2(t,\boldsymbol{x},u,w)\end{cases}\tag{2-186}$$

此时，由于系统误差动力学（式（2－185））的特征根是负数，因此误差动力学方程稳定。

对于高增益观测器，参数 γ 越大，在初始瞬态响应下产生的尖峰效应也越大。同时，在有测量噪声存在时，较大的 γ 会放大噪声在估计误差中的影响。

2. 超螺旋观测器

当式（2－180）中参数 $\mu_1=1$、$\mu_2=0$，可得

$$\begin{cases}\phi_1(e_1)=|e_1|^{\frac{1}{2}}\mathrm{sgn}(e_1)\\ \phi_2(e_1)=\dfrac{1}{2}\mathrm{sgn}(e_1)\end{cases}\tag{2-187}$$

则超螺旋观测器表达式如下：

$$\begin{cases}\dot{\hat{x}}_1=-l_1\gamma\ |e_1|^{\frac{1}{2}}\mathrm{sgn}(e_1)+f_1(\hat{x}_1,u)+\hat{x}_2\\ \dot{\hat{x}}_2=-\dfrac{1}{2}l_2\gamma^2\mathrm{sgn}(e_1)+f_2(\hat{x}_1,\hat{x}_2,u)\end{cases}\tag{2-188}$$

由于 $\phi_2(e_1)$ 的不连续性，当存在未知输入 w 时，观测器仍能保持有限时间内的零误差收敛特性。

3. 齐次观测器

当式（2－180）中参数 $q\geqslant 1/2$，且非线性函数 $\phi_1(e_1)$ 与 $\phi_2(e_1)$ 满足：

$$\begin{cases}\phi_1(e_1)=|e_1|^q\mathrm{sgn}(e_1)\\ \phi_2(e_1)=q\,|e_1|^{2q-1}\mathrm{sgn}(e_1)\end{cases}\tag{2-189}$$

则齐次观测器表达式如下：

$$\begin{cases}\dot{\hat{x}}_1=-l_1\gamma\,|e_1|^q\mathrm{sgn}(e_1)+f_1(\hat{x}_1,u)+\hat{x}_2\\ \dot{\hat{x}}_2=-l_2\gamma^2q\,|e_1|^{2q-1}\mathrm{sgn}(e_1)+f_2(\hat{x}_1,\hat{x}_2,u)\end{cases}\tag{2-190}$$

4. 一致观测器

当式（2－180）中参数 $q=3/2$，可得

$$\begin{cases}\phi_1(e_1)=\mu_1\,|e_1|^{\frac{1}{2}}\mathrm{sgn}(e_1)+\mu_2\,|e_1|^{3/2}\mathrm{sgn}(e_1)\\ \phi_2(e_1)=\dfrac{\mu_1^2}{2}\mathrm{sgn}(e_1)+2\mu_1\mu_2e_1+\mu_2^2\,|e_1|^2\mathrm{sgn}(e_1)\end{cases}\tag{2-191}$$

式中：μ_1，$\mu_2\geqslant 0$。

将式（2－191）代入式（2－181）中，可得一致观测器误差状态方程：

$$\begin{cases}\dot{\hat{x}}_1=-l_1\gamma[\mu_1\,|e_1|^{\frac{1}{2}}\mathrm{sgn}(e_1)+\mu_2\,|e_1|^{3/2}\mathrm{sgn}(e_1)]+f_1(\hat{x}_1,u)+\hat{x}_2\\ \dot{\hat{x}}_2=-l_2\gamma^2\left[\dfrac{\mu_1^2}{2}\mathrm{sgn}(e_1)+2\mu_1\mu_2e_1+\mu_2^2\,|e_1|^2\mathrm{sgn}(e_1)\right]+f_2(\hat{x}_1,\hat{x}_2,u)\end{cases}\tag{2-192}$$

2.15 本章小结

本章首先重点介绍了有限时间与固定时间稳定的定义，并给出齐次性与李雅普诺夫稳定性两种有限/固定时间稳定的验证方法。其次，介绍了五代滑模控制各自的典型方案，及其优缺点与适用范围。然后，介绍终端滑模面及其典型控制器设计方法、固定时间滑模面及其典型控制器设计方法。最后，介绍了精确鲁棒微分器、迭代固定时间观测器、鲁棒一致收敛观测器、广义超螺旋观测器等滑模控制理论的扩展应用。

思考题

1. 简述有限时间稳定和固定时间稳定的定义。
2. 有限时间稳定的证明方式有哪些。
3. 写出三种有限时间稳定的李雅普诺夫定理。
4. 简述非奇异终端滑模面相较于普通终端滑模面的优点。
5. 简述二代滑模与三代滑模的区别与联系。
6. 相较四代滑模，五代滑模的优势是什么。
7. 写出针对五阶系统的嵌套式高阶滑模算法形式。
8. 写出三种五代连续滑模算法的数学形式。
9. 针对二阶系统：

$$\begin{cases}\dot{x}_1 = x_2 \\ \dot{x}_2 = u\end{cases}$$

其中，x_1 初始值为 1，其余均为 0，采用二代滑模控制设计控制器，使得状态变量 x_1 收敛到零。

10. 针对四阶系统：

$$\begin{cases}\dot{x}_1 = x_2 \\ \dot{x}_2 = x_3 \\ \dot{x}_3 = x_4 \\ \dot{x}_4 = u\end{cases}$$

其中，x_1 初始值为 1，其余均为 0，采用五代滑模控制设计控制器，使得状态变量 x_1 收敛到零。

11. 简述精确鲁棒微分器与观测器的区别与联系。

第3章 临近空间高速飞行器制导与控制模型构建

3.1 引言

临近空间高速飞行器运动方程组是表征其运动规律的数学模型。作为制导与控制研究工作的基础，建模精度会直接影响系统的设计性能。本章首先给出常用坐标系及坐标转换关系，然后基于临近空间高速飞行器的几何构型，利用飞行动力学建立刚体动力学模型，并将力与力矩拟合为多项式表达形式，得到曲线拟合模型。由于飞行器制导问题多关注质心运动而忽略姿态运动，因此，在已建立的刚体动力学模型基础上，简化得到飞行器质心三自由度模型，并建立飞行器与目标的相对运动方程。

3.2 坐标系定义与坐标转换关系

本节定义动力学建模所需坐标系。为便于读者理解，分别介绍美式坐标系与苏式坐标系。

3.2.1 美式坐标系定义与相应坐标转换关系

1）美式地面坐标系 $O_{d_A}-x_{d_A}y_{d_A}z_{d_A}$（记作 S_{d_A}）

坐标系原点选为地面固定点，$O_{d_A}z_{d_A}$ 轴垂直于当地水平面竖直向下指向地心，$O_{d_A}x_{d_A}$ 轴与 $O_{d_A}z_{d_A}$ 轴垂直指向发射方向，$O_{d_A}y_{d_A}$ 轴垂直于 $O_{d_A}x_{d_A}z_{d_A}$ 平面构建右手坐标系。

2）美式体固连坐标系 $O_B-x_By_Bz_B$（记作 S_{B_A}）

坐标系原点固连于临近空间高速飞行器质心处，$O_{B_A}x_{B_A}$ 轴沿飞行器纵对称轴指向飞行器头部，$O_{B_A}z_{B_A}$ 轴在飞行器纵对称面内垂直于 $O_{B_A}x_{B_A}$ 轴指向下，$O_{B_A}y_{B_A}$ 轴垂直于 $O_{B_A}x_{B_A}z_{B_A}$ 平面构建右手坐标系。

3）美式速度坐标系 $O_{B_A}-x_{v_A}y_{v_A}z_{v_A}$（记作 S_{v_A}）

坐标系原点固连于临近空间高速飞行器质心处，$O_{B_A}x_{v_A}$ 轴与飞行器速度矢量重合，$O_{B_A}z_{v_A}$ 轴在飞行器纵对称面内垂直于 $O_{B_A}x_{v_A}$ 轴指向下，$O_{B_A}y_{v_A}$ 轴垂直于 $O_{B_A}x_{v_A}z_{v_A}$ 平面构建右手坐标系。

4）美式弹道坐标系 $O_{B_A}-X_AY_AZ_A$（记作 S_{D_A}）

坐标系原点固连于临近空间高速飞行器质心处，$O_{B_A}X_A$ 轴与飞行器速度矢量重合，$O_{B_A}Z_A$ 轴在竖直平面内垂直于 $O_{B_A}X_A$ 轴指向下，$O_{B_A}Y_A$ 轴垂直于 $O_{B_A}X_AZ_A$ 平面构建右手坐标系。

各坐标系之间的转换关系如下。

1）美式地面坐标系 S_{d_A} 到美式体固连坐标系 S_{B_A}

美式地面坐标系按照 $z-y-x$ 顺序，分别旋转偏航角 ψ、俯仰角 θ 和滚转角 ϕ，可转换至美式体固连坐标系，转换矩阵为

$$\boldsymbol{C}_{B_Ad_A}=\begin{bmatrix}\cos\theta\cos\psi & \cos\theta\sin\psi & -\sin\theta\\ \sin\phi\sin\theta\cos\psi-\cos\phi\sin\psi & \sin\phi\sin\theta\sin\psi+\cos\phi\cos\psi & \sin\phi\cos\theta\\ \cos\phi\sin\theta\cos\psi+\sin\phi\sin\psi & \cos\phi\sin\theta\sin\psi-\sin\phi\cos\psi & \cos\phi\cos\theta\end{bmatrix}\tag{3-1}$$

2）美式体固连坐标系 S_{B_A} 到美式速度坐标系 S_{v_A}

美式体固连坐标系按照 $y-z$ 顺序，分别旋转负攻角 $-\alpha$、侧滑角 β，可转换至美式速度坐标系，转换矩阵为

$$\boldsymbol{C}_{v_AB_A}=\begin{bmatrix}\cos\alpha\cos\beta & \sin\beta & \sin\alpha\cos\beta\\ -\cos\alpha\sin\beta & \cos\beta & -\sin\alpha\sin\beta\\ -\sin\alpha & 0 & \cos\alpha\end{bmatrix}\tag{3-2}$$

3）美式地面坐标系 S_{d_A} 到美式弹道坐标系 S_{D_A}

美式地面坐标系按照 $z-y$ 顺序，分别旋转航向角 σ、飞行路径角 γ，可转换至美式弹道坐标系，转换矩阵为

$$\boldsymbol{C}_{D_Ad_A}=\begin{bmatrix}\cos\sigma\cos\gamma & \sin\sigma\cos\gamma & -\sin\gamma\\ -\sin\sigma & \cos\sigma & 0\\ \cos\sigma\sin\gamma & \sin\sigma\sin\gamma & \cos\gamma\end{bmatrix}\tag{3-3}$$

4）美式弹道坐标系 S_{D_A} 到美式速度坐标系 S_{v_A}

美式弹道坐标系绕 $O_{B_A}X_A$ 轴旋转速度倾斜角 γ_v，可转换至美式速度坐标系下，转换矩阵为

$$\boldsymbol{C}_{v_AD_A}=\begin{bmatrix}1 & 0 & 0\\ 0 & \cos\gamma_v & \sin\gamma_v\\ 0 & -\sin\gamma_v & \cos\gamma_v\end{bmatrix}\tag{3-4}$$

3.2.2 苏式坐标系定义与相应坐标转换关系

为简化表述，各苏式坐标系不再前缀“苏式”，后文中除明确指明是美式坐标系，其余均默认为是苏式坐标系。

1）地面坐标系 $O_d-x_dy_dz_d$（记作 S_d）

坐标系原点选为地面固定点，O_dy_d 轴垂直于当地水平面竖直向上，O_dx_d 轴与 O_dy_d 轴垂直指向发射方向，O_dz_d 轴垂直于 $O_dx_dy_d$ 平面构建右手坐标系。

2）弹道坐标系 O_B-XYZ（记作 S_D）

坐标系原点固连于临近空间高速飞行器质心处，O_BX 轴与飞行器速度矢量重合，O_BY 轴在竖直平面内垂直于 O_BX 轴指向上，O_BZ 轴垂直于 O_BXY 平面构建右手坐标系。

3）美式速度坐标系 $O_B-x_vy_vz_v$（记作 S_v）

坐标系原点固连于临近空间高速飞行器质心处，O_Bx_v 轴与飞行器速度矢量重合，O_By_v 轴在飞行器纵对称面内垂直于 O_Bx_v 轴指向上，O_Bz_v 轴垂直于 $O_Bx_vy_v$ 平面构建右手坐标系。

4）视线坐标系 $O_B-X_LY_LZ_L$（记作 S_L）

坐标系原点固连于临近空间高速飞行器质心处，O_BX_L 轴指向目标，O_BY_L 轴在竖直平面内垂直于 O_BX_L 轴指向上，O_BZ_L 轴由右手坐标系确定。

各坐标系之间的转换关系如下。

1）地面坐标系 S_d 到体固连坐标系 S_B

地面坐标系按照 $y-z-x$ 顺序，分别旋转偏航角 ψ、俯仰角 θ 和滚转角 ϕ，可转换至体固连坐标系，转换矩阵为

$$\boldsymbol{C}_{Bd}=\begin{bmatrix}\cos\theta\cos\psi & \sin\theta & -\cos\theta\sin\psi\\ -\sin\theta\cos\psi\cos\gamma+\sin\psi\sin\gamma & \cos\theta\cos\gamma & \sin\theta\sin\psi\cos\gamma+\cos\psi\sin\gamma\\ \sin\theta\cos\psi\sin\gamma+\sin\psi\cos\gamma & -\cos\theta\sin\gamma & -\sin\theta\sin\psi\sin\gamma+\cos\psi\cos\gamma\end{bmatrix}\tag{3-5}$$

2）地面坐标系 S_d 到弹道坐标系 S_D

地面坐标系按照 $y-z$ 顺序，分别旋转航向角 σ、飞行路径角 γ，可转换至弹道坐标系，转换矩阵为

$$\boldsymbol{C}_{Dd}=\begin{bmatrix}\cos\gamma\cos\sigma & \sin\gamma & -\cos\gamma\sin\sigma\\ -\sin\gamma\cos\sigma & \cos\gamma & \sin\gamma\sin\sigma\\ \sin\sigma & 0 & \cos\sigma\end{bmatrix}\tag{3-6}$$

3）地面坐标系 S_d 到视线坐标系 S_L

地面坐标系按照 $y-z$ 顺序，分别旋转视线方位角 q_β、视线高低角 q_α，可转换至视线坐标系，转换矩阵为

$$\boldsymbol{C}_{Ld}=\begin{bmatrix}\cos q_\alpha\cos q_\beta & \sin q_\alpha & -\cos q_\alpha\sin q_\beta\\ -\sin q_\alpha\cos q_\beta & \cos q_\alpha & \sin q_\alpha\sin q_\beta\\ \sin q_\beta & 0 & \cos q_\beta\end{bmatrix}\tag{3-7}$$

3.3　临近空间高速飞行器动力学建模

本书论述的模型参考了 NASA 兰利研究中心、美国空军研究中心和俄亥俄州立大学联合设计构建的临近空间高速飞行器模型。飞行器纵平面几何构型如图 3-1 所示[135-136]。在高速飞行时，乘波体外形的飞行器前体将生成附体激波，产生较大升力，同时对吸气式发动机入口气流进行预压缩。吸气式发动机安装于飞行器机身腹部，进气口处具有可移动外罩 L_d，外罩前缘与前体斜激波相交，用于保证发动机的气体最大捕获量。气流进入发动机后在燃烧室中与燃料混合燃烧，生成的高温气流经由尾喷管膨胀喷出，产生推力。飞行器后体作为发动机的外部喷管，能够使发动机出口气流进一步膨胀，增压增速，提升推力与升力[137]。由此可见，临近空间高速飞行器的机身/发动机一体化设计外形相比常规飞行器构型能够提供较大的升阻比与推力，但是同时也导致气动与推进系统之间产生强耦合（机身飞行状态影响发动机进气气流量，发动机推力会产生额外的推力力矩），给飞行器建模与控制系统设计都带来了巨大难度[138]。

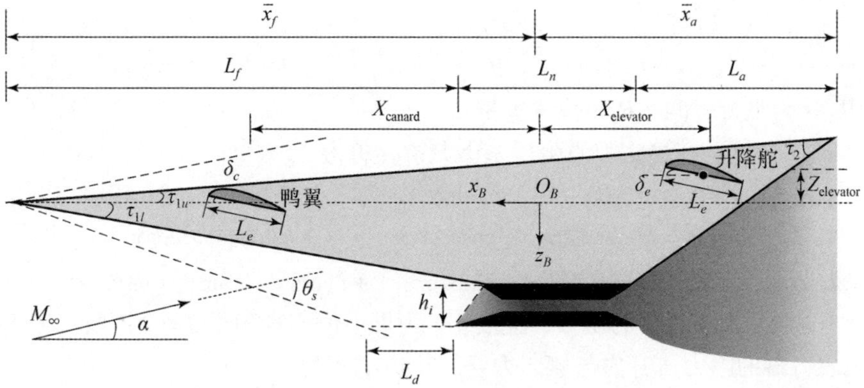

图 3-1　临近空间高速飞行器纵平面几何构型

图 3-1 中飞行器参数如表 3-1 所列[139-140]。

表 3-1　临近空间高速飞行器参数

长度参数	位置参数	角度参数	质量与惯量参数
$L_f=14.327\text{m}$	$\bar{x}_f=16.764\text{m}$	$\tau_{1u}=3°$	$m=4378.17\text{kg}$
$L_n=6.096\text{m}$	$\bar{x}_a=13.716\text{m}$	$\tau_{1l}=6°$	$I_{yy}=6.779\times10^5\text{kg}\cdot\text{m}^2$
$L_a=10.058\text{m}$	$X_{\text{elevator}}=9.144\text{m}$	$\tau_2=14.41°$	—
$L_e=5.1816\text{m}$	$Z_{\text{elevator}}=1.067\text{m}$	—	—
$h_i=1.067\text{m}$	$X_{\text{canard}}=12.192\text{m}$	—	—

3.3.1　刚体动力学方程

在建立刚体动力学方程之前，首先给出如下假设：

（1）飞行器相对于美式体固连坐标系纵平面严格对称，美式体固连坐标系各轴均为惯性主轴；

（2）不考虑飞行器气体绕流与发动机喷流的耦合影响；

（3）假定质心位置不变，转动惯量数值恒定；

（4）假定飞行器为理想刚体，不考虑弹性振动影响。

基于上述假设，建立飞行器的刚体动力学模型：

1）平动动力学方程

临近空间高速飞行器在飞行中所受的力包括重力 mg、气动力 $\boldsymbol{A}$ 与推力 $\boldsymbol{T}$，平动动力学方程为

$$m\frac{\mathrm{d}^2\boldsymbol{R}}{\mathrm{d}t^2}=mg+\boldsymbol{T}+\boldsymbol{A}\tag{3-8}$$

式中：t 为飞行时间；$\boldsymbol{R}$ 为位置矢量。

将（3-8）在美式弹道坐标系下分解，可得

$$\begin{cases}m\dot{V}=(T\cos\alpha\cos\beta-D)-mg\sin\gamma\\ mV\cos\gamma\dot{\sigma}=T(\sin\alpha\sin\gamma_V-\cos\alpha\sin\beta\cos\gamma_V)+L\sin\gamma_V+Z\cos\gamma_V\\ mV\dot{\gamma}=T(\sin\alpha\cos\gamma_V+\cos\alpha\sin\beta\sin\gamma_V)+L\cos\gamma_V-Z\sin\gamma_V-mg\cos\gamma\end{cases}\tag{3-9}$$

式中：m、V 为飞行器的质量、速度；T 为推力值，且满足 $T=|\boldsymbol{T}|$；D、L 与 Z 为飞行器的阻力、升力与侧向力；g 为重力加速度。

注意，不同于传统飞行器，临近空间高速飞行器的推力 T 不仅与发动机自身特性相关，也受飞行器的飞行状态影响。例如，不同飞行攻角会改变吸气

式发动机的进气量，影响发动机推力值。

2）平动运动学方程

美式地面坐标系下的平动运动学方程分量为

$$\begin{cases}\dot{P}_{\mathrm{N}} = V\cos\gamma\cos\sigma \\ \dot{P}_{\mathrm{E}} = V\cos\gamma\sin\sigma \\ \dot{h} = V\sin\gamma\end{cases} \tag{3-10}$$

式中：P_{N}、P_{E} 分别表示美式地面坐标系下的前向与侧向位移；h 为飞行高度。

3）转动动力学方程

临近空间高速飞行器在飞行中所受力矩包括气动力矩 $\boldsymbol{M}_A$ 与推力力矩 $\boldsymbol{M}_T$，转动动力学方程为

$$\boldsymbol{I} \cdot \frac{\mathrm{d}\boldsymbol{\omega}}{\mathrm{d}t} + \boldsymbol{\omega} \times (\boldsymbol{I} \cdot \boldsymbol{\omega}) = \boldsymbol{M}_A + \boldsymbol{M}_T \tag{3-11}$$

式中：$\boldsymbol{I}$ 为飞行器转动惯性张量；$\boldsymbol{\omega}$ 为旋转角速度矢量。

将式（3－11）在美式体固连坐标系下分解，可得：

$$\begin{cases}I_{xx}\dot{P} = M_x - (I_{zz} - I_{yy})QR \\ I_{yy}\dot{Q} = M - (I_{xx} - I_{zz})PR \\ I_{zz}\dot{R} = M_z - (I_{yy} - I_{xx})PQ\end{cases} \tag{3-12}$$

式中：I_{xx}、I_{yy} 与 I_{zz} 分别为飞行器绕体轴 $O_{B_A}x_{B_A}$、$O_{B_A}y_{B_A}$、$O_{B_A}z_{B_A}$ 的转动惯量；P、Q、R 分别为绕三个体轴的旋转角速度；M_x、M、M_z 为绕各体轴的合力矩。

4）转动运动学方程

由坐标转换关系可得旋转角速度：

$$\begin{bmatrix}P\\Q\\R\end{bmatrix} = \begin{bmatrix}\dot{\phi}\\0\\0\end{bmatrix} + \begin{bmatrix}1 & 0 & 0\\0 & \cos\phi & \sin\phi\\0 & -\sin\phi & \cos\phi\end{bmatrix}\begin{bmatrix}0\\\dot{\theta}\\0\end{bmatrix} + \begin{bmatrix}1 & 0 & 0\\0 & \cos\phi & \sin\phi\\0 & -\sin\phi & \cos\phi\end{bmatrix}\begin{bmatrix}\cos\theta & 0 & -\sin\theta\\0 & 1 & 0\\\sin\theta & 0 & \cos\phi\end{bmatrix}\begin{bmatrix}0\\0\\\dot{\psi}\end{bmatrix}$$

$$= \begin{bmatrix}1 & 0 & -\sin\theta\\0 & \cos\phi & \sin\phi\cos\theta\\0 & -\sin\phi & \cos\phi\cos\theta\end{bmatrix}\begin{bmatrix}\dot{\phi}\\\dot{\theta}\\\dot{\psi}\end{bmatrix} \tag{3-13}$$

整理可得美式体固连坐标系下的转动运动学方程：

$$\begin{cases}\dot{\phi} = P + \tan\theta(R\cos\phi + Q\sin\phi) \\ \dot{\theta} = Q\cos\phi - R\sin\phi \\ \dot{\psi} = (R\cos\phi + Q\sin\phi)/\cos\theta\end{cases} \tag{3-14}$$

5）几何关系方程

为了构建各坐标转换角度之间的关系，需要额外补充三个几何关系方程。通过不同的坐标转换方式实现美式弹道坐标系与美式体固连坐标系之间的转化，可得如下方程：

$$\boldsymbol{C}_{vB}^{\mathrm{T}}\boldsymbol{C}_{vD}=\boldsymbol{C}_{Bd}\boldsymbol{C}_{Dd}^{\mathrm{T}} \tag{3-15}$$

由式（3－15）可得几何方程为

$$\begin{cases}\sin\beta=\cos\gamma[\sin\theta\sin\phi\cos(\psi-\sigma)-\cos\phi\sin(\psi-\sigma)]-\sin\gamma\cos\theta\sin\phi\\ \sin\alpha=\{\cos\gamma[\sin\theta\cos\phi\cos(\psi-\sigma)+\sin\phi\sin(\psi-\sigma)]-\sin\gamma\cos\theta\cos\phi\}/\cos\beta\\ \sin\gamma_V=\{\sin\gamma[\sin\theta\sin\phi\cos(\psi-\sigma)-\cos\phi\sin(\psi-\sigma)]+\cos\gamma\cos\theta\sin\phi\}/\cos\beta\end{cases} \tag{3-16}$$

综合式（3－9）、式（3－10）、式（3－12）、式（3－14）与式（3－16），可得临近空间高速飞行器的刚体动力学模型：

$$\begin{cases}m\dot{V}=(T\cos\alpha\cos\beta-D)-mg\sin\gamma\\ mV\cos\gamma\dot{\sigma}=T(\sin\alpha\sin\gamma_V-\cos\alpha\sin\beta\cos\gamma_V)+L\sin\gamma_V+Z\cos\gamma_V\\ mV\dot{\gamma}=T(\sin\alpha\cos\gamma_V+\cos\alpha\sin\beta\sin\gamma_V)+L\cos\gamma_V-Z\sin\gamma_V-mg\cos\gamma\\ \dot{P}_N=V\cos\gamma\cos\sigma\\ \dot{P}_E=V\cos\gamma\sin\sigma\\ \dot{h}=V\sin\gamma\\ I_{xx}\dot{P}=M_x-(I_{zz}-I_{yy})QR\\ I_{yy}\dot{Q}=M-(I_{xx}-I_{zz})PR+\tilde{\psi}_1\ddot{\eta}_1+\tilde{\psi}_2\ddot{\eta}_2\\ I_{zz}\dot{R}=M_z-(I_{yy}-I_{xx})PQ+\tilde{\psi}_{z1}\ddot{\eta}_{z1}+\tilde{\psi}_{z2}\ddot{\eta}_{z2}\\ \dot{\phi}=P+\tan\theta(R\cos\phi+Q\sin\phi)\\ \dot{\theta}=Q\cos\phi-R\sin\phi\\ \dot{\psi}=(R\cos\phi+Q\sin\phi)/\cos\theta\\ \sin\beta=\cos\gamma[\sin\theta\sin\phi\cos(\psi-\sigma)-\cos\phi\sin(\psi-\sigma)]-\sin\gamma\cos\theta\sin\phi\\ \sin\alpha=\{\cos\gamma[\sin\theta\cos\phi\cos(\psi-\sigma)+\sin\phi\sin(\psi-\sigma)]-\sin\gamma\cos\theta\cos\phi\}/\cos\beta\\ \sin\gamma_V=\{\sin\gamma[\sin\theta\sin\phi\cos(\psi-\sigma)-\cos\phi\sin(\psi-\sigma)]+\cos\gamma\cos\theta\sin\phi\}/\cos\beta\end{cases} \tag{3-17}$$

临近空间高速飞行器采用倾斜转弯控制模式，即通过滚转运动实现转弯，同时保持侧滑角为零。另外，临近空间高速飞行器特定的任务需求决定了在离线规划时，主要轨迹不会产生较大的侧向机动，故飞行器的速度倾斜角 γ_V 相对较小。因此，临近空间高速飞行器的完整六自由度模型（式（3－17））可解耦为纵向运动和侧向运动分别设计相应控制器。又由于纵向动力学中包含了主要的控制难题，故本书将临近空间高速飞行器的纵向动力学模型作为研究对象。

将$\beta=0$与$\gamma_V=0$代入式（3－17），可得如下纵向动力学模型：

$$\begin{cases}\dot{V}=(T\cos\alpha-D)/m-g\sin\gamma\\ \dot{h}=V\sin\gamma\\ \dot{\gamma}=(L+T\sin\alpha)/(mV)-g/V\cos\gamma\\ \dot{\alpha}=Q-\dot{\gamma}\\ \dot{Q}=M/I_{yy}\end{cases}\tag{3-18}$$

3.3.2　飞行器曲线拟合模型

由于在上述建立的真实受力模型中，各个力与力矩的精确表达式过于复杂，非线性控制方法难以直接基于真实模型进行设计。而且真实受力模型中多数方程都是状态量与输入量的隐函数，难以获得系统向量场的闭环表达式。因此，Parker将力和力矩表达式进行近似拟合，获得飞行器的曲线拟合模型[142]，拟合得到的推力与气动力曲线可写为

$$\begin{cases}T=C_T^{\alpha^3}\alpha^3+C_T^{\alpha^2}\alpha^2+C_T^{\alpha}\alpha+C_T^0,\quad L=\bar{q}\,S[C_L^{\alpha}\alpha+C_L^{\delta_e}\delta_e+C_L^{\delta_c}\delta_c+C_L^0]\\ D=\bar{q}\,S[C_D^{\alpha^2}\alpha^2+C_D^{\alpha}\alpha+C_D^{\delta_e^2}\delta_e^2+C_D^{\delta_e}\delta_e+C_D^{\delta_c^2}\delta_c^2+C_D^{\delta_c}\delta_c+C_D^0]\\ M=z_TT+\bar{q}\,S\bar{c}\,[C_{M,\alpha}^{\alpha^2}\alpha^2+C_{M,\alpha}^{\alpha}\alpha+C_{M,\alpha}^0+c_e\delta_e+C_M^{\delta_c}\delta_c]\\ \bar{q}=\rho V^2/2,\quad \rho=\rho_0\exp[-(h-h_0)/h_s]\\ C_T^{\alpha^3}=\beta_1(h,\bar{q})\Phi+\beta_2(h,\bar{q}),\quad C_T^{\alpha^2}=\beta_3(h,\bar{q})\Phi+\beta_4(h,\bar{q})\\ C_T^{\alpha}=\beta_5(h,\bar{q})\Phi+\beta_6(h,\bar{q}),\quad C_T^0=\beta_7(h,\bar{q})\Phi+\beta_8(h,\bar{q})\end{cases}\tag{3-19}$$

式中：δ_e、Φ分别为升降舵偏转角、燃油当量比；$\bar{q}$与ρ分别为动压、大气密度；S、$\bar{c}$、z_T分别为参考面积、平均气动弦长、推力力矩耦合系数。

注意，此处的力矩M中包含推力力矩z_TT，这是由安装于机身下腹部的发动机产生的。而且推力T中包含高度、速度与攻角，说明飞行状态会对发动机工作情况产生影响。

由于升降舵偏转会产生部分升力，引发飞行器的非最小相位特性，因此

Bolender 在飞行器中引入额外鸭翼，用于抵消升降舵升力[143]。鸭翼通过配合升降舵偏转，满足如下关系：$C_L^{\delta_e}\delta_e + C_L^{\delta_c}\delta_c = 0$，则升力 L 变为 $L = \bar{q}S(C_L^{\alpha}\alpha + C_L^0)$。

纵向平面内，临近空间高速飞行器纵平面受力与角度关系定义如图 3-2 所示。

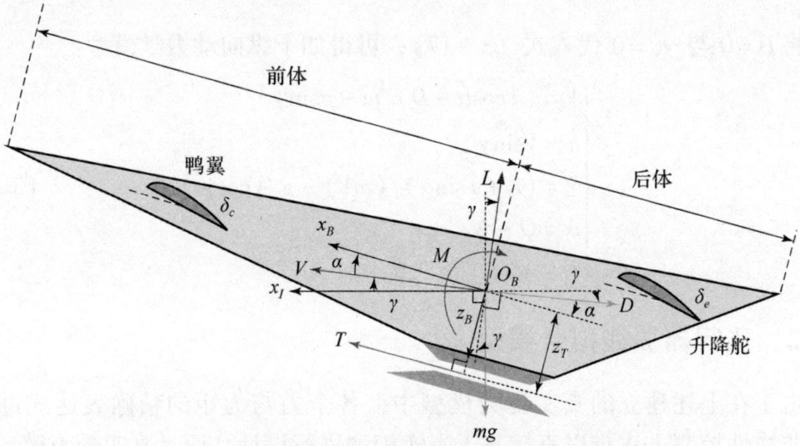

图 3-2　临近空间高速飞行器纵平面受力与角度关系定义

根据美国空军研究实验室[142]与俄亥俄州立大学[144]公开的数据资料研究成果，表 3-2 综合给出曲线拟合模型（式（3-19））中的相关系数取值。

表 3-2　曲线拟合模型系数取值

系数	数值	系数	数值	系数	数值
C_L^{α}	4.6773rad^{-1}	C_L^0	-0.018714	$C_L^{\delta_e}$	0.76224rad^{-1}
$C_D^{\alpha^2}$	5.8224rad^{-2}	C_D^{α}	-0.045315rad^{-1}	$C_D^{\delta_e^2}$	0.81993rad^{-2}
$C_D^{\delta_e}$	$2.7699\times10^{-4}\text{rad}^{-1}$	C_D^0	0.01031	S	1.579m^2
$C_L^{\delta_c}$	0.3875rad^{-2}	$C_D^{\delta_c}$	$-8.107\times10^{-4}\text{rad}^{-1}$	$C_D^{\delta_c^2}$	0.6821rad^{-2}
ρ_0	$0.03475\text{kg}\cdot\text{m}^{-3}$	h_0	25908m	h_s	$6.51\times10^3\text{m}$
z_T	2.5481m	$\bar{c}$	5.1816m	$C_{M,\alpha}^{\alpha^2}$	6.2926rad^{-2}
$C_{M,\alpha}^{\alpha}$	2.1335rad^{-1}	$C_{M,\alpha}^0$	0.18979	c_e	-1.2897rad^{-1}
$C_M^{\delta_c}$	1.3096rad^{-1}	β_1	$-1.6767\times10^6\text{N}\cdot\text{rad}^{-3}$	β_2	$-1.6559\times10^5\text{N}\cdot\text{rad}^{-3}$
β_3	$1.1927\times10^5\text{N}\cdot\text{rad}^{-2}$	β_4	$-7.6852\times10^4\text{N}\cdot\text{rad}^{-2}$	β_5	$1.5810\times10^5\text{N}\cdot\text{rad}^{-1}$
β_6	$-1.0772\times10^4\text{N}\cdot\text{rad}^{-1}$	β_7	$2.8373\times10^4\text{N}$	β_8	$-4.4883\times10^2\text{N}$

表 3-2 中，rad 量纲表示与该系数相乘的角度量纲应为弧度。注意，由于推力系数 $\beta_i(h,\bar{q})$，$i=1,2,\cdots,8$，是高度与动压的时变函数，表 3-2 中所列 β_i 为 $h=25908\text{m}$、$V=2347.60\text{m/s}$ 时对应的系数。考虑到临近空间高速飞行器任务需求与实际物理约束，在飞行过程中，系统状态需要保持在表 3-3 所列特定允许范围内[142,145]。

表 3-3　状态量与控制量允许范围

参数	下界	上界	数值	下界	上界
h	21336m	36576m	Q	−15(°)/s	15(°)/s
V	2286m/s	2895.6m/s	Φ	0.05	1.5
α	−10°	10°	δ_e	−20°	20°
γ	−3°	3°			

注释 2.1：后续章节的控制系统基于本节给出的曲线拟合模型设计。曲线拟合模型相对真实模型的拟合误差、未建模误差（包含干扰力矩、气动热变形、发动机建模不准确、刚弹耦合等）统一归结为模型的参数摄动与飞行器的外部扰动。在控制器的仿真验证中，通过在曲线拟合模型中考虑参数摄动与外部扰动，能够验证本书控制律的有效性与实用性。

速度阶跃指令信号 V_c 与高度阶跃指令信号 h_c 通过两个预滤波器可以获取两个通道的期望信号 V_d 与 h_d[146]：

$$V_d = V_c \times \frac{\omega_{d1}^2}{s^2 + 2 \times \zeta_{d1} \times \omega_{d1} s + \omega_{d1}^2} \tag{3-20}$$

$$h_d = h_c \times \frac{\omega_{d1}^2}{s^2 + 2 \times \zeta_{d1} \times \omega_{d1} s + \omega_{d1}^2} \tag{3-21}$$

式中：$V_c = 2407.92\text{m/s}$；$h_c = 26212.8\text{m}$；$\omega_{d1} = 0.03\text{rad/s}$；$\zeta_{d1} = 0.95$。

两个预滤波器的功能是将阶跃的指令信号 V_c 与 h_c 调制为光滑且可导的期望信号 V_d 与 h_d。

高度跟踪误差经由高度控制器生成期望飞行路径角，然后再通过姿态控制器进行调节；速度跟踪误差经由速度控制器进行调节。第 4 章基于飞行器输入输出动力学矢量同时生成速度控制器与姿态控制器输出，并将其进行控制解耦，可以得到执行机构指令值：燃油当量比 Φ 与升降舵偏转角 δ_e。第 5 章首先将飞行动力学解耦为速度与高度两个子系统，直接应用速度控制器与姿态控制器即可获得燃油当量比 Φ 与升降舵偏转角 δ_e，无须控制解耦环节。

3.4 临近空间高速飞行器制导动力学模型

由于临近空间高速飞行器拦截来袭目标任务中仅考虑飞行器与来袭目标的质心运动，因此，3.4.1 节给出弹道坐标系下飞行器质心动力学模型。为便于制导律设计，3.4.2 节建立了视线坐标系下临近空间高速飞行器与来袭目标的相对运动方程。

3.4.1 临近空间高速飞行器质心动力学模型

在弹道坐标系下，建立适用于制导律设计的临近空间高速飞行器质心动力学模型：

$$\begin{cases}\dfrac{\mathrm{d}V}{\mathrm{d}t}=a_x-g\sin\gamma\\ V\dfrac{\mathrm{d}\gamma}{\mathrm{d}t}=a_y-g\cos\gamma\\ -V\cos\gamma\dfrac{\mathrm{d}\sigma}{\mathrm{d}t}=a_z\end{cases}\tag{3-22}$$

式中：a_x、a_y、a_z 分别表示临近空间高速飞行器除重力外其余合力对应加速度在弹道坐标系下的投影分量。

为简化制导模型，做出如下假设：

(1) 该模型忽略地球自转影响。

(2) 假设地球为规则、均匀球体，重力加速度均指向地心；由于飞行过程中飞行高度相近且变化范围小，因此假设临近空间高速飞行器所受重力加速度为定值。

(3) 飞行过程中，临近空间高速飞行器速度保持不变。

基于以上假设，临近空间高速飞行器质心动力学方程（3-22）可简化为

$$\begin{cases}\dfrac{\mathrm{d}V}{\mathrm{d}t}=0\\ V\dfrac{\mathrm{d}\gamma}{\mathrm{d}t}=a_y-g\cos\gamma\\ -V\cos\gamma\dfrac{\mathrm{d}\sigma}{\mathrm{d}t}=a_z\end{cases}\tag{3-23}$$

为简化表述，分别使用 x、y、z 表示地面坐标系下临近空间高速飞行器质心位置，则其运动学方程可写为

$$
\begin{cases}
\dfrac{\mathrm{d}x}{\mathrm{d}t}=V\cos\gamma\cos\sigma \\
\dfrac{\mathrm{d}y}{\mathrm{d}t}=V\sin\gamma \\
\dfrac{\mathrm{d}z}{\mathrm{d}t}=-V_A\cos\gamma\sin\sigma
\end{cases}
\tag{3-24}
$$

3.4.2　末制导三维相对运动方程建立

在临近空间高速飞行器拦截目标任务场景中，拦截器与目标的相对运动关系矢量方程如下：

$$
\frac{\mathrm{d}^2\boldsymbol{\rho}}{\mathrm{d}t^2}=\Delta\boldsymbol{g}+\boldsymbol{a}_T-\boldsymbol{a}_A \tag{3-25}
$$

式中：$\Delta\boldsymbol{g}$ 为拦截器相对于目标的重力加速度矢量差，考虑到目标与拦截器在末端博弈阶段高度相差较小，故该项近似为零；$\boldsymbol{a}_T$ 为目标的加速度矢量；$\boldsymbol{a}_A$ 为临近空间高速飞行器的加速度矢量。

求解左端表达式可得

$$
\begin{aligned}
\frac{\mathrm{d}^2\boldsymbol{\rho}}{\mathrm{d}t^2}&=\frac{\mathrm{d}}{\mathrm{d}t}\left(\frac{\mathrm{d}\boldsymbol{\rho}}{\mathrm{d}t}\right)=\frac{\mathrm{d}}{\mathrm{d}t}\left(\frac{\partial\boldsymbol{\rho}}{\partial t}+\boldsymbol{\omega}\times\boldsymbol{\rho}\right)=\frac{\partial^2\boldsymbol{\rho}}{\partial t^2}+\boldsymbol{\omega}\times\frac{\partial\boldsymbol{\rho}}{\partial t}+\dot{\boldsymbol{\omega}}\times\boldsymbol{\rho}+\boldsymbol{\omega}\times\dot{\boldsymbol{\rho}} \\
&=\frac{\partial^2\boldsymbol{\rho}}{\partial t^2}+\boldsymbol{\omega}\times\left(\frac{\partial\boldsymbol{\rho}}{\partial t}+\boldsymbol{\omega}\times\boldsymbol{\rho}\right)+\dot{\boldsymbol{\omega}}\times\boldsymbol{\rho}+\boldsymbol{\omega}\times\frac{\partial\boldsymbol{\rho}}{\partial t}+\boldsymbol{\omega}\times(\boldsymbol{\omega}\times\boldsymbol{\rho}) \\
&=\frac{\partial^2\boldsymbol{\rho}}{\partial t^2}+2\boldsymbol{\omega}\times\frac{\partial\boldsymbol{\rho}}{\partial t}+\dot{\boldsymbol{\omega}}\times\boldsymbol{\rho}+\boldsymbol{\omega}\times(\boldsymbol{\omega}\times\boldsymbol{\rho})
\end{aligned}
\tag{3-26}
$$

式中：$\boldsymbol{\omega}$ 为视线旋转角速度。

将 $\boldsymbol{\omega}$ 投影到视线坐标系下，可得

$$
\boldsymbol{\omega}=\begin{pmatrix}\omega_x\\ \omega_y\\ \omega_z\end{pmatrix}=\begin{pmatrix}\cos q_\alpha & \sin q_\alpha & 0\\ -\sin q_\alpha & \cos q_\alpha & 0\\ 0 & 0 & 1\end{pmatrix}\begin{pmatrix}0\\ \dot{q}_\beta\\ 0\end{pmatrix}+\begin{pmatrix}0\\ 0\\ \dot{q}_\alpha\end{pmatrix}=\begin{pmatrix}\sin q_\alpha\dot{q}_\beta\\ \cos q_\alpha\dot{q}_\beta\\ \dot{q}_\alpha\end{pmatrix}
\tag{3-27}
$$

式中：q_α 为视线高低角；q_β 为视线方位角。

相对速度矢量 $\dot{\boldsymbol{\rho}}$ 在视线坐标系下投影，可得

$$
\dot{\boldsymbol{\rho}}=\left(\frac{\partial\boldsymbol{\rho}}{\partial t}+\boldsymbol{\omega}\times\boldsymbol{\rho}\right)_S=\begin{pmatrix}V_x\\ V_y\\ V_z\end{pmatrix}=\begin{pmatrix}\dot{\rho}\\ 0\\ 0\end{pmatrix}+\begin{pmatrix}0\\ \rho\omega_z\\ -\rho\omega_y\end{pmatrix}=\begin{pmatrix}\dot{\rho}\\ \rho\dot{q}_\alpha\\ -\rho\cos q_\alpha\dot{q}_\beta\end{pmatrix}
\tag{3-28}
$$

将式（3-27）、式（3-28）代入式（3-26），可以得到相对运动动力学方程在视线坐标系下的投影分量：

$$\begin{cases}\ddot{\rho}-\rho(\dot{q}_{\alpha}^{2}+\dot{q}_{\beta}^{2}\cos^{2}q_{\alpha})=a_{Tx,L}-a_{x,L}\\ \rho\ddot{q}_{\alpha}+2\dot{\rho}\dot{q}_{\alpha}+\rho\dot{q}_{\beta}^{2}\sin q_{\alpha}\cos q_{\alpha}=a_{Ty,L}-a_{y,L}\\ -\rho\ddot{q}_{\beta}\cos q_{\alpha}+2\rho\dot{q}_{\beta}\dot{q}_{\alpha}\sin q_{\alpha}-2\dot{\rho}\dot{q}_{\beta}\cos q_{\alpha}=a_{Tz,L}-a_{z,L}\end{cases} \tag{3-29}$$

式中：$a_{Tx,L}$、$a_{Ty,L}$、$a_{Tz,L}$分别表示目标加速度在视线坐标系下的投影分量；$a_{x,L}$、$a_{y,L}$、$a_{z,L}$分别表示临近空间高速飞行器加速度在视线坐标系下的投影分量。

3.5 本章小结

本章建立了临近空间高速飞行器的高精度制导与控制模型。首先给出了机体外形参数，接着定义了建模所需的坐标系及其转换关系，并构建了刚体动力学方程。基于已建立的刚体动力学模型，将力与力矩拟合为多项式表达形式，得到曲线拟合模型。同时，在已建立的刚体动力学模型基础上简化姿态运动，得到飞行器制导相关的质心三自由度模型，并建立飞行器与目标的相对运动方程。

思考题

1. 美式地面坐标系与美式速度坐标系如何定义。
2. 推导出美式弹道坐标系与美式体固连坐标系之间的转换矩阵。
3. 美式坐标系下攻角和侧滑角如何定义。
4. 美式坐标系下飞行器三个姿态角如何定义。
5. 推导飞行器刚体动力学方程时，所做的假设有哪些。
6. 写出纵向平面临近空间高速飞行器动力学模型。
7. 写出适用于制导律设计的临近空间高速飞行器动力学方程。
8. 推导拦截器与目标的相对运动方程。

第4章
基于固定时间滑模理论的临近空间高速飞行器容错控制方法

4.1 引言

临近空间高速飞行器实际飞行环境恶劣，而且极高的飞行速度产生的气动热现象极易使执行机构受到突发故障影响，导致飞行控制性能恶化，甚至引发灾难性事故。另外，由于临近空间高速飞行器自身静不稳定，在执行机构故障影响下，控制系统需要在系统状态发散之前使其快速稳定。因此，需要研究具有高精度、快响应、强容错性能的控制算法。本章针对故障临近空间高速飞行器设计鲁棒固定时间滑模控制器，该控制器由快速固定时间积分滑模面、连续固定时间类超螺旋趋近律与一致收敛观测器组成，能够保证飞行器跟踪误差在故障影响下实现固定时间收敛。相比传统控制方法，本章所设计的控制器能够实现较高的收敛精度与较快的响应速度，同时能有效削弱抖振影响。

4.2 问题描述

为了能够对临近空间高速飞行器模型进行反馈线性化处理，Parker 通过忽略阻力 D 中的弱升降舵耦合项 $C_D^{\delta_e^2}\delta_e^2$、$C_D^{\delta_e}\delta_e$、$C_D^{\delta_c^2}\delta_c^2$ 与 $C_D^{\delta_c}\delta_c$，将飞行器曲线拟合模型（式（3－18））转化为如下控制导向模型[147]：

$$
\begin{cases}
\dot{V} = (T\cos\alpha - \bar{D})/m - g\sin\gamma \\
\dot{h} = V\sin\gamma \\
\dot{\gamma} = (L + T\sin\alpha)/(mV) - g/V\cos\gamma \\
\dot{\alpha} = Q - \dot{\gamma} \\
\dot{Q} = f_Q + g_Q\delta_e + \bar{d}_a
\end{cases}
\tag{4-1}
$$

其中

$$\begin{cases} \bar{D} = \bar{q}S(C_D^{\alpha^2}\alpha^2 + C_D^{\alpha}\alpha + C_D^0) \\ f_Q = z_T T + \bar{q}S\bar{c}\,(C_{M,\alpha}^{\alpha^2}\alpha^2 + C_{M,\alpha}^{\alpha}\alpha + C_{M,\alpha}^0) \\ g_Q = \bar{q}S\bar{c}\ c_e \\ \bar{d}_a = \bar{q}S\bar{c}\,c_e d_{a2} \end{cases} \tag{4-2}$$

式中：d_{a2}为作用于升降舵偏转角的外部扰动。

为了进行反馈线性化处理，系统需要具有全相对向量阶，因此对燃油当量比 Φ 进行二阶动态扩展。燃油当量比的二阶执行机构模型如下：

$$\ddot{\Phi} = -2\zeta\omega\dot{\Phi} - \omega^2\Phi + \omega^2(\Phi_c + d_{a1}) \tag{4-3}$$

式中：ζ 和 ω 分别为执行机构的阻尼比和自然频率，$\zeta = 0.7$，$\omega = 20\text{rad/s}$；用指令值 Φ_c 代替 Φ 作为新的控制输入；d_{a1}为作用于 Φ_c 的外部扰动[148]。

选取控制输入和控制输出向量分别为 $\boldsymbol{u} = [\delta_e \quad \Phi_c]^{\mathrm{T}}$ 和 $\boldsymbol{y} = [V \quad \gamma]^{\mathrm{T}}$。定义高度跟踪误差为 $e_h = h - h_d$，则期望飞行路径角 γ_d 设计如下[149]：

$$\gamma_d = \arcsin[(\dot{h}_d - k_P e_h)/V] \tag{4-4}$$

式中：$k_P > 0$。

如果 γ 受控等于 γ_d，则 e_h 对应的动力学满足：

$$\dot{e}_h + k_P e_h = 0 \tag{4-5}$$

由此可见，其可调节高度跟踪误差指数收敛至零。

定义输出跟踪误差向量为 $\boldsymbol{e} = \boldsymbol{y} - \boldsymbol{y}_d = [e_V \quad e_\gamma]^{\mathrm{T}} = [V - V_d \quad \gamma - \gamma_d]^{\mathrm{T}}$，则通过对 $\boldsymbol{e}$ 求导三次可以得到如下仿射非线性形式的输入输出动力学方程：

$$\begin{aligned} \dddot{\boldsymbol{e}} &= \dddot{\boldsymbol{y}} - \dddot{\boldsymbol{y}}_d = \boldsymbol{F} + \boldsymbol{G}\boldsymbol{u} + \boldsymbol{G}\boldsymbol{d}_a - \dddot{\boldsymbol{y}}_d \\ &= \begin{bmatrix} f_V \\ f_\gamma \end{bmatrix} + \begin{bmatrix} g_{V_1} & g_{V_2} \\ g_{\gamma_1} & g_{\gamma_2} \end{bmatrix}\boldsymbol{u} + \begin{bmatrix} g_{V_1} & g_{V_2} \\ g_{\gamma_1} & g_{\gamma_2} \end{bmatrix}\begin{bmatrix} d_{a2} \\ d_{a1} \end{bmatrix} - \dddot{\boldsymbol{y}}_d \end{aligned} \tag{4-6}$$

其中

$$\boldsymbol{x} = [V \quad \alpha \quad \gamma \quad \Phi \quad h]^{\mathrm{T}} \tag{4-7}$$

$$\begin{cases} f_V = \boldsymbol{\omega}_1\ddot{\boldsymbol{x}} + \dot{\boldsymbol{x}}^{\mathrm{T}}\boldsymbol{\Omega}_2\dot{\boldsymbol{x}} \\ g_{V_1} = g_Q(\partial T/\partial\alpha\cos\alpha - T\sin\alpha - \partial\bar{D}/\partial\alpha)/m \\ g_{V_2} = \omega^2(\partial T/\partial\Phi\cos\alpha)/m \\ f_\gamma = \boldsymbol{\pi}_1\ddot{\boldsymbol{x}} + \dot{\boldsymbol{x}}^{\mathrm{T}}\boldsymbol{\Pi}_2\dot{\boldsymbol{x}} \\ g_{\gamma_1} = g_Q(\partial T/\partial\alpha\sin\alpha + T\cos\alpha + \partial L/\partial\alpha)/(mV) \\ g_{\gamma_2} = \omega^2(\partial T/\partial\Phi\sin\alpha)/(mV) \end{cases} \tag{4-8}$$

$$
\begin{cases}
\dot{\boldsymbol{x}} = [\dot{V} \quad \dot{\alpha} \quad \dot{\gamma} \quad \dot{\Phi} \quad \dot{h}]^{\mathrm{T}} \\
\ddot{\bar{\boldsymbol{x}}} = \begin{bmatrix} \boldsymbol{\omega}_1 \dot{\boldsymbol{x}} \\ -\boldsymbol{\pi}_1 \dot{\boldsymbol{x}} + f_Q \\ \boldsymbol{\pi}_1 \dot{\boldsymbol{x}} \\ -2\zeta\omega\dot{\Phi} - \omega^2 \Phi \\ \dot{V}\sin\gamma + V\dot{\gamma}\cos\gamma \end{bmatrix}
\end{cases}
\tag{4-9}
$$

$\boldsymbol{\omega}_1$、$\boldsymbol{\Omega}_2$、$\boldsymbol{\pi}_1$、$\boldsymbol{\Pi}_2$ 的定义如下[150-151]：

$$
\boldsymbol{\omega}_1 = \frac{1}{m}\begin{bmatrix} -\partial \bar{D}/\partial V \\ \partial T/\partial\alpha\cos\alpha - T\sin\alpha - \partial\bar{D}/\partial\alpha \\ -mg\cos\gamma \\ \partial T/\partial\Phi\cos\alpha \\ -\partial\bar{D}/\partial h - \partial g/\partial h m\sin\gamma \end{bmatrix}^{\mathrm{T}}
\tag{4-10}
$$

$$
\boldsymbol{\Omega}_2 = [\boldsymbol{\omega}_{21} \quad \boldsymbol{\omega}_{22} \quad \boldsymbol{\omega}_{23} \quad \boldsymbol{\omega}_{24} \quad \boldsymbol{\omega}_{25}]/m
$$

其中，

$$
\begin{cases}
\boldsymbol{\omega}_{21} = [-\partial^2\bar{D}/\partial V^2 \quad -\partial^2\bar{D}/(\partial\alpha\,\partial V) \quad 0 \quad 0 \quad -\partial^2\bar{D}/(\partial V\,\partial h)]^{\mathrm{T}} \\
\boldsymbol{\omega}_{22} = \begin{bmatrix} -\partial^2\bar{D}/(\partial\alpha\,\partial V) \\ (\partial^2 T/\partial\alpha^2 - T)\cos\alpha - 2\,\partial T/\partial\alpha\sin\alpha - \partial^2\bar{D}/\partial\alpha^2 \\ 0 \\ \partial^2 T/(\partial\alpha\,\partial\Phi)\cos\alpha - \partial T/\partial\Phi\sin\alpha \\ -\partial^2\bar{D}/(\partial\alpha\,\partial V) \end{bmatrix} \\
\boldsymbol{\omega}_{23} = [0 \quad 0 \quad mg\sin\gamma \quad 0 \quad -m\cos\gamma\,\partial g/\partial h]^{\mathrm{T}} \\
\boldsymbol{\omega}_{24} = [0 \quad \partial^2 T/(\partial\alpha\,\partial\Phi)\cos\alpha - \partial T/\partial\Phi\sin\alpha \quad 0 \quad 0 \quad 0]^{\mathrm{T}} \\
\boldsymbol{\omega}_{25} = [-\partial^2\bar{D}/(\partial V\,\partial h) \quad -\partial^2\bar{D}/(\partial\alpha\,\partial V) \quad -m\cos\gamma\,\partial g/\partial h \quad 0 \quad 0]^{\mathrm{T}}
\end{cases}
\tag{4-11}
$$

$$
\boldsymbol{\pi}_1 = \frac{1}{mV}\begin{bmatrix} (\partial L/\partial V + \partial T/\partial V\sin\alpha) - (L + T\sin\alpha)/V + mg\cos\gamma/V \\ \partial L/\partial\alpha + \partial T/\partial\alpha\sin\alpha + T\cos\alpha \\ mg\sin\gamma \\ \partial T/\partial\Phi\sin\alpha \\ \partial L/\partial h - m\cos\gamma\,\partial g/\partial h \end{bmatrix}^{\mathrm{T}}
\tag{4-12}
$$

$$\boldsymbol{\Pi}_2 = [\boldsymbol{\pi}_{21} \quad \boldsymbol{\pi}_{22} \quad \boldsymbol{\pi}_{23} \quad \boldsymbol{\pi}_{24} \quad \boldsymbol{\pi}_{25}]$$

其中，

$$\begin{cases} \boldsymbol{\pi}_{21} = \dfrac{1}{mV^2}\begin{bmatrix} V\partial^2 L/\partial V^2 - 2\partial L/\partial V + 2(L + T\sin\alpha)/V - 2mg\cos\gamma/V \\ V\partial^2 L/(\partial V\partial\alpha) - (\partial L/\partial\alpha + \partial T/\partial\alpha\sin\alpha + T\cos\alpha) \\ -mg\sin\gamma \\ -\partial T/\partial\Phi\sin\alpha \\ V\partial^2 L/(\partial V\partial h) - \partial L/\partial h + \partial g/\partial h m\cos\gamma \end{bmatrix} \\ \boldsymbol{\pi}_{22} = \begin{bmatrix} \partial^2 L/(\partial V\partial\alpha)/(mV) - (\partial L/\partial\alpha + \partial T/\partial\alpha\sin\alpha + T\cos\alpha)/(mV^2) \\ [\partial^2 L/\partial\alpha^2 + (\partial^2 T/\partial\alpha^2 - T)\sin\alpha + 2\partial T/\partial\alpha\cos\alpha]/(mV) \\ 0 \\ [\partial^2 T/(\partial\alpha\partial\Phi)\sin\alpha + \partial T/\partial\Phi\cos\alpha]/(mV) \\ \partial^2 L/(\partial\alpha\partial h)/(mV) \end{bmatrix} \\ \boldsymbol{\pi}_{23} = [-g\sin\gamma/V^2 \quad 0 \quad g\cos\gamma/V \quad 0 \quad \partial g/\partial h\sin\gamma/V]^{\mathrm{T}} \\ \boldsymbol{\pi}_{24} = \dfrac{\sin\alpha}{mV}[-\partial T/\partial\Phi/V \quad [\partial^2 T/(\partial\alpha\partial\Phi) + \partial T/\partial\Phi\cot\alpha] \quad 0 \quad 0 \quad 0]^{\mathrm{T}} \\ \boldsymbol{\pi}_{25} = \begin{bmatrix} \partial^2 L/(\partial V\partial h)/(mV) - \partial L/\partial h/(mV^2) + \partial g/\partial h\cos\gamma/V^2 \\ \partial^2 L/(\partial\alpha\partial h)/(mV) \\ \partial g/\partial h\sin\gamma/V \\ 0 \\ \partial^2 L/\partial h^2/(mV) - \partial^2 g/\partial h^2\cos\gamma/V \end{bmatrix} \end{cases} \tag{4-13}$$

为了有效处理气动参数摄动问题引发的非匹配不确定性，引入精确鲁棒微分器实时估计，获取跟踪误差向量 $\boldsymbol{e}$ 的导数信息[152]：

$$\begin{cases} \dot{\boldsymbol{z}}_0 = \boldsymbol{v}_0, \quad \dot{\boldsymbol{z}}_0 = -\boldsymbol{\lambda}_0\boldsymbol{L}_d^{1/5}\mathrm{sig}^{4/5}(\boldsymbol{z}_0 - \boldsymbol{e}) + \boldsymbol{z}_1 \\ \dot{\boldsymbol{z}}_1 = \boldsymbol{v}_1, \quad \dot{\boldsymbol{z}}_1 = -\boldsymbol{\lambda}_1\boldsymbol{L}_d^{1/4}\mathrm{sig}^{3/4}(\boldsymbol{z}_1 - \boldsymbol{v}_0) + \boldsymbol{z}_2 \\ \dot{\boldsymbol{z}}_2 = \boldsymbol{v}_2, \quad \dot{\boldsymbol{z}}_2 = -\boldsymbol{\lambda}_2\boldsymbol{L}_d^{1/3}\mathrm{sig}^{2/3}(\boldsymbol{z}_2 - \boldsymbol{v}_1) + \boldsymbol{z}_3 \\ \dot{\boldsymbol{z}}_3 = \boldsymbol{v}_3, \quad \dot{\boldsymbol{z}}_3 = -\boldsymbol{\lambda}_3\boldsymbol{L}_d^{1/2}\mathrm{sig}^{1/2}(\boldsymbol{z}_3 - \boldsymbol{v}_2) + \boldsymbol{z}_4 \\ \dot{\boldsymbol{z}}_4 = -\boldsymbol{\lambda}_4\boldsymbol{L}_d\mathrm{sgn}(\boldsymbol{z}_4 - \boldsymbol{v}_3) \end{cases} \tag{4-14}$$

式中：$\boldsymbol{\lambda}_0 = 8\boldsymbol{E}_2$；$\boldsymbol{\lambda}_1 = 5\boldsymbol{E}_2$；$\boldsymbol{\lambda}_2 = 3\boldsymbol{E}_2$；$\boldsymbol{\lambda}_3 = 1.5\boldsymbol{E}_2$；$\boldsymbol{\lambda}_4 = 1.1\boldsymbol{E}_2$；增益 $\boldsymbol{L}_d \in \mathbb{R}^{2\times 2}$ 为正

定对角矩阵，通过合理设计增益 $\boldsymbol{L}_d$，精确鲁棒微分器的输出值 $\boldsymbol{z}_0$、$\boldsymbol{z}_1$、$\boldsymbol{z}_2$，$\boldsymbol{z}_0$、$\boldsymbol{z}_1$、$\boldsymbol{z}_2$ 将分别在有限时间内等于跟踪误差向量及其导数 $\boldsymbol{e}$、$\dot{\boldsymbol{e}}$、$\ddot{\boldsymbol{e}}$。

注释 4.1：在精确鲁棒微分器的估计误差收敛之前，$\boldsymbol{e}$ 的高阶导数通过使用式（4－9）近似求取：

$$\begin{cases}\dot{\boldsymbol{e}}=\dot{\boldsymbol{y}}-\dot{\boldsymbol{y}}_d=[\dot{V}\quad \dot{\gamma}]^{\mathrm{T}}-\dot{\boldsymbol{y}}_d\\ \ddot{\boldsymbol{e}}=\ddot{\boldsymbol{y}}-\dot{\boldsymbol{y}}_d=[\boldsymbol{\omega}_1\dot{\boldsymbol{x}}\quad \boldsymbol{\pi}_1\dot{\boldsymbol{x}}]^{\mathrm{T}}-\ddot{\boldsymbol{y}}_d\end{cases} \tag{4-15}$$

其中，期望信号的导数 $\dot{\boldsymbol{y}}_d$ 和 $\ddot{\boldsymbol{y}}_d$ 通过预滤波器精确求取。

假设 4.1：符号 $\dot{\Delta}_V$ 与 $\dot{\Delta}_\gamma$ 表示扰动 $g_{V_1}d_{a2}+g_{V_2}d_{a1}$ 与 $g_{\gamma_1}d_{a2}+g_{\gamma_2}d_{a1}$ 的导数，假定 $\dot{\Delta}_V$ 与 $\dot{\Delta}_\gamma$ 均存在且范数有界，那么扰动具有未知的利普希茨常数 L_{VL} 与 $L_{\gamma L}$。即扰动满足条件：$0<|\dot{\Delta}_V|\leqslant L_{VL},0<|\dot{\Delta}_\gamma|\leqslant L_{\gamma L}$。

首先，考虑执行机构故障模式，常见故障模式可以分为卡死故障、松浮故障、随机漂移故障、损伤故障。

在卡死故障情况下，执行器卡死在某个固定位置，不能响应控制器生成的指令信号；松浮故障是指执行机构自由作动，无法产生任何有效输出，相当于卡死于零位置处；随机漂移故障是一种无规律的故障类型，此时执行器的输出在正常值附近呈不规则的随机漂移状态，也称加性故障；损伤故障是指执行机构效益下降，控制作用偏离预期效果，导致控制性能降低。

不同的执行器故障模式的示意图如图 4－1 所示。

在各种故障模式下，带故障的控制信号 $\boldsymbol{u}_f=[u_{f1}\quad u_{f2}]^{\mathrm{T}}$ 可表示如下：

$$\begin{cases}u_{fi}=u_{\mathrm{const}}, & \text{卡死故障}\\ u_{fi}=0, & \text{松浮故障}\\ u_{fi}=u_i+u_{\mathrm{random}}, & \text{随机漂移故障}\\ u_{fi}=k_iu_i, & \text{损伤故障}\end{cases}\quad (i=1,2) \tag{4-16}$$

式中：u_{const} 为固定常数；u_{random} 为随机数；$k_i\in[0,1]$；u_i 为指令控制信号。

由于临近空间高速飞行器纵向通道的两个执行机构分别为升降舵与发动机燃油当量比，不带有冗余的执行机构，因此，若任意一个执行机构发生了卡死故障或松浮故障，仅剩的一个执行机构无法同时实现速度与高度指令的控制需求。鉴于上述原因，本章仅考虑随机漂移故障与损伤故障，此时，执行机构虽然无法完全响应原本的期望控制信号，但是其仍然可以通过响应容错控制器的指令信号实现控制任务。

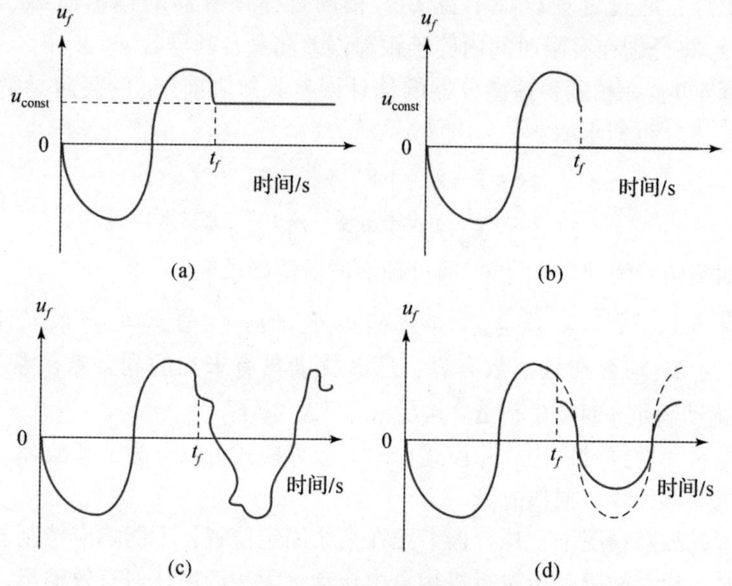

图 4-1　执行机构故障类型

(a) 卡死故障；(b) 松浮故障；(c) 随机漂移故障；(d) 损伤故障。

对于临近空间高速飞行器，随机漂移故障与损伤故障是常见的故障形式，其诱发原因主要包括：气动热现象导致操作舵面受损、舵面液压油泄露或发动机燃油混合不充分等[41,153]。从数学模型角度的看，将随机漂移故障与损伤故障分别归纳为偏差故障与增益故障，假定两种形式的故障同时发生，则根据式（4-16），带有故障的控制信号 $\boldsymbol{u}_f$ 如下：

$$\boldsymbol{u}_f = \boldsymbol{F}_g \boldsymbol{u} + \boldsymbol{F}_d \tag{4-17}$$

式中：$\boldsymbol{F}_g$ 为增益故障矩阵；$\boldsymbol{F}_d$ 为偏差故障向量[154]。

$\boldsymbol{F}_g$、$\boldsymbol{F}_d$ 的分量形式如下：

$$\begin{cases} \boldsymbol{F}_g = \text{diag}(F_{g1} \quad F_{g2}) \\ \boldsymbol{F}_d = [F_{d1} \quad F_{d2}]^{\text{T}} \end{cases} \tag{4-18}$$

各分量满足 $0 < F_{g1}, F_{g2} \leqslant 1$。如果 $\boldsymbol{F}_g = \boldsymbol{E}_2$ 且 $\boldsymbol{F}_d = [0 \quad 0]^{\text{T}}$，则执行机构工作于正常状态。

由于误差动力学（式（4-6））中的外部扰动向量 $\boldsymbol{d}_a$ 对系统的影响与执行机构偏差故障向量 $\boldsymbol{F}_d$ 的影响相同，因此本章暂不考虑外部扰动，即假定外部扰动向量 $\boldsymbol{d}_a$ 为零。根据式（4-6），考虑执行机构故障的仿射非线性形式误差动力学方程如下：

$$\ddot{\boldsymbol{e}} = \ddot{\boldsymbol{y}} - \ddot{\boldsymbol{y}}_d = \boldsymbol{F} + \boldsymbol{G}\boldsymbol{u}_f - \ddot{\boldsymbol{y}}_d$$

$$= \boldsymbol{F} + \boldsymbol{G}(\boldsymbol{F}_g\boldsymbol{u} + \boldsymbol{F}_d) - \ddot{\boldsymbol{y}}_d$$
$$= \boldsymbol{F} + \boldsymbol{G}\boldsymbol{u} - \ddot{\boldsymbol{y}}_d + \boldsymbol{G}[(\boldsymbol{F}_g - \boldsymbol{E}_2)\boldsymbol{u} + \boldsymbol{F}_d] \tag{4-19}$$

其中，各变量定义与式（4－6）中相同。

临近空间高速飞行器在受执行机构故障影响时的集总扰动定义如下：

$$\boldsymbol{D}_f = [D_{f1} \quad D_{f2}]^{\mathrm{T}} = \boldsymbol{G}[(\boldsymbol{F}_g - \boldsymbol{E}_2)\boldsymbol{u} + \boldsymbol{F}_d] \tag{4-20}$$

为了有效处理气动参数摄动问题引发的非匹配不确定性，跟踪误差向量 $\boldsymbol{e}$ 的导数信息应用精确鲁棒微分器（式（4－14））实时估计。

本章的控制目的是设计容错非线性控制器，使得临近空间高速飞行器的输出向量 $\boldsymbol{y}$ 在执行机构故障影响下能够固定时间收敛至期望值 $\boldsymbol{y}_d$。同时，状态量和控制输入始终处于表 3－3 给定的允许范围内。

4.3　鲁棒固定时间滑模控制器设计

本节针对受到执行机构故障影响的临近空间高速飞行器设计鲁棒固定时间滑模控制器，其由三部分组成：快速固定时间积分滑模面、连续固定时间类超螺旋趋近律和一致收敛观测器。在三部分组成中，快速固定时间积分滑模面基于本书提出的新型快速固定时间高阶调节器设计。鲁棒固定时间滑模控制器结构如图 4－2 所示。

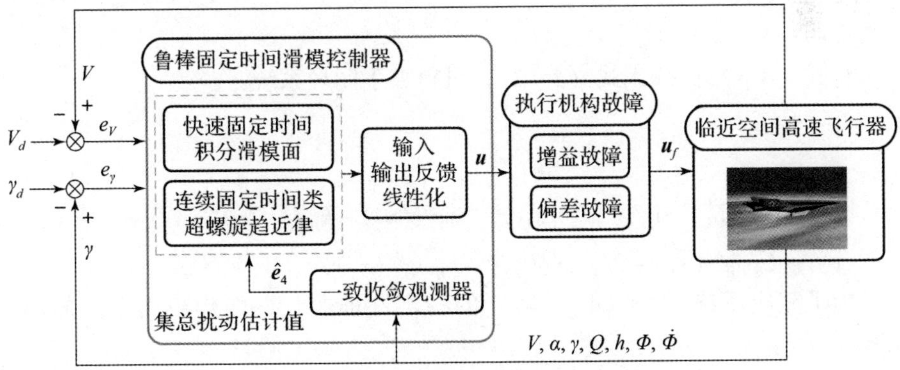

图 4－2　鲁棒固定时间滑模控制器结构

4.3.1　新型快速固定时间积分滑模面设计

为了实现跟踪误差向量 $\boldsymbol{e}$ 的无奇异收敛，本节基于快速固定时间高阶调节器设计快速固定时间积分滑模面。快速固定时间高阶调节器能够通过简化调节两个控制增益的数值改变系统的收敛速度，避免复杂的系数选择过程。

定理 4.1：对于如下 3 阶连续链式系统

$$\begin{cases}\dot{x}_1 = x_2 \\ \dot{x}_2 = x_3 \\ \dot{x}_3 = u\end{cases} \tag{4-21}$$

快速固定时间高阶调节器如下：

$$\begin{aligned}\boldsymbol{u} = & -k_{L1}L_L^{1-\alpha_1}\operatorname{sig}^{\alpha_1}(x_1) - k_{L2}L_L^{1-\alpha_2}\operatorname{sig}^{\alpha_2}(x_2) - k_{L3}L_L^{1-\alpha_3}\operatorname{sig}^{\alpha_3}(x_3) - \\ & L_H\operatorname{sig}^{\beta_1}(x_1) - 2L_H\operatorname{sig}^{\beta_2}(x_2) - L_H\operatorname{sig}^{\beta_3}(x_3)\end{aligned} \tag{4-22}$$

式中：$L_L \geqslant 1$；$L_H \geqslant 1$；多项式 $s^3 + k_{L3}s^2 + k_{L2}s + k_{L1}$ 满足赫尔维茨条件；α_i 与 β_i 满足如下条件：

$$\begin{cases}\alpha_{i-1} = \dfrac{\alpha_i\alpha_{i+1}}{2\alpha_{i+1} - \alpha_i} \\ \beta_{i-1} = \dfrac{\beta_i\beta_{i+1}}{2\beta_{i+1} - \beta_i}\end{cases}$$

$$i = 2,3 \tag{4-23}$$

其中，$\alpha_4 = \beta_4 = 1, \alpha_3 = \alpha_\varepsilon \in (1-\varepsilon, 1), \beta_3 = \beta_\varepsilon \in (1, 1+\varepsilon_1)$，$\varepsilon$ 与 ε_1 为充分小正常数。

应用此快速固定时间高阶调节器（式（4-22））可以保证系统（式（4-21））的状态量在固定时间内收敛至原点，且收敛时间的上界随着增益 L_L 与 L_H 的增大而减小。

证明：

将式（4-22）代入式（4-21）可得如下闭环系统：

$$\begin{cases}\dot{x}_1 = x_2 \\ \dot{x}_2 = x_3 \\ \dot{x}_3 = -k_{L1}L_L^{1-\alpha_1}\operatorname{sig}^{\alpha_1}(x_1) - k_{L2}L_L^{1-\alpha_2}\operatorname{sig}^{\alpha_2}(x_2) - k_{L3}L_L^{1-\alpha_3}\operatorname{sig}^{\alpha_3}(x_3) - \\ \qquad L_H\operatorname{sig}^{\beta_1}(x_1) - 2L_H\operatorname{sig}^{\beta_2}(x_2) - L_H\operatorname{sig}^{\beta_3}(x_3)\end{cases} \tag{4-24}$$

为了完成系统（式（4-24））的稳定性证明，下面构建两个新的附加系统[132,155]：

$$\begin{cases}\dot{x}_1 = x_2 \\ \dot{x}_2 = x_3 \\ \dot{x}_3 = -k_{L1}L_L^{1-\alpha_1}\operatorname{sig}^{\alpha_1}(x_1) - k_{L2}L_L^{1-\alpha_2}\operatorname{sig}^{\alpha_2}(x_2) - k_{L3}L_L^{1-\alpha_3}\operatorname{sig}^{\alpha_3}(x_3)\end{cases} \tag{4-25}$$

$$\begin{cases}\dot{x}_1 = x_2 \\ \dot{x}_2 = x_3 \\ \dot{x}_3 = -L_H\operatorname{sig}^{\beta_1}(x_1) - 2L_H\operatorname{sig}^{\beta_2}(x_2) - L_H\operatorname{sig}^{\beta_3}(x_3)\end{cases} \tag{4-26}$$

步骤 1：

定义矩阵 $\boldsymbol{A}_L$[156]：

$$\boldsymbol{A}_L=\begin{bmatrix}0 & 1 & 0\\ 0 & 0 & 1\\ -k_{L1}L_L^{1-\alpha_1} & -k_{L2}L_L^{1-\alpha_2} & -k_{L3}L_L^{1-\alpha_3}\end{bmatrix} \tag{4-27}$$

矩阵 $\boldsymbol{A}_L$ 的特征多项式为 $s^3+k_{L3}L_L^{1-\alpha_3}s^2+k_{L2}L_L^{1-\alpha_2}s+k_{L1}L_L^{1-\alpha_1}$。根据劳斯稳定判据，如果满足下述条件，则 $\boldsymbol{A}_L$ 为赫尔维茨矩阵：

$$\begin{cases}k_{L3}L_L^{1-\alpha_3}>0\\ k_{L2}L_L^{1-\alpha_2}>0\\ k_{L1}L_L^{1-\alpha_1}>0\\ \dfrac{k_{L3}L_L^{1-\alpha_3}\cdot k_{L2}L_L^{1-\alpha_2}-k_{L1}L_L^{1-\alpha_1}}{k_{L3}L_L^{1-\alpha_3}}>0\end{cases} \tag{4-28}$$

其中

$$\frac{k_{L3}L_L^{1-\alpha_3}\cdot k_{L2}L_L^{1-\alpha_2}-k_{L1}L_L^{1-\alpha_1}}{k_{L3}L_L^{1-\alpha_3}}=k_{L2}L_L^{\frac{2(1-\alpha_\varepsilon)}{2-\alpha_\varepsilon}}-\frac{k_{L1}}{k_{L3}}L_L^{\frac{2\alpha_\varepsilon(1-\alpha_\varepsilon)}{3-2\alpha_\varepsilon}} \tag{4-29}$$

当 $\alpha_\varepsilon\in(1-\varepsilon,1)$，变量 $\alpha_3=\alpha_\varepsilon$、$\alpha_2=\alpha_\varepsilon/(2-\alpha_\varepsilon)$ 和 $\alpha_1=\alpha_\varepsilon/(3-2\alpha_\varepsilon)$ 都属于区间 $(0,1)$。因此，下述不等式恒成立：

$$\frac{2(1-\alpha_\varepsilon)}{2-\alpha_\varepsilon}-\frac{2\alpha_\varepsilon(1-\alpha_\varepsilon)}{3-2\alpha_\varepsilon}=(1-\alpha_\varepsilon)\frac{2\alpha_\varepsilon^2-8\alpha_\varepsilon+6}{(2-\alpha_\varepsilon)(3-2\alpha_\varepsilon)}>0 \tag{4-30}$$

由于多项式 $s^3+k_{L3}s^2+k_{L2}s+k_{L1}$ 满足赫尔维茨条件，可知 $k_{L2}>k_{L1}/k_{L3}$ 恒成立。因此，当 $L_L\geqslant 1$ 时，式（4-28）所述条件一定满足，即 $\boldsymbol{A}_L$ 为赫尔维茨矩阵。因此，一定存在一个对称正定矩阵 $\boldsymbol{P}_L$ 满足如下等式：

$$\boldsymbol{P}_L\boldsymbol{A}_L+\boldsymbol{A}_L^{\mathrm{T}}\boldsymbol{P}_L=-\boldsymbol{Q}_L \tag{4-31}$$

式中：$\boldsymbol{Q}_L$ 为一个任意的正定对称矩阵。

为系统（式（4-25））选择如下李雅普诺夫函数：

$$V_L(\boldsymbol{\varphi})=\boldsymbol{\varphi}^{\mathrm{T}}(\boldsymbol{\chi})\boldsymbol{P}_L\boldsymbol{\varphi}(\boldsymbol{\chi}) \tag{4-32}$$

式中：$\boldsymbol{\varphi}=[x_1^{1/r_1}\quad x_2^{1/r_2}\quad x_3^{1/r_3}]^{\mathrm{T}}$；$\boldsymbol{\chi}=[x_1\quad x_2\quad x_3]^{\mathrm{T}}$。

幂次权重为 $r_1=3-2\alpha_\varepsilon$、$r_2=2-\alpha_\varepsilon$ 与 $r_3=1$[157]。由于 $\boldsymbol{A}_L$ 为赫尔维茨矩阵，所以系统 $\dot{\boldsymbol{\chi}}=\boldsymbol{A}_L\boldsymbol{\chi}$ 渐近稳定。将 $V_L(\boldsymbol{\chi})=\boldsymbol{\chi}^{\mathrm{T}}\boldsymbol{P}_L\boldsymbol{\chi}$ 选为系统 $\dot{\boldsymbol{\chi}}=\boldsymbol{A}_L\boldsymbol{\chi}$ 的李雅普诺夫函数，则 $V_L(\boldsymbol{\chi})$ 的导数满足：

$$\dot{V}_L(\boldsymbol{\chi})=\dot{\boldsymbol{\chi}}^{\mathrm{T}}\boldsymbol{P}_L\boldsymbol{\chi}+\boldsymbol{\chi}^{\mathrm{T}}\boldsymbol{P}_L\dot{\boldsymbol{\chi}}=\boldsymbol{\chi}^{\mathrm{T}}(\boldsymbol{A}_L^{\mathrm{T}}\boldsymbol{P}_L+\boldsymbol{P}_L\boldsymbol{A}_L)\boldsymbol{\chi}=-\boldsymbol{\chi}^{\mathrm{T}}\boldsymbol{Q}_L\boldsymbol{\chi}<0 \tag{4-33}$$

根据文献［158］中的结论，当 ε 为充分小正常数，且 $\alpha_\varepsilon\in(1-\varepsilon,1)$ 时，$\dot{V}_L(\boldsymbol{\varphi})$ 同样为负定函数。因此，系统（式（4-25））渐近稳定。令 x_1、x_2、x_3

的齐次度分别为 r_1、r_2、r_3，根据齐次向量场定义，系统（式（4－25））相对向量 $\boldsymbol{\chi}$ 的齐次度为 $\alpha_\varepsilon-1$。基于文献［105］中的定理7.1，系统（式（4－25））可在有限时间内收敛至零。

对系统（式（4－25））的状态量采取如下坐标膨胀转化：

$$z_1=x_1/L_L,\ z_2=x_2/L_L,\ z_3=x_3/L_L \tag{4-34}$$

则新坐标系下的系统（式（4－25））表示如下：

$$\begin{cases}\dot{z}_1=z_2\\ \dot{z}_2=z_3\\ \dot{z}_3=-k_{L1}\operatorname{sig}^{\alpha_1}(z_1)-k_{L2}\operatorname{sig}^{\alpha_2}(z_2)-k_{L3}\operatorname{sig}^{\alpha_3}(z_3)\end{cases} \tag{4-35}$$

式（4－25）与式（4－35）具有相同的收敛时间。由于多项式 $s^3+k_{L3}s^2+k_{L2}s+k_{L1}$ 满足赫尔维茨条件，则一定存在一个对称正定矩阵 $\boldsymbol{P}_{L1}$ 满足如下李雅普诺夫方程：

$$\boldsymbol{P}_{L1}\boldsymbol{A}_{L1}+\boldsymbol{A}_{L1}^{\mathrm{T}}\boldsymbol{P}_{L1}=-\boldsymbol{Q}_{L1} \tag{4-36}$$

式中：$\boldsymbol{Q}_{L1}$ 为对称正定矩阵；$\boldsymbol{A}_{L1}$ 的定义为

$$\boldsymbol{A}_{L1}=\begin{bmatrix}0 & 1 & 0\\ 0 & 0 & 1\\ -k_{L1} & -k_{L2} & -k_{L3}\end{bmatrix} \tag{4-37}$$

令李雅普诺夫函数为 $V_{L1}(\boldsymbol{\varphi}_1)=\boldsymbol{\varphi}_1^{\mathrm{T}}(\boldsymbol{\zeta})\boldsymbol{P}_{L1}\boldsymbol{\varphi}_1(\boldsymbol{\zeta})$，其中，$\boldsymbol{\varphi}_1=[z_1^{1/r_1}\ \ z_2^{1/r_2}\ \ z_3^{1/r_3}]^{\mathrm{T}}$，$\boldsymbol{\zeta}=[z_1\ \ z_2\ \ z_3]^{\mathrm{T}}$。系统（式（4－35））的有限时间收敛证明过程与系统（式（4－25））相同。当对状态量 x_i 选取相同的权重 r_i 时，函数 $V_{L1}(\boldsymbol{\varphi}_1)$ 与 $\dot{V}_{L1}(\boldsymbol{\varphi}_1)$ 相对于向量 $\boldsymbol{\zeta}$ 的齐次度分别为 2 和 $1+\alpha_\varepsilon$[159]。因此，下述不等式恒成立[121]：

$$\dot{V}_{L1}(\boldsymbol{\varphi}_1)\leqslant -c_1V_{L1}^{\frac{1+\alpha_\varepsilon}{2}}(\boldsymbol{\varphi}_1) \tag{4-38}$$

式中：c_1 为正常数。由于系统 $\dot{\boldsymbol{\zeta}}=\boldsymbol{A}_{L1}\boldsymbol{\zeta}$ 渐近稳定，根据瑞利不等式可知：$V_{L1}(\boldsymbol{\zeta})\leqslant\lambda_{\max}(\boldsymbol{P}_{L1})\|\boldsymbol{\zeta}\|^2$，$\dot{V}_{L1}(\boldsymbol{\zeta})\leqslant-\lambda_{\min}(\boldsymbol{Q}_{L1})\|\boldsymbol{\zeta}\|^2$，则有

$$\dot{V}_{L1}(\boldsymbol{\zeta})\leqslant-\frac{\lambda_{\min}(\boldsymbol{Q}_{L1})}{\lambda_{\max}(\boldsymbol{P}_{L1})}V_{L1}(\boldsymbol{\zeta})<-\frac{[\lambda_{\min}(\boldsymbol{Q}_{L1})-\delta]}{\lambda_{\max}(\boldsymbol{P}_{L1})}V_{L1}(\boldsymbol{\zeta}) \tag{4-39}$$

其中，δ 是任意小正常数。

由于式（4－35）的右端项相对 α_ε 连续，则下述不等式恒成立[132]：

$$\dot{V}_{L1}(\boldsymbol{\varphi}_1)<-\frac{[\lambda_{\min}(\boldsymbol{Q}_{L1})-\delta]}{\lambda_{\max}(\boldsymbol{P}_{L1})}V_{L1}^{\frac{1+\alpha_\varepsilon}{2}}(\boldsymbol{\varphi}_1) \tag{4-40}$$

又由于 δ 任意小，式（4－40）可写为

$$\dot{V}_{L1}(\boldsymbol{\varphi}_1) \leqslant -\frac{\lambda_{\min}(\boldsymbol{Q}_{L1})}{\lambda_{\max}(\boldsymbol{P}_{L1})} V_{L1}^{\frac{1+\alpha_\varepsilon}{2}}(\boldsymbol{\varphi}_1) \tag{4-41}$$

根据文献［106］中的定理 1，系统（式（4－35））的有限收敛时间满足：

$$\begin{aligned} T_L &\leqslant \frac{\lambda_{\max}(\boldsymbol{P}_{L1})(1-\alpha_\varepsilon)}{2\lambda_{\min}(\boldsymbol{Q}_{L1})} V_{L1}^{\frac{1-\alpha_\varepsilon}{2}}(\boldsymbol{\varphi}_1(t_0)) \\ &\leqslant \frac{\lambda_{\max}(\boldsymbol{P}_{L1})(1-\alpha_\varepsilon)}{2\lambda_{\min}(\boldsymbol{Q}_{L1})} \lambda_{\max}^{\frac{1-\alpha_\varepsilon}{2}}(\boldsymbol{P}_{L1}) \|\boldsymbol{\varphi}_1(t_0)\|^{1-\alpha_\varepsilon} \end{aligned} \tag{4-42}$$

其中，$\boldsymbol{\varphi}_1(t_0)$为系统（式（4－35））的初始条件。由于 $L_L \geqslant 1$，$0<\alpha_\varepsilon<1$，并且 $1=r_3<r_2<r_1$，则式（4－42）满足：

$$\begin{aligned} T_L &\leqslant \frac{(1-\alpha_\varepsilon)}{2\lambda_{\min}(\boldsymbol{Q}_{L1})} \lambda_{\max}^{\frac{3-\alpha_\varepsilon}{2}}(\boldsymbol{P}_{L1}) \left(\frac{\|\boldsymbol{\varphi}(t_0)\|}{L_L^{1/r_1}}\right)^{1-\alpha_\varepsilon} \\ &\leqslant \frac{(1-\alpha_\varepsilon)}{2\lambda_{\min}(\boldsymbol{Q}_{L1})} \lambda_{\max}^{\frac{3-\alpha_\varepsilon}{2}}(\boldsymbol{P}_{L1}) \left(\frac{\|\boldsymbol{\varphi}(t_0)\|}{L_L^{1/(3-2\alpha_\varepsilon)}}\right)^{1-\alpha_\varepsilon} \end{aligned} \tag{4-43}$$

其中，$\boldsymbol{\varphi}(t_0)$为系统（式（4－25））的初始条件。对于任意给定的初值 $\boldsymbol{\varphi}(t_0)$，很显然收敛时间 T_L 随着增益 L_L 的增加而减小。

步骤 2：

定义矩阵 $\boldsymbol{A}_H$ 为

$$\boldsymbol{A}_H = \begin{bmatrix} 0 & 1 & 0 \\ 0 & 0 & 1 \\ -L_H & -2L_H & -L_H \end{bmatrix} \tag{4-44}$$

其特征多项式为 $s^3+L_H s^2+2L_H s+L_H$，根据劳斯稳定判据，当 $L_H \geqslant 1$ 时，$\boldsymbol{A}_H$ 为赫尔维茨矩阵。因此，一定存在对称正定矩阵 $\boldsymbol{P}_H$ 满足：

$$\boldsymbol{P}_H \boldsymbol{A}_H + \boldsymbol{A}_H^{\mathrm{T}} \boldsymbol{P}_H = -\boldsymbol{Q}_H \tag{4-45}$$

式中：$\boldsymbol{Q}_H$ 为任意对称正定矩阵。

为系统（式（4－26））定义如下李雅普诺夫函数：

$$V_H(\boldsymbol{\xi}) = \boldsymbol{\xi}^{\mathrm{T}}(\boldsymbol{\chi}) \boldsymbol{P}_H \boldsymbol{\xi}(\boldsymbol{\chi}) \tag{4-46}$$

其中，$\boldsymbol{\xi}=[x_1^{1/\gamma_1}\quad x_2^{1/\gamma_2}\quad x_3^{1/\gamma_3}]^{\mathrm{T}}$，$\boldsymbol{\chi}=[x_1\quad x_2\quad x_3]^{\mathrm{T}}$。幂次权重为 $\gamma_1=3-2\beta_\varepsilon$、$\gamma_2=2-\beta_\varepsilon$、$\gamma_3=1$。由于 $\boldsymbol{A}_H$ 为赫尔维茨矩阵，因此系统 $\dot{\boldsymbol{\chi}}=\boldsymbol{A}_H\boldsymbol{\chi}$ 渐近稳定。将 $V_H(\boldsymbol{\chi})=\boldsymbol{\chi}^{\mathrm{T}}\boldsymbol{P}_H\boldsymbol{\chi}$ 选为系统 $\dot{\boldsymbol{\chi}}=\boldsymbol{A}_H\boldsymbol{\chi}$ 的李雅普诺夫函数，则 $V_H(\boldsymbol{\chi})$ 的导数满足：

$$\dot{V}_H(\boldsymbol{\chi}) = \dot{\boldsymbol{\chi}}^{\mathrm{T}}\boldsymbol{P}_H\boldsymbol{\chi} + \boldsymbol{\chi}^{\mathrm{T}}\boldsymbol{P}_H\dot{\boldsymbol{\chi}} = \boldsymbol{\chi}^{\mathrm{T}}(\boldsymbol{A}_H^{\mathrm{T}}\boldsymbol{P}_H + \boldsymbol{P}_H\boldsymbol{A}_H)\boldsymbol{\chi} = -\boldsymbol{\chi}^{\mathrm{T}}\boldsymbol{Q}_H\boldsymbol{\chi} < 0 \tag{4-47}$$

由于 $\beta_\varepsilon \in (1, 1+\varepsilon_1)$ 且 ε_1 为充分小正常数，则 $\dot{V}_H(\xi)$ 同样负定[158]。因

此，系统（式（4-26））是渐近稳定的。令 x_1、x_2、x_3 的齐次度分别为 γ_1、γ_2、γ_3，则 $V_H(\boldsymbol{\xi})$ 与 $\dot{V}_H(\boldsymbol{\xi})$ 相对于向量 $\boldsymbol{\xi}$ 的齐次度分别为 2 与 $1+\beta_\varepsilon$。下列不等式恒成立：

$$\dot{V}_H(\boldsymbol{\xi}) \leqslant -c_2 V_H^{\frac{1+\beta_\varepsilon}{2}}(\boldsymbol{\xi}) \tag{4-48}$$

其中，c_2 为正常数。

类似于步骤 1 中的分析，可以得到如下不等式：

$$\dot{V}_H(\xi) \leqslant -\frac{\lambda_{\min}(\boldsymbol{Q}_H)}{\lambda_{\max}(\boldsymbol{P}_H)} V_H^{\frac{1+\beta_\varepsilon}{2}}(\boldsymbol{\xi}) \tag{4-49}$$

由于 $\boldsymbol{P}_H$ 矩阵对称正定，其谱半径为 $\lambda_{\max}(\boldsymbol{P}_H)$。根据谱半径特性，式（4-49）满足：

$$\dot{V}_H(\boldsymbol{\xi}) \leqslant -\frac{\lambda_{\min}(\boldsymbol{Q}_H)}{\|\boldsymbol{P}_H\|_\infty} V_H^{\frac{1+\beta_\varepsilon}{2}}(\boldsymbol{\xi}) \tag{4-50}$$

定义 $\dot{V}_H$ 为 $V_H(\boldsymbol{\xi})$ 沿原始系统（式（4-24））的导数，则可得[132]：

$$\begin{aligned} \dot{V}_H &\leqslant \dot{V}_H(\boldsymbol{\xi}) - \frac{\partial V_H(\boldsymbol{\xi})}{\partial x_3}\left[k_{L1}L_L^{1-\alpha_1}\mathrm{sig}^{\alpha_1}x_1 + k_{L2}L_L^{1-\alpha_2}\mathrm{sig}^{\alpha_2}x_2 + k_{L3}L_L^{1-\alpha_3}\mathrm{sig}^{\alpha_3}x_3\right] \\ &\leqslant \dot{V}_H(\boldsymbol{\xi}) \leqslant -\frac{\lambda_{\min}(\boldsymbol{Q}_H)}{\|\boldsymbol{P}_H\|_\infty} V_H^{\frac{1+\beta_\varepsilon}{2}}(\boldsymbol{\xi}) \end{aligned} \tag{4-51}$$

因此，可以推导得出系统（式（4-24））稳定，且 $V_H(\boldsymbol{\xi})$ 是其李雅普诺夫函数。

选择正常数 Ψ 满足如下条件：$\Psi < V_H[\xi(t_0)]$，$\Psi \leqslant \lambda_{\min}(\boldsymbol{P}_H)$，其中 $\boldsymbol{\xi}(t_0)$ 为系统（式（4-24））的初始条件。则 $V_H(\boldsymbol{\xi})$ 将在有限时间内沿（式（4-24））减小直至小于 Ψ，收敛时间 T_H 为

$$T_H = \frac{2\|\boldsymbol{P}_H\|_\infty}{(\beta_\varepsilon - 1)\lambda_{\min}(\boldsymbol{Q}_H)} \Psi^{\frac{1-\beta_\varepsilon}{2}} \tag{4-52}$$

不失一般性，令 $\boldsymbol{Q}_H$ 等于单位矩阵 $\boldsymbol{E}_3$，则根据式（4-45）可以求解 $\boldsymbol{P}_H$：

$$\boldsymbol{P}_H = \frac{1}{L_H(4L_H-2)}\begin{bmatrix} 7L_H^2 - 2L_H & 4L_H^2 + L_H & 2L_H - 1 \\ 4L_H^2 + L_H & 7L_H^2 + 2L_H + 1 & 3L_H \\ 2L_H - 1 & 3L_H & 2L_H + 2 \end{bmatrix} \tag{4-53}$$

因此 $\|\boldsymbol{P}_H\|_\infty$ 满足：

$$\|\boldsymbol{P}_H\|_\infty = \frac{\max\{11L_H^2 + L_H - 1,\ 11L_H^2 + 6L_H + 1,\ 7L_H + 1\}}{L_H(4L_H - 2)} \tag{4-54}$$

当 $L_H > -2/5$ 时，可得 $11L_H^2 + 6L_H + 1 > 11L_H^2 + L_H - 1$；当 $L_H > 1/11$ 时，可得 $11L_H^2 + 6L_H + 1 > 7L_H + 1$。由于实际中 $L_H \geqslant 1$，故可得

$$\|\boldsymbol{P}_H\|_\infty=\frac{11L_H^2+6L_H+1}{L_H(4L_H-2)}=\frac{11}{4}+\frac{23}{8L_H}+\frac{27}{8L_H(2L_H-1)}\tag{4-55}$$

由式（4-55）可知，$\|\boldsymbol{P}_H\|_\infty$随增益 L_H 的增大而减小。因此，由式（4-52）可知收敛时间 T_H 同样随着 L_H 的增大而减小。

定义 $\dot{V}_L$ 为 $V_L(\boldsymbol{\varphi})$ 沿原始系统（式（4-24））的导数，则类似式（4-51）可以得到以下关于 $\dot{V}_L$ 的不等式：

$$\begin{aligned}\dot{V}_L&\leqslant\dot{V}_L(\boldsymbol{\varphi})+\frac{\partial V_L(\boldsymbol{\varphi})}{\partial x_3}[-L_H\mathrm{sig}^{\beta_1}(x_1)-2L_H\mathrm{sig}^{\beta_2}(x_2)-L_H\mathrm{sig}^{\beta_3}(x_3)]\\&\leqslant\dot{V}_L(\boldsymbol{\varphi})\leqslant-\frac{\lambda_{\min}(\boldsymbol{Q}_L)}{\lambda_{\max}(\boldsymbol{P}_L)}V_L^{\frac{1+\alpha_\varepsilon}{2}}(\boldsymbol{\varphi})\end{aligned}\tag{4-56}$$

式（4-56）表明系统（式（4-24））可在有限时间内收敛至原点，并且收敛时间不超过系统（式（4-25））的收敛时间 T_L。

当 $V_H(\boldsymbol{\xi})$ 收敛小于 $\boldsymbol{\Psi}$ 时，根据瑞利不等式，可得

$$\|\boldsymbol{\xi}\|^2\leqslant\frac{V_H(\boldsymbol{\xi})}{\lambda_{\min}(\boldsymbol{P}_H)}\leqslant\frac{\boldsymbol{\Psi}}{\lambda_{\min}(\boldsymbol{P}_H)}\leqslant 1\tag{4-57}$$

由于 $1/\gamma_i<1/r_i$，可以得到 $\|\boldsymbol{\varphi}\|\leqslant\|\boldsymbol{\xi}\|\leqslant 1$。依据式（4-42）和式（4-43），原始系统（式（4-24））的收敛时间 T_c 满足：

$$T_c\leqslant\frac{2\|\boldsymbol{P}_H\|_\infty}{(\beta_\varepsilon-1)\lambda_{\min}(\boldsymbol{Q}_H)}\boldsymbol{\Psi}^{\frac{1-\beta_\varepsilon}{2}}+\frac{\lambda_{\max}^{\frac{3-\alpha_\varepsilon}{2}}(\boldsymbol{P}_{L1})(1-\alpha_\varepsilon)}{2\lambda_{\min}(\boldsymbol{Q}_{L1})L_L^{(1-\alpha_\varepsilon)/(3-2\alpha_\varepsilon)}}\tag{4-58}$$

式（4-58）表明，系统（式（4-24））的状态变量可以在固定时间内收敛至原点，收敛时间与初始条件无关。另外，收敛时间的上界随着增益 L_L 与 L_H 的增大而减小，即系统可通过增大 L_L 与 L_H 的增益数值提升响应速度。

注释 4.2： Bhat 在文献［105］中提出的调节器仅能保证系统状态变量实现有限时间收敛。相比之下，本章提出的快速固定时间高阶调节器能够保证系统（式（4-24））中的状态量在固定时间内收敛，收敛时间与初始条件无关。

注释 4.3： 文献［155］设计的调节器在调节系统响应速度时需要重新计算系数 k_{Li} 与 k_{Hi}，使多项式满足赫尔维茨条件，这无疑将使系数调节过程复杂化。相比之下，对于任意一组满足赫尔维茨条件的参数 k_{Li}，本章调节器可通过直接改变增益 L_L 与 L_H 的数值实现对系统收敛时间的调节，避免了复杂的参数重计算。

为误差系统（式（4-19））设计如下新型快速固定时间积分滑模面：

$$\boldsymbol{S}=\ddot{\boldsymbol{e}}+\int_0^t(\boldsymbol{v}_{\mathrm{FT}}+\boldsymbol{w}_{\mathrm{FT}})\mathrm{d}\tau\tag{4-59}$$

其中，$\boldsymbol{v}_{\mathrm{FT}}=[v_{\mathrm{FT}V}\quad v_{\mathrm{FT}\gamma}]^{\mathrm{T}},\boldsymbol{w}_{\mathrm{FT}}=[w_{\mathrm{FT}V}\quad w_{\mathrm{FT}\gamma}]^{\mathrm{T}}$ 具体表示如下：

$$\begin{cases} v_{\mathrm{FT}i} = k_{L1i}L_{Li}^{1-\alpha_{1i}}\mathrm{sig}^{\alpha_{1i}}(e_i) + k_{L2i}L_{Li}^{1-\alpha_{2i}}\mathrm{sig}^{\alpha_{2i}}(\dot{e}_i) + k_{L3i}L_{Li}^{1-\alpha_{3i}}\mathrm{sig}^{\alpha_{3i}}(\ddot{e}_i) \\ w_{\mathrm{FT}i} = L_{Hi}\mathrm{sig}^{\beta_{1i}}(e_i) + 2L_{Hi}\mathrm{sig}^{\beta_{2i}}(\dot{e}_i) + L_{Hi}\mathrm{sig}^{\beta_{3i}}(\ddot{e}_i) \end{cases} \tag{4-60}$$

多项式 $s^3 + k_{L3i}s^2 + k_{L2i}s + k_{L1i}$ 满足赫尔维茨条件($i = V,\gamma$)，增益 L_{Hi} 与 L_{Li} 属于区间$[1,\infty)$。参数 α_{1i}、α_{2i}、α_{3i}、β_{1i}、β_{2i}、β_{3i}($i=1,2$)定义为

$$\begin{cases} \alpha_{3i} = \alpha_{\varepsilon i}, \quad \alpha_{2i} = \alpha_{\varepsilon i}/(2-\alpha_{\varepsilon i}), \quad \alpha_{1i} = \alpha_{\varepsilon i}/(3-2\alpha_{\varepsilon i}) \\ \beta_{3i} = \beta_{\varepsilon i}, \quad \beta_{2i} = \beta_{\varepsilon i}/(2-\beta_{\varepsilon i}), \quad \beta_{1i} = \beta_{\varepsilon i}/(3-2\beta_{\varepsilon i}) \end{cases} \tag{4-61}$$

其中，$\alpha_{\varepsilon i} \in (1-\varepsilon_i, 1), \beta_{\varepsilon i} \in (1, 1+\varepsilon_{1i}), \varepsilon_i$ 与 ε_{1i}是充分小正常数。

当滑模向量 $\boldsymbol{S}$ 的导数等于零时，满足：

$$\ddot{\boldsymbol{e}} = -\boldsymbol{v}_{\mathrm{FT}} - \boldsymbol{w}_{\mathrm{FT}} \tag{4-62}$$

根据定理4.1，误差向量 $\boldsymbol{e}$ 可以在固定时间内收敛至原点，且收敛时间与初始条件无关。

4.3.2 连续固定时间类超螺旋趋近律设计

为了实现滑模向量及其导数的高精度固定时间收敛，本节将连续固定时间类超螺旋控制算法应用为趋近律[160]。通过结合式（4-59）中的滑模面和连续固定时间类超螺旋趋近律，临近空间高速飞行器的固定时间控制器设计如下：

$$\boldsymbol{u} = \boldsymbol{G}^{-1}\left[\ddot{\boldsymbol{y}}_d - \boldsymbol{F} - \boldsymbol{v}_{\mathrm{FT}} - \boldsymbol{w}_{\mathrm{FT}} - \boldsymbol{\lambda}_1\mathrm{sig}^{1/2}(\boldsymbol{S}) - \boldsymbol{\lambda}_2\mathrm{sig}^{p}(\boldsymbol{S}) - \boldsymbol{\lambda}_3\int_0^t \mathrm{sgn}(\boldsymbol{S})\mathrm{d}\tau\right] \tag{4-63}$$

其中，$\boldsymbol{\lambda}_1$、$\boldsymbol{\lambda}_2$、$\boldsymbol{\lambda}_3 \in \mathbb{R}^{2\times 2}$为对角正定矩阵，$p>1$。

结合式（4-19）、式（4-59）与式（4-63），可得

$$\begin{aligned} \dot{\boldsymbol{S}} &= \ddot{\boldsymbol{e}} + \boldsymbol{v}_{\mathrm{FT}} + \boldsymbol{w}_{\mathrm{FT}} = \boldsymbol{F} + \boldsymbol{G}\boldsymbol{u} + \boldsymbol{D}_f - \ddot{\boldsymbol{y}}_d + \boldsymbol{v}_{\mathrm{FT}} + \boldsymbol{w}_{\mathrm{FT}} \\ &= -\boldsymbol{\lambda}_1\mathrm{sig}^{1/2}(\boldsymbol{S}) - \boldsymbol{\lambda}_2\mathrm{sig}^{p}(\boldsymbol{S}) - \boldsymbol{\lambda}_3\int_{t_0}^t \mathrm{sgn}(\boldsymbol{S})\mathrm{d}\tau + \boldsymbol{D}_f \end{aligned} \tag{4-64}$$

集总扰动 D_{f1} 和 D_{f2} 的导数在执行机构故障发生前后均是范数有界的。因此，集总扰动利普希茨有界，即满足：$0<|\dot{D}_{f1}|\leqslant L_{d1}, 0<|\dot{D}_{f1}|\leqslant L_{d2}$。根据文献［41］可知，如果参数 $\lambda_3 = \mathrm{diag}(\lambda_{31} \quad \lambda_{32})$ 与 $\lambda_1 = \mathrm{diag}(\lambda_{11} \quad \lambda_{12})$ 满足如下条件：

$$\begin{cases} \lambda_{31} > 4L_{d1}, \ \lambda_{11} > \sqrt{2\lambda_{31}} \\ \lambda_{32} > 4L_{d2}, \ \lambda_{12} > \sqrt{2\lambda_{32}} \end{cases} \tag{4-65}$$

则滑模向量 $\boldsymbol{S}$ 及其导数 $\dot{\boldsymbol{S}}$ 可以在固定时间内收敛等于零。满足式（4-62），

则误差向量 $\boldsymbol{e}$ 可以沿滑模面固定时间收敛至原点。

4.3.3　一致收敛观测器设计

尽管 4.3.2 节设计的固定时间控制器对于匹配扰动具有较强鲁棒性，但是对于利普希茨常数较大的扰动，如执行机构故障，需要采用较大的控制参数 $\boldsymbol{\lambda}_3$、$\boldsymbol{\lambda}_1$，这无疑会加剧抖振问题的影响。因此，为了提升系统容错性能同时抑制抖振，本子节引入 2.13 节一致收敛观测器（式（2-172）），用于在固定时间内实现对集总扰动 $\boldsymbol{D}_f$ 的精确估计，并在控制器中做前馈补偿[161]。一致收敛观测器如下：

$$\begin{cases}\dot{\hat{\boldsymbol{e}}}_1=-\boldsymbol{\kappa}_{A1}\boldsymbol{L}_A^{1/5}\boldsymbol{\theta}\mathrm{sig}^{4/5}(\hat{\boldsymbol{e}}_1-\boldsymbol{e})-\boldsymbol{k}_{A1}(\boldsymbol{E}_2-\boldsymbol{\theta})\mathrm{sig}^{(5+\alpha_A)/5}(\hat{\boldsymbol{e}}_1-\boldsymbol{e})+\hat{\boldsymbol{e}}_2\\ \dot{\hat{\boldsymbol{e}}}_2=-\boldsymbol{\kappa}_{A2}\boldsymbol{L}_A^{2/5}\boldsymbol{\theta}\mathrm{sig}^{3/5}(\hat{\boldsymbol{e}}_1-\boldsymbol{e})-\boldsymbol{k}_{A2}(\boldsymbol{E}_2-\boldsymbol{\theta})\mathrm{sig}^{(5+2\alpha_A)/5}(\hat{\boldsymbol{e}}_1-\boldsymbol{e})+\hat{\boldsymbol{e}}_3\\ \dot{\hat{\boldsymbol{e}}}_3=-\boldsymbol{\kappa}_{A3}\boldsymbol{L}_A^{3/5}\boldsymbol{\theta}\mathrm{sig}^{2/5}(\hat{\boldsymbol{e}}_1-\boldsymbol{e})-\boldsymbol{k}_{A3}(\boldsymbol{E}_2-\boldsymbol{\theta})\mathrm{sig}^{(5+3\alpha_A)/5}(\hat{\boldsymbol{e}}_1-\boldsymbol{e})+\hat{\boldsymbol{e}}_4+(\boldsymbol{F}+\boldsymbol{G}\boldsymbol{u}-\ddot{\boldsymbol{y}}_d)\\ \dot{\hat{\boldsymbol{e}}}_4=-\boldsymbol{\kappa}_{A4}\boldsymbol{L}_A^{4/5}\boldsymbol{\theta}\mathrm{sig}^{1/5}(\hat{\boldsymbol{e}}_1-\boldsymbol{e})-\boldsymbol{k}_{A4}(\boldsymbol{E}_2-\boldsymbol{\theta})\mathrm{sig}^{(5+4\alpha_A)/5}(\hat{\boldsymbol{e}}_1-\boldsymbol{e})+\hat{\boldsymbol{e}}_5\\ \dot{\hat{\boldsymbol{e}}}_5=-\boldsymbol{\kappa}_{A5}\boldsymbol{L}_A\boldsymbol{\theta}\mathrm{sgn}(\hat{\boldsymbol{e}}_1-\boldsymbol{e})-\boldsymbol{k}_{A5}(\boldsymbol{E}_2-\boldsymbol{\theta})\mathrm{sig}^{1+\alpha_A}(\hat{\boldsymbol{e}}_1-\boldsymbol{e})\end{cases}\tag{4-66}$$

其中，$\boldsymbol{L}_A=\mathrm{diag}(L_{A1}\quad L_{A2})>0,\boldsymbol{k}_{Ai}=\mathrm{diag}(k_{Ai1}\quad k_{Ai2}),i=1,2,\cdots,5$。

根据文献［152］中的结论，参数 $\boldsymbol{\kappa}_{Ai}$ 选择为

$$\boldsymbol{\kappa}_{A1}=5\boldsymbol{E}_2,\ \boldsymbol{\kappa}_{A2}=10.03\boldsymbol{E}_2,\ \boldsymbol{\kappa}_{A3}=9.3\boldsymbol{E}_2,\ \boldsymbol{\kappa}_{A4}=4.57\boldsymbol{E}_2,\ \boldsymbol{\kappa}_{A5}=1.1\boldsymbol{E}_2\tag{4-67}$$

参数 $\boldsymbol{k}_{Ai}$ 需要保证多项式 $s^5+k_{A1j}s^4+k_{A2j}s^3+k_{A3j}s^2+k_{A4j}s+k_{A5j}(j=1,2)$ 满足赫尔维茨条件，系数 α_A 是充分小正常数。$\boldsymbol{\theta}=\mathrm{diag}(\theta_1\quad\theta_2)$ 定义如下：

$$\theta_j=\begin{cases}0, & t\leqslant T_{Aj}\\ 1, & t\geqslant T_{Aj}\end{cases}\quad(j=1,2)\tag{4-68}$$

式中：T_{Aj} 为正切换时间参数。

在完成对集总扰动的精确估计之后，$\hat{\boldsymbol{e}}_4$ 可在固定时间控制器（式（4-63））中进行前馈补偿，完成如下鲁棒固定时间滑模控制器设计：

$$\boldsymbol{u}=\boldsymbol{G}^{-1}\left[\ddot{\boldsymbol{y}}_d-\boldsymbol{F}-\hat{\boldsymbol{e}}_4-\boldsymbol{v}_{FT}-\boldsymbol{w}_{FT}-\boldsymbol{\lambda}_1\mathrm{sig}^{1/2}(\boldsymbol{S})-\boldsymbol{\lambda}_2\mathrm{sig}^{p}(\boldsymbol{S})-\boldsymbol{\lambda}_3\int_0^t\mathrm{sgn}(\boldsymbol{S})\mathrm{d}\tau\right]\tag{4-69}$$

现有临近空间高速飞行器的控制器仅具有部分固定时间收敛特性[41-42]，它们仅能保证滑模变量或者观测误差实现固定时间收敛。相比之下，本章设计的鲁棒固定时间滑模控制器能够保证临近空间高速飞行器的跟踪误差向量

$\boldsymbol{e}$ 实现固定时间收敛，在实现较快响应速度和较高收敛精度的同时避免奇异问题。

注释 4.4：在引入观测器输出值作为控制前馈后，增益 $\boldsymbol{\lambda}_3$ 与 $\boldsymbol{\lambda}_1$ 无须满足式（4-65）的条件来保证趋近律的鲁棒性。显然，观测器输出值的引入可以有效抑制趋近律中的抖振影响。

4.4 仿真分析

本节将快速固定时间高阶调节器应用于一个三阶连续系统中，并验证其优点；以受执行机构故障影响的临近空间高速飞行器作为被控对象，通过鲁棒固定时间滑模控制器验证其快响应速度和高收敛精度，同时，验证了在气动参数摄动影响下所设计鲁棒固定时间滑模控制器的性能。

4.4.1 快速固定时间高阶调节器仿真结果与分析

对于系统（式（4-21））所示的三阶连续系统，快速固定时间高阶调节器（式（4-22））的参数选择如下：$k_{L1}=1.1, k_{L2}=2.12, k_{L3}=2, \alpha_3=0.9, \alpha_2=9/11, \alpha_1=0.75, \beta_3=1.1, \beta_2=11/9, \beta_1=1.375$。

场景 A 初始条件设定为：$x_1(0)=-5, x_2(0)=10, x_3(0)=5$。在不同的增益 L_L 与 L_H 下执行四个子场景仿真。

$$\begin{cases}\text{场景 A.1：} & L_L=1, \quad L_H=1\\ \text{场景 A.2：} & L_L=20, \quad L_H=1\\ \text{场景 A.3：} & L_L=1, \quad L_H=1.5\\ \text{场景 A.4：} & L_L=20, \quad L_H=1.5\end{cases} \tag{4-70}$$

场景 B 给定固定增益 $L_L=20$ 与 $L_H=2$，在不同初值条件下执行两组仿真：

$$\begin{cases}\text{场景 B.1：} x_1(0)=-5, \quad x_2(0)=10, \quad x_3(0)=5\\ \text{场景 B.2：} x_1(0)=-50, \quad x_2(0)=100, \quad x_3(0)=50\end{cases} \tag{4-71}$$

在场景 A 中，场景 A.2 相比场景 A.1 增大了 L_L 的数值，场景 A.3 相比场景 A.2 增大了 L_H 的数值，场景 A.4 则同步增大了 L_L 与 L_H。从图 4-3 可见，场景 A.2 与场景 A.3 的收敛速度均快于场景 A.1 的收敛速率，场景 A.4 则实现了四个子场景中最快的响应速度。由此可见，状态量 x_1 的收敛速度随着控制增益 L_L 与 L_H 的增长而提升，因此可以有效避免传统高阶调节器的复杂参数调节过程。

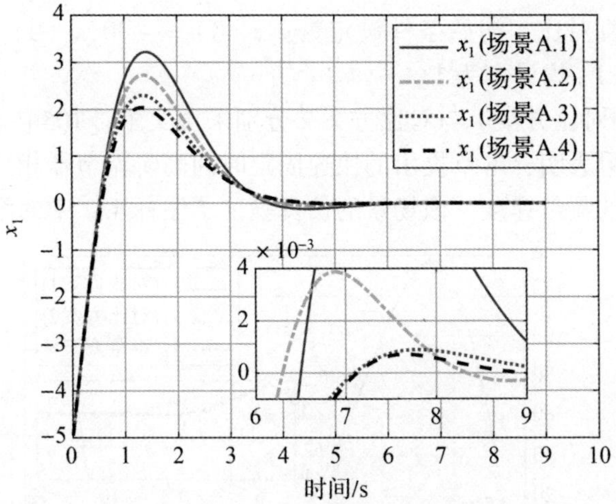

图 4-3　场景 A 中不同增益下的系统响应

在场景 B 中，场景 B. 2 采用了比场景 B. 1 更大的初始条件，但是图 4-4 表明系统（式（4-21））的收敛时间不会随着初始条件的增大而增长。仿真表明，系统具有固定时间收敛特性。

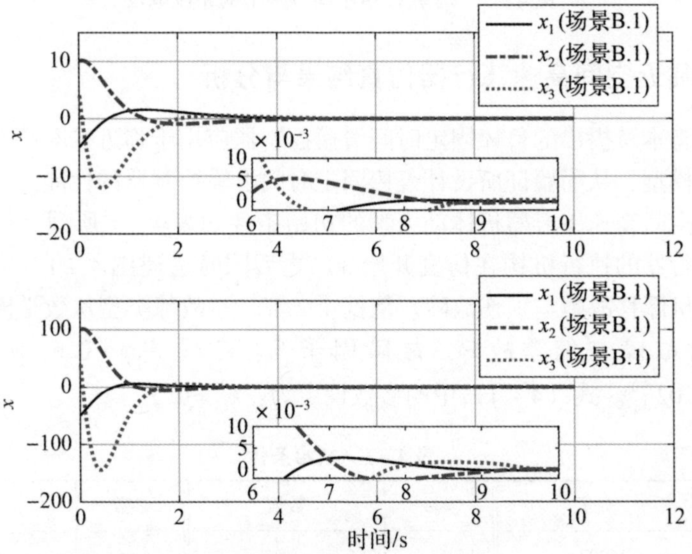

图 4-4　场景 B 中不同初值下的系统响应

场景 C 本章设计的快速固定时间高阶调节器与文献［105，162］提出的方法进行仿真对比。初始条件设定为：$x_1(0)=-50, x_2(0)=100, x_3(0)=50$。增益 L_L 与 L_H 均设定为 1。

图 4－5 中对比方案 1 与对比方案 2 分别采用文献［105］与［162］中的方法，仿真结果表明，本章提出的快速固定时间高阶调节器相比两个对比方案能够实现更快的收敛速度。该场景的仿真验证了注释 4.2 中的阐述。

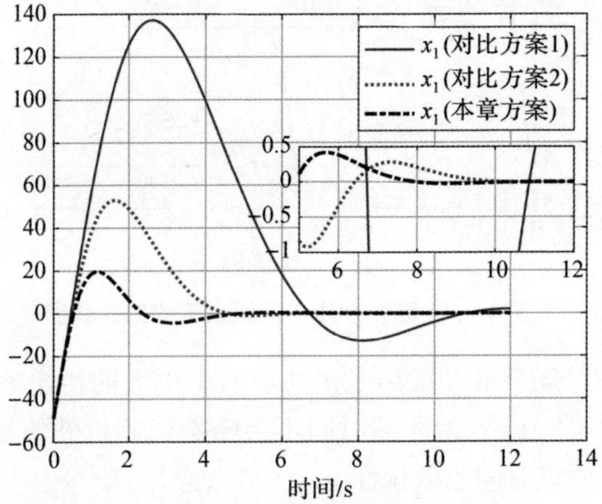

图 4－5 场景 C 中不同方法下的系统响应

4.4.2 临近空间高速飞行器仿真结果与分析

本节将本章提出的鲁棒固定时间滑模控制器应用于临近空间高速飞行器的曲线拟合模型，从而验证所设计鲁棒固定时间滑模控制器的性能。

临近空间高速飞行器机体动力学的初始条件如表 4－1 所列。假定临近空间高速飞行器的执行机构在仿真开始 30s 之后同时遭遇图 4－1（c）和（d）所示的随机漂移故障与损伤故障。依据 4.2 节，将故障类型从数学模型角度归纳为增益故障与偏差故障。故障因子为：$\boldsymbol{F}_g=\mathrm{diag}(0.6\quad 0.8)$，$\boldsymbol{F}_d=[0.15\quad 0.02]^{\mathrm{T}}$。式（4－4）中的参数设定为：$k_P=0.3$。

表 4－1 初始条件

参数	数值	参数	数值	参数	数值
h	25908m	γ	0°	$\dot{\Phi}$	0
V	2347.60m/s	Q	0(°)/s	δ_e	11.4635°
α	1.5153°	Φ	0.2514		

场景 D 本场景应用鲁棒固定时间滑模控制器。新型快速固定时间积分滑模面参数为：$k_{L1V}=k_{L1\gamma}=1.1$，$k_{L2V}=k_{L2\gamma}=2.12$，$k_{L3V}=k_{L3\gamma}=2$，$\alpha_{3V}=\alpha_{3\gamma}=0.9$，$\alpha_{2V}=\alpha_{2\gamma}=9/11$，$\alpha_{1V}=\alpha_{1\gamma}=0.75$，$\beta_{3V}=\beta_{3\gamma}=1.1$，$\beta_{2V}=\beta_{2\gamma}=11/9$，$\beta_{1V}=\beta_{1\gamma}=1.375$，$L_{LV}=10000$，$L_{L\gamma}=10$，$L_{HV}=2$，$L_{H\gamma}=1$。

连续固定时间类超螺旋趋近律参数为：$p=3/2$，$\lambda_1=\lambda_2=\mathrm{diag}(1.5\times10^{-2}\quad 0.15\times10^{-2})$，$\lambda_3=\mathrm{diag}(1.1\times10^{-4}\quad 0.011\times10^{-4})$。

一致收敛观测器参数如下：$\alpha_A=0.06$，$T_{A1}=T_{A2}=1$，$\boldsymbol{L}_A=\mathrm{diag}(60\quad 0.3)$，$\boldsymbol{k}_{A1}=5\boldsymbol{E}_2$，$\boldsymbol{k}_{A2}=10.03\boldsymbol{E}_2$，$\boldsymbol{k}_{A3}=9.3\boldsymbol{E}_2$，$\boldsymbol{k}_{A4}=4.57\boldsymbol{E}_2$，$\boldsymbol{k}_{A5}=1.1\boldsymbol{E}_2$。

图 4-6～图 4-8 表明，使用本章设计的鲁棒固定时间滑模控制器能够实现较好的临近空间高速飞行器跟踪性能。在执行机构故障存在时，速度与飞行路径角都能实现固定时间高精度收敛。攻角与俯仰角速度由图 4-9 中给出。图 4-10 给出的是燃油当量比与升降舵偏转角，曲线显示它们始终处于表 3-3 所列的允许范围内。图 4-11 与图 4-12 所示为一致收敛观测器的估计性能曲线，观测器输出 $\hat{\boldsymbol{e}}_1$ 与 $\hat{\boldsymbol{e}}_4$ 能够在固定时间内实现对 $\boldsymbol{e}$ 与 $\boldsymbol{D}_f$ 的精确跟踪。通过将观测器输出值 $\hat{\boldsymbol{e}}_4$ 在控制器中做前馈补偿，系统处理执行机构故障的鲁棒性得以大幅提升。因此，连续固定时间类超螺旋趋近律的参数可以设置得较小，从而抑制抖振影响。

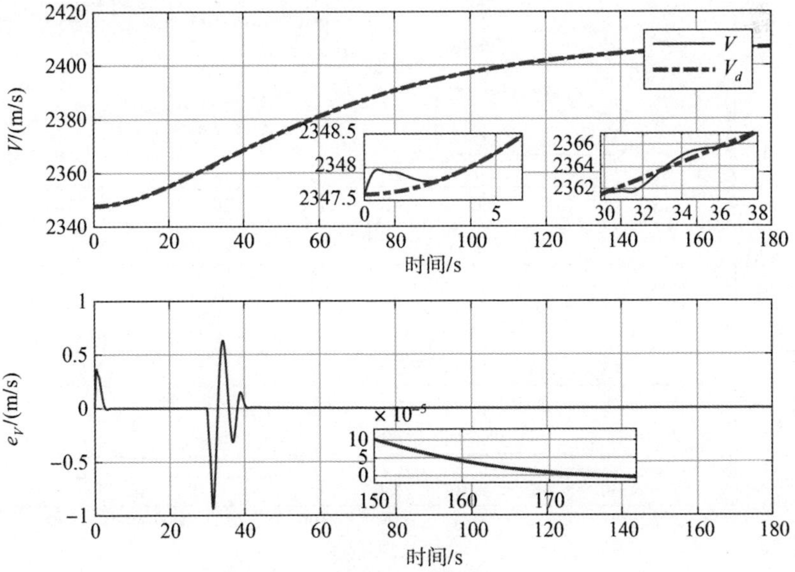

图 4-6 速度跟踪性能曲线（一）

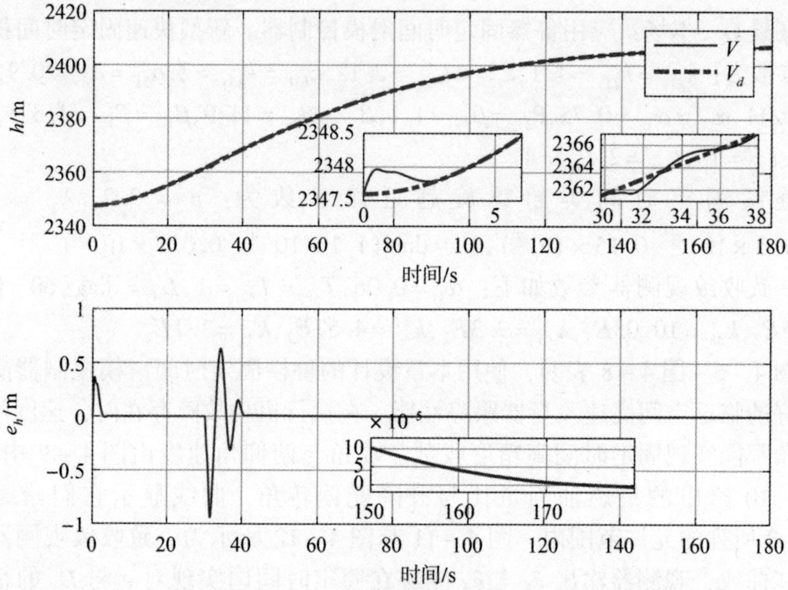

图 4-7 高度跟踪性能曲线（一）

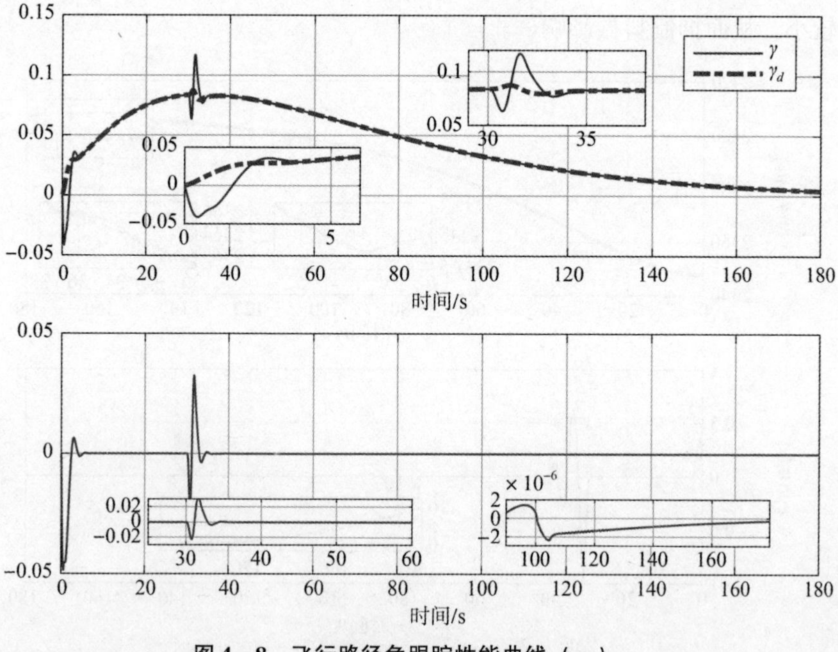

图 4-8 飞行路径角跟踪性能曲线（一）

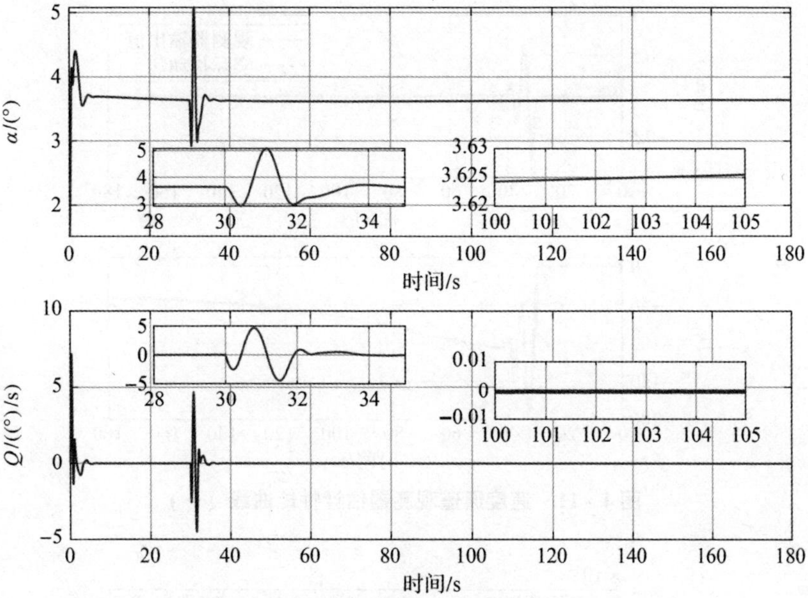

图 4－9　攻角与俯仰角速度变化曲线（一）

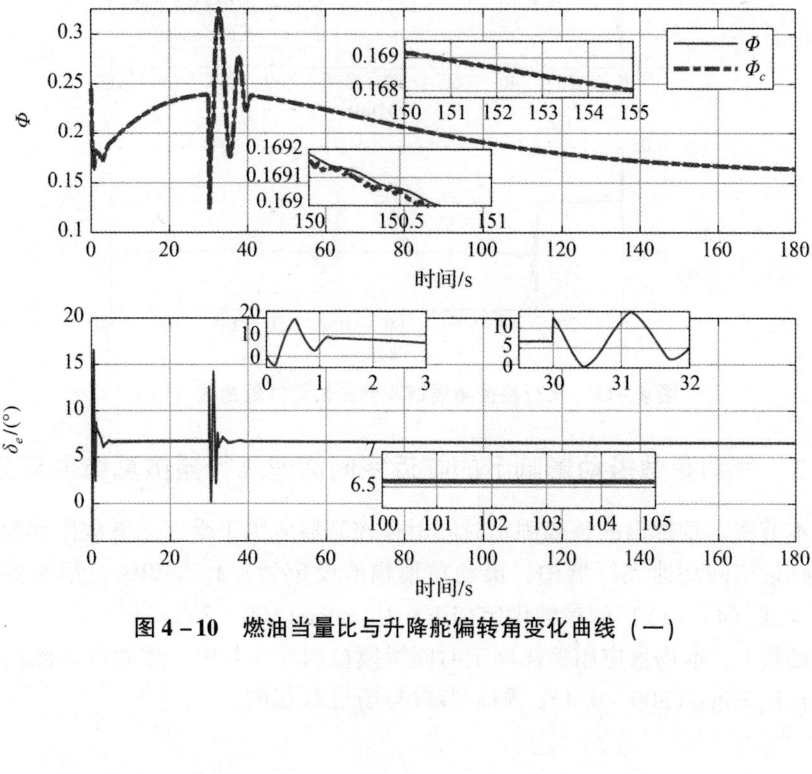

图 4－10　燃油当量比与升降舵偏转角变化曲线（一）

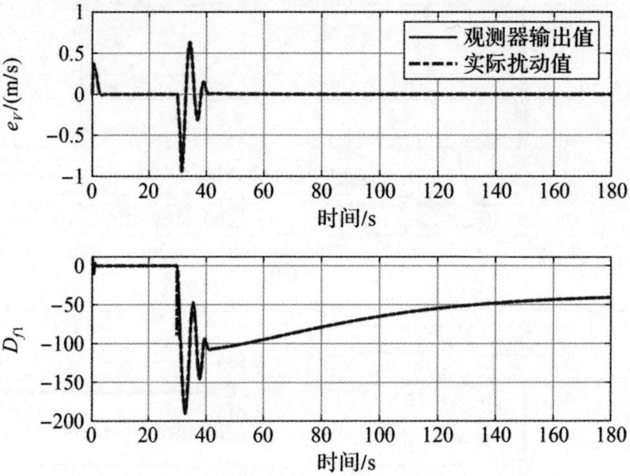

图 4－11　速度通道观测器估计性能曲线（一）

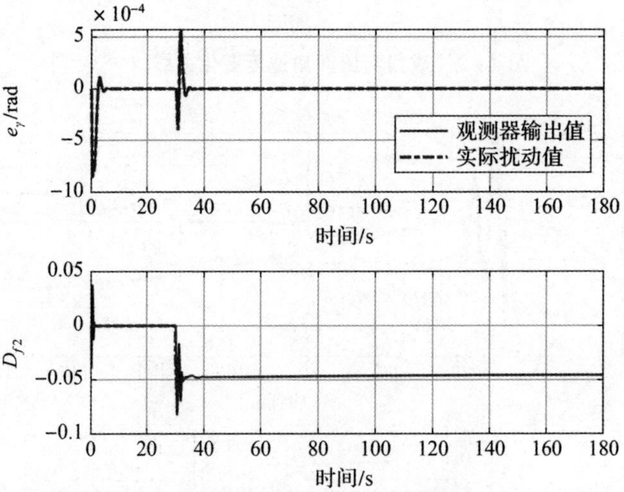

图 4－12　飞行路径角通道观测器估计性能曲线（一）

4.4.3　气动参数摄动影响下的临近空间高速飞行器仿真结果与分析

本节将本章提出的鲁棒固定时间滑模控制器应用于受气动参数摄动影响的故障临近空间高速飞行器中，摄动拉偏幅值设定为：$A_{C_r} = 20\%$。精确鲁棒微分器（式（4－14））的参数设定如下：$\boldsymbol{L}_d = \mathrm{diag}(500 \quad 5)$。

场景 E：本场景应用鲁棒固定时间滑模控制器，其中一致收敛观测器的参数为：$\boldsymbol{L}_A = \mathrm{diag}(200 \quad 0.4)$，剩余参数与场景 D 相同。

图 4-13～图 4-15 中的仿真结果显示了在气动参数摄动与执行机构故障影响下的鲁棒固定时间滑模控制器的控制效果，速度、高度和飞行路径角均能

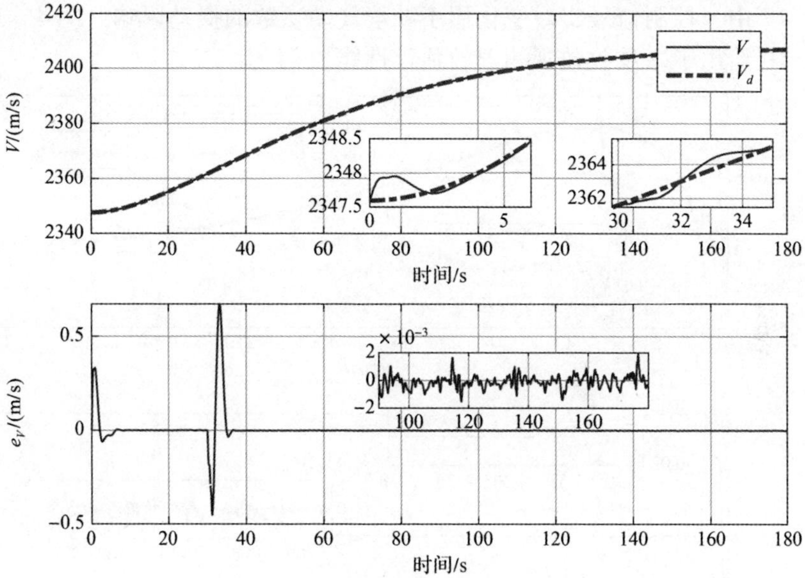

图 4-13　速度跟踪性能曲线（二）

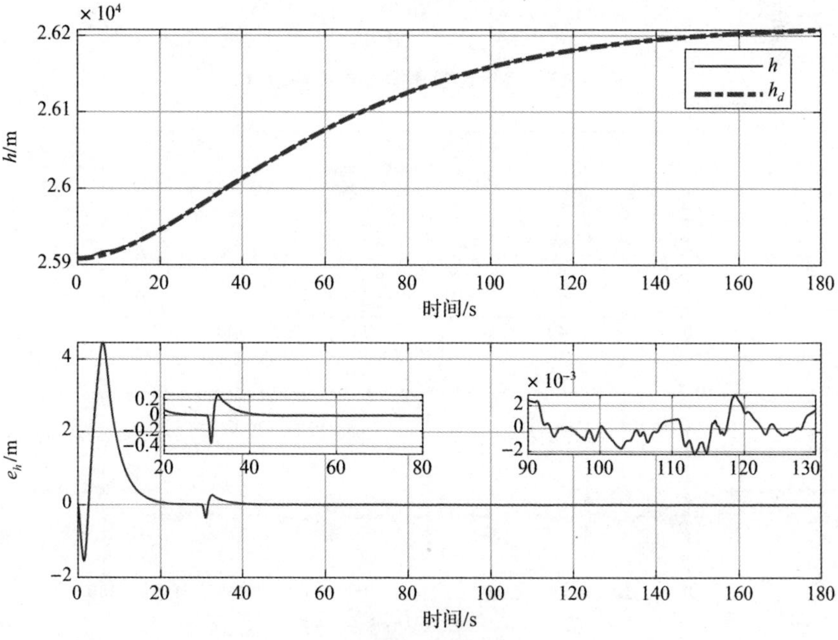

图 4-14　高度跟踪性能曲线（二）

实现较好的跟踪性能。图 4 – 16 所示为攻角与俯仰角速度曲线，仿真结果表明，临近空间高速飞行器的状态量始终处于表 3 – 3 给出的允许范围内。在图 4 – 17 中，控制信号实时变化用于补偿气动参数的摄动影响。图 4 – 18 与图 4 – 19 给出了一致收敛观测器的估计性能。

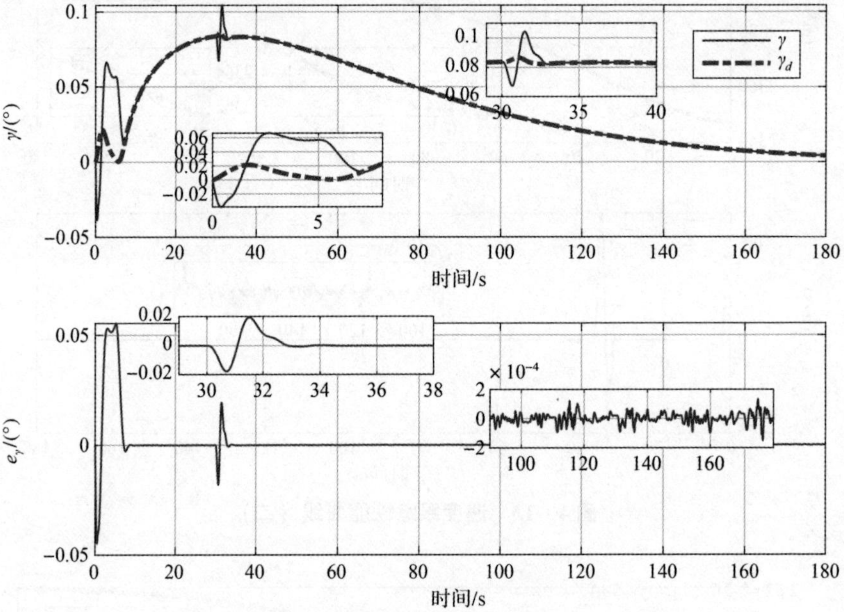

图 4 – 15　飞行路径角跟踪性能曲线（二）

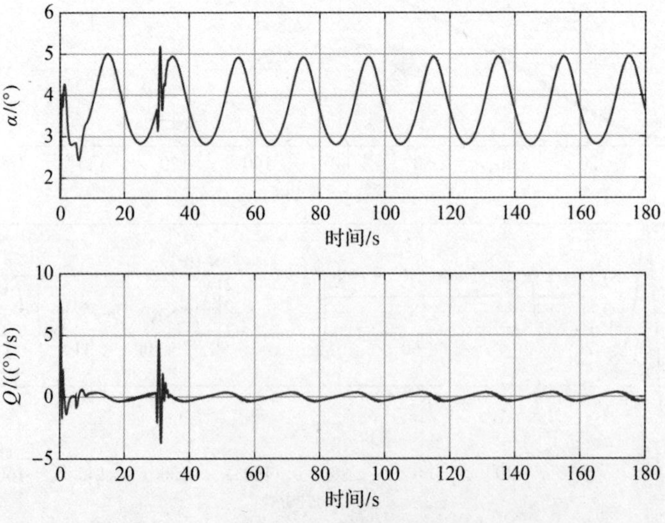

图 4 – 16　攻角与俯仰角速度变化曲线（二）

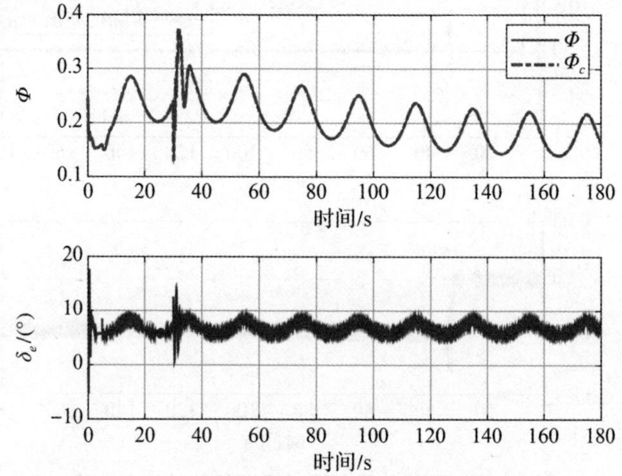

图 4－17　燃油当量比与升降舵偏转角变化曲线（二）

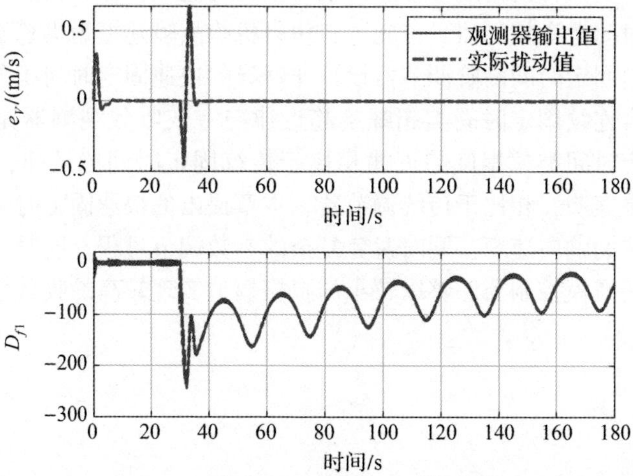

图 4－18　速度通道观测器估计性能曲线（二）

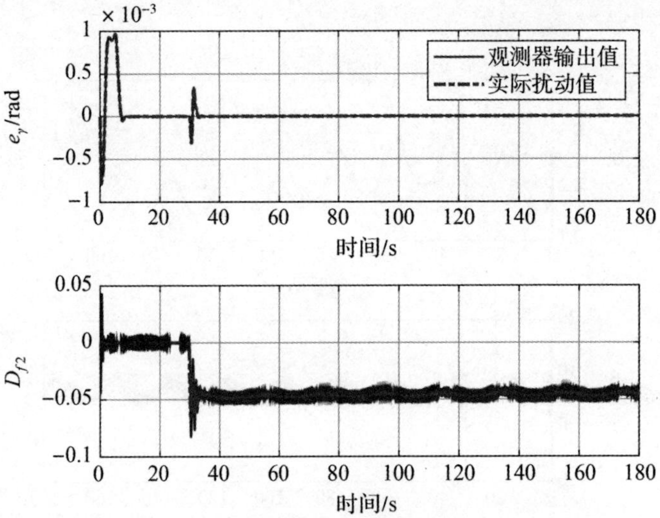

图 4-19　飞行路径角通道观测器估计性能曲线

4.5　本章小结

本章针对受执行机构故障影响的临近空间高速飞行器容错控制需求，设计了鲁棒固定时间滑模控制器。首先，将执行机构故障建模为集总匹配扰动；然后，基于快速固定时间高阶调节器设计非奇异的快速固定时间积分滑模面；最后，通过结合连续固定时间类超螺旋趋近律与一致收敛观测器完成控制器设计。连续固定时间类超螺旋趋近律相比于传统固定时间趋近律，形式更为简洁。仿真结果表明，相比于传统调节器，本章提出的快速固定时间高阶调节器能够实现更快的响应速度，同时避免复杂的参数调节过程。同时，本章设计的鲁棒固定时间滑模控制器能够以较小的抖振幅值实现较高的收敛精度与较快的响应速度。

思考题

1. 临近空间高速飞行器常见的执行机构故障有哪些？
2. 引起损伤故障的原因有哪些？
3. 执行器故障引发的危害有哪些？
4. 画出鲁棒固定时间滑模控制结构图。

5. 鲁棒固定时间滑模控制器由哪几部分组成。

6. 固定时间类超螺旋算法属于第几代滑模。

7. 简述鲁棒固定时间滑模控制器如何抑制外界扰动。

8. 什么是赫尔维茨矩阵?

9. 基于一致收敛观测器（式（4－66））, 写出针对三阶系统的观测器表达式。该三阶系统如下：$\dot{x}_1 = x_2, \dot{x}_2 = x_3, \dot{x}_3 = f + d$。

第5章 考虑跟踪误差性能与进气条件约束的预设性能控制方法

5.1 引言

临近空间高速飞行器跟踪控制的瞬态性能对飞行状态有重要的影响。较大的超调量可能会导致执行机构超出物理限幅或产生过大的飞行攻角，引发系统不稳定。另外，由于吸气式超燃冲压发动机的进气条件与飞行攻角密切相关，过大的攻角将无法维持燃烧室内燃料与空气的稳定燃烧，导致发动机熄火，进而引起系统状态发散。因此，需要针对临近空间高速飞行器研究同步考虑跟踪误差性能与发动机进气条件约束的控制方法。本章首先设计了新型设定时间性能函数用于限定速度与高度跟踪误差的瞬态与稳态性能；然后，在高度子系统中，通过对攻角跟踪误差进行预设性能处理并对攻角虚拟控制进行限幅，能够满足攻角幅值约束，保证吸气式发动机正常工作。

5.2 问题描述

本章将临近空间高速飞行器动力学系统拆分为速度子系统与高度子系统。两个子系统的期望值 V_d 与 h_d 同样通过式（3－21）与式（3－22）两个预滤波器光滑化处理获得。定义两个子系统的跟踪误差分别为 $e_V = V - V_d$ 与 $e_\gamma = \gamma - \gamma_d$，期望飞行路径角 γ_d 依据式（4－4）设计。误差动力学如下：

$$\begin{cases} \dot{e}_V = F_V + G_V \Phi + d_{VT} - \dot{V}_d \\ \dot{e}_\gamma = F_\gamma + G_\gamma \alpha + d_{\gamma T} - \dot{\gamma}_d \end{cases} \tag{5-1}$$

$$\begin{cases} \dot{\alpha} = F_\alpha + G_\alpha Q \\ \dot{Q} = F_Q + G_Q \delta_e + d_{QT} \end{cases} \tag{5-2}$$

其中

$$
\begin{cases}
F_V = \dfrac{\cos\alpha}{m}[\beta_2(h,\bar{q})\alpha^3 + \beta_4(h,\bar{q})\alpha^2 + \beta_6(h,\bar{q})\alpha + \beta_8(h,\bar{q})] - \dfrac{D}{m} - g\sin\gamma \\
G_V = \dfrac{\cos\alpha}{m}[\beta_1(h,\bar{q})\alpha^3 + \beta_3(h,\bar{q})\alpha^2 + \beta_5(h,\bar{q})\alpha + \beta_7(h,\bar{q})]
\end{cases}
\tag{5-3}
$$

$$
\begin{cases}
F_\gamma = (\bar{q}SC_L^0 + T\sin\alpha)/(mV) - g/V\cos\gamma, & G_\gamma = \bar{q}SC_L^\alpha/(mV) \\
F_\alpha = -(L + T\sin\alpha)/(mV) + g/V\cos\gamma, & G_\alpha = 1 \\
F_Q = [z_T T + \bar{q}S\bar{c}(C_{M,\alpha}^{\alpha^2}\alpha^2 + C_{M,\alpha}^{\alpha}\alpha + C_{M,\alpha}^0)]/I_{yy}, & G_Q = \bar{q}S\bar{c}c_e/I_{yy}
\end{cases}
\tag{5-4}
$$

$$
\begin{cases}
d_{VT} = d_{a1}\cos\alpha[\beta_1(h,\bar{q})\alpha^3 + \beta_3(h,\bar{q})\alpha^2 + \beta_5(h,\bar{q})\alpha + \beta_7(h,\bar{q})]/m \\
d_{\gamma T} = \bar{q}SC_L^{\delta_e}d_{a2}/(mV) \\
d_{QT} = \bar{q}S\bar{c}c_e d_{a2}/I_{yy}
\end{cases}
\tag{5-5}
$$

假定临近空间高速飞行器的气动参数和结构参数均受参数摄动影响。在实际控制器设计中，仅有标称参数 P_0 与 C_0 可以获得，因此利用标称值 P_0 与 C_0 替换式（5－3）与式（5－4）中的实际值 P_r、C_r，可以计算得到标称函数 F_{V0}、G_{V0}、$F_{\gamma 0}$、$G_{\gamma 0}$、$F_{\alpha 0}$、$G_{\alpha 0}$、F_{Q0}、G_{Q0}。式（5－1）和式（5－2）的误差动力学可以表示如下：

$$
\begin{cases}
\dot{e}_V = F_{V0} + G_{V0}\Phi + \Delta_V - \dot{V}_d \\
\dot{e}_\gamma = F_{\gamma 0} + G_{\gamma 0}\alpha + \Delta_\gamma - \dot{\gamma}_d
\end{cases}
\tag{5-6}
$$

其中

$$
\begin{cases}
\dot{\alpha} = F_{\alpha 0} + G_{\alpha 0}Q + \Delta_\alpha \\
\dot{Q} = F_{Q0} + G_{Q0}\delta_e + \Delta_Q
\end{cases}
\tag{5-7}
$$

式中：符号 Δ_V、Δ_γ、Δ_α 与 Δ_Q 表示由外部扰动和参数摄动影响引发的集总扰动。

为了同时保证飞行器的瞬态性能与稳态性能，速度和高度跟踪误差均需满足预设性能需求。分别定义速度跟踪误差 e_V 与高度跟踪误差 e_h 的预设性能条件如下[163]：

$$
-\delta_{VL}\rho_{fV}(t) < e_V < \delta_{VU}\rho_{fV}(t),\ \forall t > 0 \tag{5-8}
$$

$$
-\delta_{hL}\rho_{fh}(t) < e_h < \delta_{hU}\rho_{fh}(t),\ \forall t > 0 \tag{5-9}
$$

式中：$\rho_{fV}(t)$ 与 $\rho_{fh}(t)$ 分别为速度与高度跟踪误差的预设性能函数，其界定了期望瞬态性能（最小收敛速率，最大超调）与稳态性能（稳态误差）[164]。

δ_{VL}、δ_{VU}、δ_{hL}、δ_{hU}为界限参数，其均满足：

$$\delta_{VL},\delta_{VU},\delta_{hL},\delta_{hU}\in(0,1] \tag{5-10}$$

在满足跟踪误差的性能约束之后，临近空间高速飞行器仍需保证吸气式超燃冲压发动机的进气条件。飞行攻角对吸气式超燃冲压发动机的进气性能影响剧烈，为了满足飞行器的进气约束条件，攻角与飞行速度需满足如下条件[165-166]：

$$|\alpha|\leqslant A_\alpha=a_\alpha V+b_\alpha,\ V\in[V_{\min},V_{\max}] \tag{5-11}$$

式中：$V_{\min}\approx 4Ma$；a_α 与 b_α 为常数。当 $V=V_{\min}$ 时，$a_\alpha V_{\min}+b_\alpha=0$。由式（5-11）可知，当飞行马赫数低于 4 时，吸气式超燃冲压发动机无法工作；当飞行马赫数大于 4 时，发动机正常工作允许的最大攻角值 A_α 随着速度的增大而增大[167]。

本章的控制目的是设计考虑约束的非线性控制器，使得临近空间高速飞行器的速度与高度跟踪误差满足期望预设性能（式（5-8）与式（5-9）），即保证飞行器跟踪误差的瞬态性能与稳态性能满足预期需求。同时，飞行攻角实时满足式（5-11），保证超燃冲压发动机正常工作。

5.3 约束预设性能控制器设计

本节针对跟踪误差性能与进气条件受限的临近空间高速飞行器设计约束预设性能控制器。首先，针对速度子系统提出有限时间预设性能控制器，对受约束的速度跟踪误差进行无约束转化，并结合新型设定时间性能函数与一致收敛观测器，实现转换误差的快速有限时间收敛，保证速度跟踪误差满足预设性能约束。然后，基于固定时间滤波器，为高度子系统提出指令滤波反步预设性能控制器，该控制器针对高度跟踪误差设计了预设性能控制。另外，在反步控制中，通过将攻角虚拟控制限幅为 A_{α_c}，并对攻角跟踪误差执行预设性能控制，令其性能函数最大值 $\max\{\rho_{f\alpha}(t)\}$ 与 A_{α_c} 之和不大于进气条件约束下的最大攻角值 A_α，则可保证飞行器满足攻角幅值约束（式（5-11））。约束预设性能控制器结构如图 5-1 所示。

5.3.1 速度子系统有限时间预设性能控制器

本节首先设计新型设定时间性能函数，相比于传统性能函数，其能够在预设时刻实现精确收敛，并可灵活调整函数变化形式。然后，基于无约束转化设计有限时间控制律，并证明转换误差的收敛性及性能条件（式（5-8））的满足性。

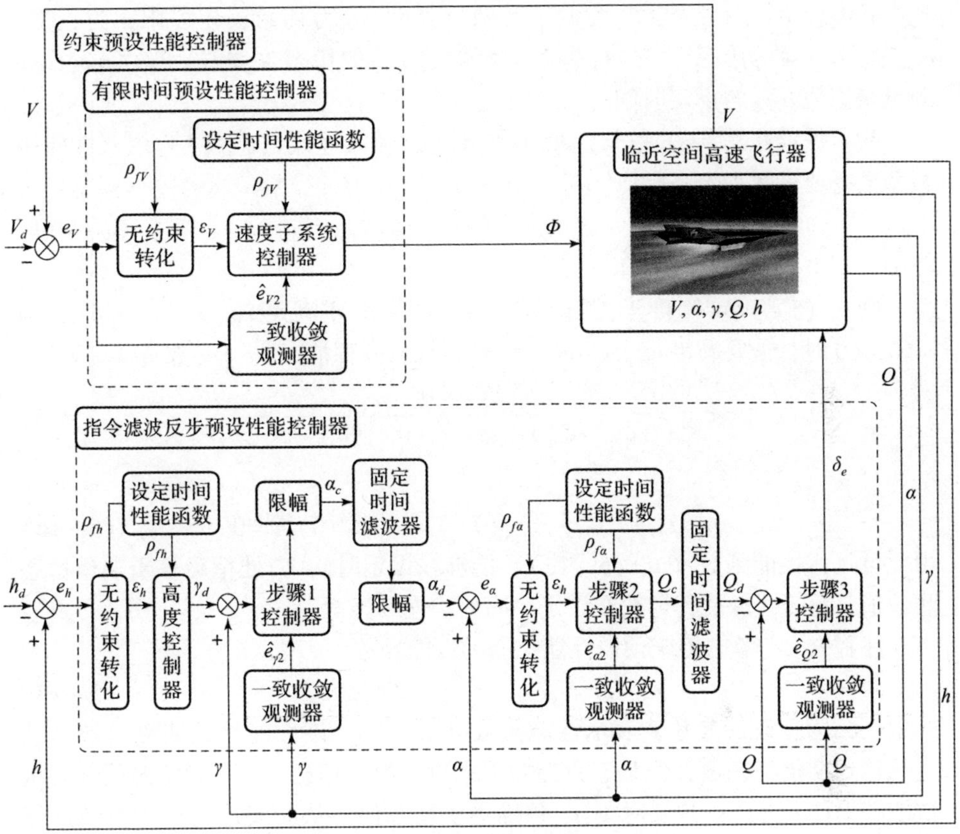

图 5－1　约束预设性能控制器结构

5.3.1.1　设定时间性能函数设计

为了保证系统跟踪误差的瞬态响应和稳态值满足期望预设性能，首先需要构建函数值大于零的光滑预设性能函数作为预设性能边界[37,168]。本章提出如下多项式形式的新型设定时间性能函数：

$$\rho_{fV}(t) = a_{V3}t^4 + a_{V2}t^3 + a_{V1}t^2 + c_{V\rho r}t + c_{V\rho 0} \tag{5－12}$$

其中，a_{V3}、a_{V2}与a_{V1}的表达式如下：

$$\begin{cases} a_{V3} = -\dfrac{3c_{V\rho 0} + T_{fV}c_{V\rho r} - 3\rho_{fV\infty}}{T_{fV}^4} \\ a_{V2} = \dfrac{8c_{V\rho 0} + 3T_{fV}c_{V\rho r} - 8\rho_{fV\infty}}{T_{fV}^3} \\ a_{V1} = -\dfrac{6c_{V\rho 0} + 3T_{fV}c_{V\rho r} - 6\rho_{fV\infty}}{T_{fV}^2} \end{cases} \tag{5－13}$$

式中：$c_{V\rho0}$、$c_{V\rho r}$、$\rho_{fV\infty}$ 与 T_{fV} 为调节参数。其中 $c_{V\rho0}$ 为初始误差界限，为正数；$c_{V\rho r}$ 为性能函数初始变化方向；$\rho_{fV\infty}$ 为函数 $\rho_{fV}(t)$ 的稳态收敛值；T_{fV} 为 $\rho_{fV}(t)$ 收敛至稳态值 $\rho_{fV\infty}$ 的设定时间。

为了保证跟踪误差 e_V 初始处于预设性能区域（式（5-8））内，性能函数参数需要满足如下条件[169]：

$$-\delta_{VL}c_{V\rho0} < e_V(0) < \delta_{VU}c_{V\rho0} \tag{5-14}$$

其中，$e_V(0)$ 为 e_V 的初始值。

则式（5-14）等价于：当 $e_V(0)\geqslant 0$ 时，需要满足 $c_{V\rho0} > e_V(0)/\delta_{VU}$；当 $e_V(0)<0$ 时，需要满足 $c_{V\rho0} > -e_V(0)/\delta_{VL}$。综合两种情况，$c_{V\rho0}$ 参数选择应满足

$$c_{V\rho0} > \frac{2\left|e_V(0)\right|}{(\delta_{VU}+\delta_{VL})+\operatorname{sgn}[e_V(0)](\delta_{VU}-\delta_{VL})} \tag{5-15}$$

令 $t=T_{fV}$，可得

$$\rho_{fV}(T_{fV})=\rho_{fV\infty},\ \dot{\rho}_{fV}(T_{fV})=0,\ \ddot{\rho}_{fV}(T_{fV})=0 \tag{5-16}$$

由此可见，性能函数（式（5-12））能够在设定时间 T_{fV} 处精确等于期望稳态收敛值，且 $\rho_{fV}(t)$ 及其导数在设定时间处均连续光滑。

注释 5.1：考虑传统预设性能控制的性能函数：

$$\rho_{fV}(t)=(c_{V\rho0}-\rho_{fV\infty})\mathrm{e}^{-k_\rho t}+\rho_{fV\infty} \tag{5-17}$$

式中：k_ρ 为正设计参数，表示性能函数衰减速率。该性能函数能够有效衰减直至达到期望稳态值，但是它只能实现指数收敛。相比之下，设定时间性能函数能够保证 $\rho_{fV}(t)$ 在预设时刻 T_{fV} 精确等于稳态值，从而实现更快的收敛速度与更高的收敛精度。同时，设定时间性能函数中的参数 $c_{V\rho r}$ 可以调节函数初始变化方向，灵活调整衰减形式。

5.3.1.2 控制器设计

为了补偿速度子系统中扰动的影响，本章应用 4.3.3 节中的一致收敛观测器精确估计扰动 Δ_V：

$$\begin{cases}\dot{\hat{e}}_{V1}=-\kappa_{A1}L_{VA}^{1/4}\theta_A\operatorname{sig}^{3/4}(\hat{e}_{V1}-e_V)-k_{A1}(1-\theta_A)\operatorname{sig}^{(4+\alpha_A)/4}(\hat{e}_{V1}-e_V)+\\ \qquad \hat{e}_{V2}+F_{V0}+G_{V0}\Phi-\dot{V}_d\\ \dot{\hat{e}}_{V2}=-\kappa_{A2}L_{VA}^{2/4}\theta_A\operatorname{sig}^{2/4}(\hat{e}_{V1}-e_V)-k_{A2}(1-\theta_A)\operatorname{sig}^{(4+2\alpha_A)/4}(\hat{e}_{V1}-e_V)+\hat{e}_{V3}\\ \dot{\hat{e}}_{V3}=-\kappa_{A3}L_{VA}^{3/4}\theta_A\operatorname{sig}^{1/4}(\hat{e}_{V1}-e_V)-k_{A3}(1-\theta_A)\operatorname{sig}^{(4+3\alpha_A)/4}(\hat{e}_{V1}-e_V)+\hat{e}_{V4}\\ \dot{\hat{e}}_{V4}=-\kappa_{A4}L_{VA}\theta_A\operatorname{sgn}(\hat{e}_{V1}-e_V)-k_{A4}(1-\theta_A)\operatorname{sig}^{1+\alpha_A}(\hat{e}_{V1}-e_V)\end{cases} \tag{5-18}$$

式中：$L_{VA}>0$；参数 κ_{Ai} 为[152]

$$\kappa_{A1}=3,\ \kappa_{A2}=4.16,\ \kappa_{A3}=3.06,\ \kappa_{A4}=1.1 \tag{5-19}$$

α_A 为充分小正常数；k_{Ai}需要保证多项式 $s^4+k_{A1}s^3+k_{A2}s^2+k_{A3}s+k_{A4}$满足赫尔维茨条件；$\theta_A$ 定义如下：

$$\theta_A=\begin{cases}0, & t<T_A\\ 1, & t\geqslant T_A\end{cases} \tag{5-20}$$

式中：T_A 为正切换时间参数。

由4.3.3 节可知，在固定收敛时间 T_{VA}之后，观测器估计误差 $\hat{e}_{V1}$ 与 $\hat{e}_{V2}$可以在固定时间内分别精确收敛至 e_V 与 Δ_V。

下面设计速度子系统预设性能控制器。为了满足跟踪误差的预设性能需求（式（5-8）)，需要将受约束的速度跟踪误差 e_V 转化为等价的无约束形式：

$$e_V=\lambda_V\rho_{fV}(t)=S(\varepsilon_V)\rho_{fV}(t) \tag{5-21}$$

式中：ε_V 为转换误差；$S(\varepsilon_V)$为光滑递增转换函数，满足如下条件[169]。

$$\begin{cases}-\delta_{VL}<S(\varepsilon_V)<\delta_{VU}\\ \lim\limits_{\varepsilon_V\to-\infty}S(\varepsilon_V)=-\delta_{VL}\\ \lim\limits_{\varepsilon_V\to+\infty}S(\varepsilon_V)=\delta_{VU}\end{cases} \tag{5-22}$$

根据式（5-22）设计可用转换函数[170]：

$$S(\varepsilon_V)=\frac{\delta_{VU}\mathrm{e}^{\varepsilon_V+\omega_V}-\delta_{VL}\mathrm{e}^{-(\varepsilon_V+\omega_V)}}{\mathrm{e}^{\varepsilon_V+\omega_V}+\mathrm{e}^{-(\varepsilon_V+\omega_V)}} \tag{5-23}$$

式中：$\omega_V=\ln(\delta_{VL}/\delta_{VU})/2$。

由于 $S(\varepsilon_V)$光滑严格递增，因此其反函数存在，故转换误差 ε_V 可通过反函数求解：

$$\varepsilon_V=S^{-1}(\lambda_V)=\frac{1}{2}\ln\frac{\delta_{VU}\lambda_V+\delta_{VU}\delta_{VL}}{\delta_{VL}\delta_{VU}-\delta_{VL}\lambda_V} \tag{5-24}$$

根据前述控制需求，结合观测器（式（5-18））的输出信号，可得速度控制器：

$$\Phi=\frac{1}{G_0}\left(-\frac{k_V}{r_{PV}}\varepsilon_V-\frac{k_{VF}}{r_{PV}}\varepsilon_V^{a_V}-F_{V0}-\hat{e}_{V2}+\dot{V}_d+H_{PV}\right) \tag{5-25}$$

式中：$k_V>0$；$k_{VF}>0$；$0<a_V<1$；r_{PV}与 H_{PV}定义如下。

$$\begin{cases}r_{PV}=\dfrac{1}{2\rho_{fV}(t)}\left(\dfrac{1}{\delta_{VL}+\lambda_V}-\dfrac{1}{\lambda_V-\delta_{VU}}\right)\\ H_{PV}=e_V\dfrac{\dot{\rho}_{fV}(t)}{\rho_{fV}(t)}\\ \dot{\rho}_{fV}(t)=4a_{V3}t^3+3a_{V2}t^2+2a_{V1}t+c_{Vpr}\end{cases} \tag{5-26}$$

定理 5.1：在控制律（式（5－25））作用下，速度子系统转换误差 ε_V 能够在有限时间内快速收敛至零。因此，速度跟踪误差 e_V 可始终处于预设性能区域（式（5－8））内。

证明：

为速度子系统设计李雅普诺夫函数 $V_V=\varepsilon_V^2/2$，则 V_V 的导数满足下式：

$$
\begin{aligned}
\dot{V}_V &= \varepsilon_V\dot{\varepsilon}_V=\varepsilon_V\frac{\partial S^{-1}(\lambda_V)}{\partial\lambda_V}\dot{\lambda}_V=\varepsilon_V\frac{\partial S^{-1}(\lambda_V)}{\partial\lambda_V}\frac{\mathrm{d}[e_V/\rho_{fV}(t)]}{\mathrm{d}t}\\
&=\varepsilon_V\frac{\partial S^{-1}(\lambda_V)}{\partial\lambda_V}\frac{\dot{e}_V\rho_{fV}(t)-e_V\dot{\rho}_{fV}(t)}{\rho_{fV}^2(t)}\\
&=\varepsilon_V\left(\frac{1}{\delta_{VL}+\lambda_V}-\frac{1}{\lambda_V-\delta_{VU}}\right)\frac{1}{2\rho_{fV}(t)}\left[\dot{e}_V-\frac{e_V\dot{\rho}_{fV}(t)}{\rho_{fV}(t)}\right]\\
&=\varepsilon_V r_{PV}\left[F_{V0}+G_{V0}\Phi+\Delta_V-\dot{V}_d-\frac{e_V\dot{\rho}_{fV}(t)}{\rho_{fV}(t)}\right]
\end{aligned}
\tag{5-27}
$$

将式（5－25）代入式（5－27），可得

$$
\begin{aligned}
\dot{V}_V &= \varepsilon_V r_{PV}\left(-\frac{k_V}{r_{PV}}\varepsilon_V-\frac{k_{VF}}{r_{PV}}\varepsilon_V^{a_V}-\hat{e}_{V2}+\Delta_V\right)\\
&=\varepsilon_V r_{PV}\left(-\frac{k_V}{r_{PV}}\varepsilon_V-\frac{k_{VF}}{r_{PV}}\varepsilon_V^{a_V}+\tilde{\Delta}_V\right)=-k_V\varepsilon_V^2-k_{VF}\varepsilon_V^{a_V+1}+\varepsilon_V r_{PV}\tilde{\Delta}_V
\end{aligned}
\tag{5-28}
$$

式中：$\tilde{\Delta}_V$定义为 $\Delta_V-\hat{e}_{V2}$。

式（5－28）满足如下关系：

$$
\begin{aligned}
\dot{V}_V &\leqslant -k_V\varepsilon_V^2-k_{VF}\varepsilon_V^{a_V+1}+\frac{\varepsilon_V^2+(r_{PV}\tilde{\Delta}_V)^2}{2}\\
&=-\left(k_V-\frac{1}{2}\right)\varepsilon_V^2-k_{VF}\varepsilon_V^{a_V+1}+\frac{(r_{PV}\tilde{\Delta}_V)^2}{2}\\
&=-2\left(k_V-\frac{1}{2}\right)V_V-k_{VF}2^{\frac{a_V+1}{2}}V_V^{\frac{a_V+1}{2}}+\frac{(r_{PV}\tilde{\Delta}_V)^2}{2}=-\Psi_V V_V-\Gamma_V V_V^{\frac{a_V+1}{2}}+\Omega_V
\end{aligned}
\tag{5-29}
$$

其中

$$
\Gamma_V=k_{VF}2^{\frac{a_V+1}{2}},\ \Psi_V=2\left(k_V-\frac{1}{2}\right),\ \Omega_V=\frac{(r_{PV}\tilde{\Delta}_V)^2}{2}
\tag{5-30}
$$

由于观测器估计误差 $\tilde{\Delta}_V$在 $t\in(0,T_{VA})$时有界，则 Ω_V 有界。

如果参数 k_V 设计满足 $k_V>1/2$，则 V_V 可以在有限时间内收敛进入下述区域：

$$V_V\leqslant\min\left\{\frac{\Omega_V}{\Psi_V},\left(\frac{\Omega_V}{\Gamma_V}\right)^{2/(1+a_V)}\right\} \tag{5-31}$$

收敛时间满足：

$$T_{VB}\leqslant\max\left\{\frac{2V_{V0}^{(1-a_V)/2}}{\Gamma_V(1-a_V)},\frac{\ln V_{V0}-2(\ln\Omega_V-\ln\Gamma_V)/(1+a_V)}{\Psi_V}\right\} \tag{5-32}$$

式中：V_{V0}为 V_V 的初始值。

由于一致收敛观测器可在固定时间内实现精确跟踪，因此，估计误差 $\tilde{\Delta}_V$在T_{VA}之后将等于零，因此 V_V 满足：

$$\dot{V}_V=-k_V\varepsilon_V^2-k_{VF}\varepsilon_V^{a_V+1}=-2k_VV_V-k_{VF}2^{\frac{a_V+1}{2}}V_V^{\frac{a_V+1}{2}}=-2k_VV_V-\Gamma_VV_V^{\frac{a_V+1}{2}} \tag{5-33}$$

故在观测器收敛之后，ε_V 将在有限时间内精确收敛至零[171]。收敛时间满足：

$$T_{VA}\leqslant\frac{1}{k_V(1-a_V)}\ln\frac{\Gamma_V+2k_VV_{V0}^{\frac{1-a_V}{2}}}{\Gamma_V} \tag{5-34}$$

根据上述分析，在控制律（式（5－25））作用下，转换误差 ε_V 有界且收敛，则由转换函数特性（式（5－22））可知，$\lambda_V=S(\varepsilon_V)\in(-\delta_{VL}\quad\delta_{VU})$，即 $-\delta_{VL}<e_V/\rho_{fV}(t)<\delta_{VU}$，故预设性能条件（式（5－8））能够得到满足。

5.3.2　高度子系统指令滤波反步预设性能控制器

本节首先提出新型固定时间滤波器，相比于传统低通滤波器，能够实现更高的收敛精度与更快的响应速度。然后，设计指令滤波反步预设性能控制器，在保证高度跟踪误差期望预设性能的同时，满足攻角幅值约束。

5.3.2.1　新型固定时间滤波器设计

定理 5.2：设计如下新型固定时间滤波器：

$$\tau\dot{y}=\mathrm{sig}^{a_1}[k_{f1}(u-y)]+\mathrm{sig}^{a_2}[k_{f2}(u-y)] \tag{5-35}$$

式中：$0<a_1<1$；$a_2>1$；$k_{f1}\geqslant1$；$k_{f2}\geqslant1$；τ 为滤波器时间常数。

如果输入信号 u 的导数等于零，滤波器（式（5－35））的输出信号 y 可以在固定时间内精确收敛等于 u；如果输入信号 u 的导数不等于零，跟踪误差 $y-u$ 将收敛为一致最终有界。

证明：

定义李雅普诺夫函数为 $V_f=e_f^2/2$，其中 $e_f=y-u$ 表示滤波器跟踪误差。对

V_f 求导可得如下关系：

$$\dot{V}_f = -e_f\left[\frac{\mathrm{sig}^{a_1}(k_{f1}e_f)+\mathrm{sig}^{a_2}(k_{f2}e_f)}{\tau}+\dot{u}\right] \tag{5-36}$$

下面依据 u 的导数是否等于零，分两种情况分析证明。

情况 1：

若 $\dot{u}=0$，则式（5-36）变为

$$\dot{V}_f = -\frac{1}{\tau}(k_{f1}^{a_1}|e_f|^{a_1+1}+k_{f2}^{a_2}|e_f|^{a_2+1}) = -\frac{1}{\tau}[k_{f1}^{a_1}(2V_f)^{\frac{a_1+1}{2}}+k_{f2}^{a_2}(2V_f)^{\frac{a_2+1}{2}}] \tag{5-37}$$

由于 $0<(a_1+1)/2<1$，$(a_2+1)/2>1$，根据文献［4］中的引理 1，e_f 可以在固定时间内收敛至零，收敛时间满足：

$$T_f \leqslant \frac{2\tau}{(1-a_1)(\sqrt{2})^{a_1+1}k_{f1}^{a_1}}+\frac{2\tau}{(a_2-1)(\sqrt{2})^{a_2+1}k_{f2}^{a_2}} \tag{5-38}$$

由式（5-38）可知，选取较大数值的 k_{f1} 和 k_{f2} 可以缩短收敛时间。

情况 2：

若 $\dot{u}\neq 0$ 且 $|\dot{u}|\leqslant A_u$，则式（5-36）变为

$$\begin{aligned}\dot{V}_f &= -\frac{1}{\tau}(k_{f1}^{a_1}|e_f|^{a_1+1}+k_{f2}^{a_2}|e_f|^{a_2+1})-\dot{u}e_f\\ &\leqslant -\frac{1}{\tau}(k_{f1}^{a_1}|e_f|^{a_1+1}+k_{f2}^{a_2}|e_f|^{a_2+1})+\frac{A_u^2+e_f^2}{2}\end{aligned} \tag{5-39}$$

当 $|e_f|>1$ 时，由于 $a_2>1$，$e_f^{a_2+1}>e_f^2$ 可以得到满足。因此，$\dot{V}_f$ 满足：

$$\begin{aligned}\dot{V}_f &\leqslant -\frac{1}{\tau}(k_{f1}^{a_1}|e_f|^{a_1+1}+k_{f2}^{a_2}|e_f|^{a_2+1})+\frac{A_u^2}{2}+\frac{e_f^{a_2+1}}{2}\\ &\leqslant -\frac{1}{\tau}k_{f1}^{a_1}|e_f|^{a_1+1}-\left(\frac{k_{f2}^{a_2}}{\tau}-\frac{1}{2}\right)|e_f|^{a_2+1}+\frac{A_u^2}{2}\\ &\leqslant -\frac{k_{f1}^{a_1}}{\tau}2^{\frac{a_1+1}{2}}V_f^{\frac{a_1+1}{2}}-\left(\frac{k_{f2}^{a_2}}{\tau}-\frac{1}{2}\right)2^{\frac{a_2+1}{2}}V_f^{\frac{a_2+1}{2}}+\frac{A_u^2}{2}\end{aligned} \tag{5-40}$$

根据 Lasalle－Yoshizawa 定理，如果参数设计为 $k_{f2}^{a_2}/\tau>1/2$，e_f 是一致最终有界的。定义 $\rho_{f2}=k_{f2}^{a_2}/\tau-1/2$，则 e_f 的收敛域为

$$\Omega_{f2}=\min\left[\left(\frac{A_u^2}{2\rho_{f2}}\right)^{\frac{1}{a_2+1}},\left(\frac{\tau A_u^2}{2k_{f1}^{a_1}}\right)^{\frac{1}{a_1+1}}\right] \tag{5-41}$$

当 $|e_f|<1$ 时，由于 $0<a_1<1$，$e_f^{a_1+1}>e_f^2$ 可以得到满足。因此，$\dot{V}_f$ 满足：

$$\begin{aligned}\dot{V}_f &\leqslant -\frac{1}{\tau}(k_{f1}^{a_1}|e_f|^{a_1+1}+k_{f2}^{a_2}|e_f|^{a_2+1})+\frac{A_u^2}{2}+\frac{e_f^{a_1+1}}{2}\\&\leqslant -\left(\frac{k_{f1}^{a_1}}{\tau}-\frac{1}{2}\right)|e_f|^{a_1+1}-\frac{1}{\tau}k_{f2}^{a_2}|k_{f2}e_f|^{a_2+1}+\frac{A_u^2}{2}\\&\leqslant -\left(\frac{k_{f1}^{a_1}}{\tau}-\frac{1}{2}\right)2^{\frac{a_1+1}{2}}V_f^{\frac{a_1+1}{2}}-\frac{k_{f2}^{a_2}}{\tau}2^{\frac{a_2+1}{2}}V_f^{\frac{a_2+1}{2}}+\frac{A_u^2}{2}\end{aligned} \tag{5-42}$$

如果参数设计为 $k_{f1}^{a_1}/\tau>1/2$，e_f 是一致最终有界的。定义 $\rho_{f1}=k_{f1}^{a_1}/\tau-1/2$，则 e_f 的收敛域为

$$\Omega_{f1}=\min\left[\left(\frac{A_u^2}{2\rho_{f1}}\right)^{\frac{1}{a_1+1}},\left(\frac{\tau A_u^2}{2k_{f2}^{a_2}}\right)^{\frac{1}{a_2+1}}\right] \tag{5-43}$$

综合上述两种情况，若 $\dot{u}\neq 0$ 且 $|\dot{u}|\leqslant A_u$，如果参数选择满足 $k_{f2}^{a_2}/\tau>1/2$、$k_{f1}^{a_1}/\tau>1/2$，则 e_f 是一致最终有界的。

对比传统低通滤波器：$\tau\dot{y}_{\mathrm{LPF}}=u-y_{\mathrm{LPF}}$，在相同的时间常数下，新型固定时间滤波器的输出信号能够以更快的速度和更高的精度跟踪输入信号。具体分析如下。

定义低通滤波器的李雅普诺夫函数为 $V_{\mathrm{LPF}}=e_{\mathrm{LPF}}^2/2$，其中 $e_{\mathrm{LPF}}=y_{\mathrm{LPF}}-u$ 表示滤波器跟踪误差。因此，V_{LPF}的导数满足：

$$\dot{V}_{\mathrm{LPF}}=-\frac{e_{\mathrm{LPF}}^2}{\tau}-e_{\mathrm{LPF}}\dot{u}\leqslant-\left(\frac{1}{\tau}-\frac{1}{2}\right)e_{\mathrm{LPF}}^2+\frac{\dot{u}^2}{2}=-\left(\frac{1}{\tau}-\frac{1}{2}\right)2V_{\mathrm{LPF}}+\frac{\dot{u}^2}{2} \tag{5-44}$$

如果 $\dot{u}=0$，e_{LPF}可以指数收敛至零。与新型固定时间滤波器的固定时间收敛特性相比，低通滤波器的收敛精度更低、收敛速度更慢。如果 $\dot{u}\neq 0$ 且 $|\dot{u}|\leqslant A_u$，在参数满足 $1/\tau>1/2$ 时，e_{LPF}是一致最终有界的。定义 $\rho_{\mathrm{LPF}}=1/\tau-1/2$，则 e_f 的收敛域为

$$\Omega_{\mathrm{LPF}}=\sqrt{\frac{A_u^2}{2\rho_{\mathrm{LPF}}}} \tag{5-45}$$

显然，在 $|e_f|<1$ 时，$\Omega_{f1}<\Omega_{\mathrm{LPF}}$。同样地，在 $|e_f|>1$ 时，$\Omega_{f2}<\Omega_{\mathrm{LPF}}$。另外，不论 $|e_f|>1$ 还是 $|e_f|<1$，下述关系恒成立：$|\dot{V}_{\mathrm{LPF}}|\leqslant|\dot{V}_f|$。因此，固定时间滤波器的高收敛精度与快响应速度能够得到保证。

5.3.2.2　控制器设计

首先，针对高度跟踪误差设计设定时间性能函数：

$$\rho_{fh}(t)=a_{h3}t^4+a_{h2}t^3+a_{h1}t^2+c_{h\rho r}t+c_{h\rho 0} \tag{5-46}$$

其中 a_{h3}、a_{h2} 与 a_{h1} 的表达式给出如下：

$$\begin{cases} a_{h3}=-\dfrac{3c_{h\rho 0}+T_{fh}c_{h\rho r}-3\rho_{fh\infty}}{T_{fh}^4} \\ a_{h2}=\dfrac{8c_{h\rho 0}+3T_{fh}c_{h\rho r}-8\rho_{fh\infty}}{T_{fh}^3} \\ a_{h1}=-\dfrac{6c_{h\rho 0}+3T_{fh}c_{h\rho r}-6\rho_{fh\infty}}{T_{fh}^2} \end{cases} \tag{5-47}$$

式中：$c_{h\rho 0}$、$c_{h\rho r}$、$\rho_{fh\infty}$ 与 T_{fh} 为调节参数；$c_{h\rho 0}$ 为初始误差界限，为正数；$c_{h\rho r}$ 为性能函数初始变化方向；$\rho_{fh\infty}$ 为 $\rho_{fh}(t)$ 的稳态收敛值；T_{fh} 为 $\rho_{fh}(t)$ 收敛至稳态值 $\rho_{fh\infty}$ 的设定时间。

类比速度跟踪误差性能函数参数选择条件（式（5-15）），为了保证跟踪误差 e_h 初始处于预设性能区域（式（5-9））内，性能函数的参数需要满足如下条件：

$$c_{h\rho 0}>\frac{2|e_h(0)|}{(\delta_{hU}+\delta_{hL})+\operatorname{sgn}[e_h(0)](\delta_{hU}-\delta_{hL})} \tag{5-48}$$

式中：$e_h(0)$ 为 e_h 的初始值。

与速度跟踪误差性能函数相同，高度跟踪误差性能函数（式（5-46））能够在设定时间 T_{fh} 处精确等于期望稳态值，且 $\rho_{fh}(t)$ 及其导数在设定时间处连续且光滑。下面将受约束高度跟踪误差 e_h 等价转化为无约束变量：

$$e_h=\lambda_h\rho_{fh}(t)=S(\varepsilon_h)\rho_{fh}(t) \tag{5-49}$$

其中

$$\begin{cases} S(\varepsilon_h)=\dfrac{\delta_{hU}\mathrm{e}^{\varepsilon_h+\omega_h}-\delta_{hL}\mathrm{e}^{-(\varepsilon_h+\omega_h)}}{\mathrm{e}^{\varepsilon_h+\omega_h}+\mathrm{e}^{-(\varepsilon_h+\omega_h)}} \\ \omega_h=\dfrac{\ln(\delta_{hL}/\delta_{hU})}{2} \end{cases} \tag{5-50}$$

转换误差 ε_h 通过反函数求解：

$$\varepsilon_h=S^{-1}(\lambda_h)=\frac{1}{2}\ln\frac{\delta_{hU}\lambda_h+\delta_{hU}\delta_{hL}}{\delta_{hL}\delta_{hU}-\delta_{hL}\lambda_h} \tag{5-51}$$

根据转换误差 ε_h 设计期望飞行路径角 γ_d[171]：

$$\gamma_d=\arcsin\left[\left(\dot{h}_d-\frac{k_P}{r_{Ph}}\varepsilon_h+H_{Ph}\right)/V\right] \tag{5-52}$$

式中，$k_P>0$，r_{Ph} 与 H_{Ph} 定义如下：

$$\begin{cases} r_{Ph} = \dfrac{1}{2\rho_{fh}(t)}\left(\dfrac{1}{\delta_{hL}+\lambda_h} - \dfrac{1}{\lambda_h - \delta_{hU}}\right) \\ H_{Ph} = e_h \dfrac{\dot{\rho}_{fh}(t)}{\rho_{fh}(t)} \\ \dot{\rho}_{fh}(t) = 4a_{h3}t^3 + 3a_{h2}t^2 + 2a_{h1}t + c_{h\rho r} \end{cases} \tag{5-53}$$

若实际飞行路径角受控等于 γ_d，则高度转换误差 ε_h 对应的动力学满足：

$$\begin{aligned} \dot{\varepsilon}_h &= \frac{\partial S^{-1}(\lambda_h)}{\partial \lambda_h}\dot{\lambda}_h = \frac{\partial S^{-1}(\lambda_h)}{\partial \lambda_h}\frac{\dot{e}_h\rho_{fh}(t) - e_h\dot{\rho}_{fh}(t)}{\rho_{fh}^2(t)} \\ &= r_{Ph}\left[\dot{e}_h - \frac{e_h\dot{\rho}_{fh}(t)}{\rho_{fh}(t)}\right] = r_{Ph}\left[V\sin\gamma_d - \dot{h}_d - \frac{e_h\dot{\rho}_{fh}(t)}{\rho_{fh}(t)}\right] = -k_P\varepsilon_h \end{aligned} \tag{5-54}$$

由此可见，转换误差 ε_h 可以实现指数收敛。因此，$\lambda_h = S(\varepsilon_h) \in (-\delta_{hL} \quad \delta_{hU})$，则预设性能条件（式（5-9））能够得到满足。

定义飞行路径角跟踪误差为 $e_\gamma = \gamma - \gamma_d$，下面针对 γ 设计考虑攻角约束的反步控制器，在实现 e_γ 收敛的同时保证攻角处于允许工作区域内。

步骤 1：

对于高度子系统（式（5-7））中的飞行路径角误差动力学：

$$\dot{e}_\gamma = F_{\gamma 0} + G_{\gamma 0}\alpha + \Delta_\gamma - \dot{\gamma}_d \tag{5-55}$$

应用一致收敛观测器补偿扰动与期望飞行路径角的导数 $\Delta_\gamma - \dot{\gamma}_d$：

$$\begin{cases} \dot{\hat{e}}_{\gamma 1} = -\kappa_{A1}L_{\gamma A}^{1/4}\theta_A \mathrm{sig}^{3/4}(\hat{e}_{\gamma 1} - e_\gamma) - k_{A1}(1-\theta_A)\mathrm{sig}^{(4+\alpha_A)/4}(\hat{e}_{\gamma 1} - e_\gamma) + \\ \qquad \hat{e}_{\gamma 2} + (F_{\gamma 0} + G_{\gamma 0}\alpha) \\ \dot{\hat{e}}_{\gamma 2} = -\kappa_{A2}L_{\gamma A}^{2/4}\theta_A \mathrm{sig}^{2/4}(\hat{e}_{\gamma 1} - e_\gamma) - k_{A2}(1-\theta_A)\mathrm{sig}^{(4+2\alpha_A)/4}(\hat{e}_{\gamma 1} - e_\gamma) + \hat{e}_{\gamma 3} \\ \dot{\hat{e}}_{\gamma 3} = -\kappa_{A3}L_{\gamma A}^{3/4}\theta_A \mathrm{sig}^{1/4}(\hat{e}_{\gamma 1} - e_\gamma) - k_{A3}(1-\theta_A)\mathrm{sig}^{(4+3\alpha_A)/4}(\hat{e}_{\gamma 1} - e_\gamma) + \hat{e}_{\gamma 4} \\ \dot{\hat{e}}_{\gamma 4} = -\kappa_{A4}L_{\gamma A}\theta_A \mathrm{sgn}(\hat{e}_{\gamma 1} - e_\gamma) - k_{A4}(1-\theta_A)\mathrm{sig}^{1+\alpha_A}(\hat{e}_{\gamma 1} - e_\gamma) \end{cases} \tag{5-56}$$

式中：$L_{\gamma A}$ 为正设计参数。

下述关系将在固定收敛时间 $T_{\gamma A}$ 之后满足 $\hat{e}_{\gamma 1} = e_\gamma$、$\hat{e}_{\gamma 2} = \Delta_\gamma - \dot{\gamma}_d$。因此，观测器输出信号可以用于设计虚拟控制律 α_{c0}：

$$\alpha_{c0} = \frac{1}{G_{\gamma 0}}(-k_\gamma e_\gamma - F_\gamma - \hat{e}_{\gamma 2}) \tag{5-57}$$

其中，$k_\gamma > 0$。

为了满足攻角约束，对虚拟控制 α_{c0} 进行如下限幅处理：

$$\alpha_c=\begin{cases}A_{\alpha_c}, & \alpha_{c0}\geqslant A_{\alpha_c}\\ \alpha_{c0}, & -A_{\alpha_c}<\alpha_{c0}<A_{\alpha_c}\\ -A_{\alpha_c}, & \alpha_{c0}\leqslant -A_{\alpha_c}\end{cases} \tag{5-58}$$

注意，限幅参数 A_{α_c} 需要满足：$A_{\alpha_c}+\max\{\rho_{f\alpha}(t)\}\leqslant A_\alpha$，其中 $\rho_{f\alpha}(t)$ 为下一步中将要设计的攻角跟踪误差预设性能函数。

将 α_c 通过 5.3.2.1 节设计的固定时间滤波器可得新输出变量 α_{d0}：

$$\tau_\alpha\dot{\alpha}_{d0}=\mathrm{sig}^{a_{F1}}[k_{\alpha1}(\alpha_c-\alpha_{d0})]+\mathrm{sig}^{a_{F2}}[k_{\alpha2}(\alpha_c-\alpha_{d0})] \tag{5-59}$$

式中：$\tau_\alpha>0$；$k_{\alpha1}\geqslant1$；$k_{\alpha2}\geqslant1$；$0<a_{F1}<1$；$a_{F2}>1$。

同样，对输出变量 α_{d0} 进行限幅处理：

$$\alpha_d=\begin{cases}A_{\alpha_c}, & \alpha_{d0}\geqslant A_{\alpha_c}\\ \alpha_{d0}, & -A_{\alpha_c}<\alpha_{d0}<A_{\alpha_c}\\ -A_{\alpha_c}, & \alpha_{d0}\leqslant -A_{\alpha_c}\end{cases} \tag{5-60}$$

定义 $e_\alpha=\alpha-\alpha_d$ 与 $z_\alpha=\alpha_d-\alpha_c$，则 e_γ 的动力学推导如下：

$$\dot{e}_\gamma=F_{\gamma0}+G_{\gamma0}(e_\alpha+z_\alpha+\alpha_c)+\Delta_\gamma-\dot{\gamma}_d=G_{\gamma0}(e_\alpha+z_\alpha)-k_\gamma e_\gamma+\tilde{\Delta}_\gamma \tag{5-61}$$

其中，$\tilde{\Delta}_\gamma$ 定义为 $\Delta_\gamma-\dot{\gamma}_d-\hat{e}_{\gamma2}$。

步骤 2：

对于攻角误差动力学：

$$\dot{\alpha}=F_{\alpha0}+G_{\alpha0}Q+\Delta_\alpha \tag{5-62}$$

同样，应用一致收敛观测器补偿扰动 Δ_α：

$$\begin{cases}\dot{\hat{e}}_{\alpha1}=-\kappa_{A1}L_{\alpha A}^{1/4}\theta_A\mathrm{sig}^{3/4}(\hat{e}_{\alpha1}-\alpha)-k_{A1}(1-\theta_A)\mathrm{sig}^{(4+\alpha_A)/4}(\hat{e}_{\alpha1}-\alpha)+\\ \qquad \hat{e}_{\alpha2}+(F_{\alpha0}+G_{\alpha0}Q)\\ \dot{\hat{e}}_{\alpha2}=-\kappa_{A2}L_{\alpha A}^{2/4}\theta_A\mathrm{sig}^{2/4}(\hat{e}_{\alpha1}-\alpha)-k_{A2}(1-\theta_A)\mathrm{sig}^{(4+2\alpha_A)/4}(\hat{e}_{\alpha1}-\alpha)+\hat{e}_{\alpha3}\\ \dot{\hat{e}}_{\alpha3}=-\kappa_{A3}L_{\alpha A}^{3/4}\theta_A\mathrm{sig}^{1/4}(\hat{e}_{\alpha1}-\alpha)-k_{A3}(1-\theta_A)\mathrm{sig}^{(4+3\alpha_A)/4}(\hat{e}_{\alpha1}-\alpha)+\hat{e}_{\alpha4}\\ \dot{\hat{e}}_{\alpha4}=-\kappa_{A4}L_{\alpha A}\theta_A\mathrm{sgn}(\hat{e}_{\alpha1}-\alpha)-k_{A4}(1-\theta_A)\mathrm{sig}^{1+\alpha_A}(\hat{e}_{\alpha1}-\alpha)\end{cases} \tag{5-63}$$

式中：$L_{\alpha A}$ 为正设计参数。

在固定收敛时间 $T_{\alpha A}$ 之后将满足 $\hat{e}_{\alpha1}=\alpha$、$\hat{e}_{\alpha2}=\Delta_\alpha$。

下面为攻角跟踪误差 e_α 设计预设性能控制律，使其满足期望性能约束：

$$-\delta_{\alpha L}\rho_{f\alpha}(t) < e_\alpha < \delta_{\alpha U}\rho_{f\alpha}(t), \quad \forall t > 0 \tag{5-64}$$

与式（5-8）、式（5-9）类似，$\delta_{\alpha L},\delta_{\alpha U} \in (0 \quad 1]$。设定时间性能函数 $\rho_{f\alpha}(t)$ 设计如下：

$$\rho_{f\alpha}(t) = a_{\alpha 3}t^4 + a_{\alpha 2}t^3 + a_{\alpha 1}t^2 + c_{\alpha\rho r}t + c_{\alpha\rho 0} \tag{5-65}$$

其中，$a_{\alpha 3}$、$a_{\alpha 2}$ 与 $a_{\alpha 1}$ 表达式如下：

$$\begin{cases} a_{\alpha 3} = -\dfrac{3c_{\alpha\rho 0} + T_{f\alpha}c_{\alpha\rho r} - 3\rho_{f\alpha\infty}}{T_{f\alpha}^4} \\ a_{\alpha 2} = \dfrac{8c_{\alpha\rho 0} + 3T_{f\alpha}c_{\alpha\rho r} - 8\rho_{f\alpha\infty}}{T_{f\alpha}^3} \\ a_{\alpha 1} = -\dfrac{6c_{\alpha\rho 0} + 3T_{f\alpha}c_{\alpha\rho r} - 6\rho_{f\alpha\infty}}{T_{f\alpha}^2} \end{cases} \tag{5-66}$$

式中：$c_{\alpha\rho 0}$、$c_{\alpha\rho r}$、$\rho_{f\alpha\infty}$ 与 $T_{f\alpha}$ 为调节参数；$c_{\alpha\rho 0}$ 为初始误差界限；$c_{\alpha\rho r}$ 为性能函数初始变化方向；$\rho_{f\alpha\infty}$ 为 $\rho_{f\alpha}(t)$ 的稳态收敛值；$T_{f\alpha}$ 为设定收敛时间。

为保证跟踪误差 e_α 初始处于预设性能区域（式（5-64））内，性能函数参数需要满足如下条件：

$$c_{\alpha\rho 0} > \frac{2\,|e_\alpha(0)|}{(\delta_{\alpha U} + \delta_{\alpha L}) + \operatorname{sgn}[e_\alpha(0)](\delta_{\alpha U} - \delta_{\alpha L})} \tag{5-67}$$

式中：$e_\alpha(0)$ 为 e_α 的初始值。

将受约束的攻角跟踪误差 e_α 进行无约束等价转化：

$$e_\alpha = \lambda_\alpha \rho_{f\alpha}(t) = S(\varepsilon_\alpha)\rho_{f\alpha}(t) \tag{5-68}$$

其中

$$\begin{cases} S(\varepsilon_\alpha) = \dfrac{\delta_{\alpha U}e^{\varepsilon_\alpha + \omega_\alpha} - \delta_{\alpha L}e^{-(\varepsilon_\alpha + \omega_\alpha)}}{e^{\varepsilon_\alpha + \omega_\alpha} + e^{-(\varepsilon_\alpha + \omega_\alpha)}} \\ \omega_\alpha = \dfrac{\ln(\delta_{\alpha L}/\delta_{\alpha U})}{2} \end{cases} \tag{5-69}$$

转换误差 ε_α 通过反函数求解：

$$\varepsilon_\alpha = S^{-1}(\lambda_\alpha) = \frac{1}{2}\ln\frac{\delta_{\alpha U}\lambda_\alpha + \delta_{\alpha U}\delta_{\alpha L}}{\delta_{\alpha L}\delta_{\alpha U} - \delta_{\alpha L}\lambda_\alpha} \tag{5-70}$$

因此，虚拟控制律 Q_c 设计为

$$Q_c = \frac{1}{G_{\alpha 0}}\left(-\frac{k_\alpha}{r_{P\alpha}}\varepsilon_\alpha - F_{\alpha 0} - \hat{e}_{\alpha 2} + \dot{\alpha}_d + H_{P\alpha}\right) \tag{5-71}$$

其中，$H_{P\alpha}k_\alpha > 0$，$r_{P\alpha}$ 与 $H_{P\alpha}$ 定义如下：

$$\begin{cases} r_{P\alpha}=\dfrac{1}{2\rho_{f\alpha}(t)}\left(\dfrac{1}{\delta_{\alpha L}+\lambda_{\alpha}}-\dfrac{1}{\lambda_{\alpha}-\delta_{\alpha U}}\right) \\ H_{P\alpha}=e_{\alpha}\dfrac{\dot{\rho}_{f\alpha}(t)}{\rho_{f\alpha}(t)} \\ \dot{\rho}_{f\alpha}(t)=4a_{\alpha3}t^{3}+3a_{\alpha2}t^{2}+2a_{\alpha1}t+c_{\alpha pr} \end{cases} \tag{5-72}$$

将虚拟控制 Q_c 通过固定时间滤波器，可以获得新输出变量 Q_d：

$$\tau_Q\dot{Q}_d=\mathrm{sig}^{a_{F1}}[k_{Q1}(Q_c-Q_d)]+\mathrm{sig}^{a_{F2}}[k_{Q2}(Q_c-Q_d)] \tag{5-73}$$

式中：$\tau_Q>0$；$k_{Q1}\geqslant1$；$k_{Q2}\geqslant1$。

定义 $e_Q=Q-Q_d$ 与 $z_Q=Q_d-Q_c$，则攻角转换误差 ε_α 对应的动力学满足：

$$\begin{aligned} \dot{\varepsilon}_{\alpha}&=\frac{\partial S^{-1}(\lambda_{\alpha})}{\partial\lambda_{\alpha}}\dot{\lambda}_{\alpha}=\frac{\partial S^{-1}(\lambda_{\alpha})}{\partial\lambda_{\alpha}}\frac{\dot{e}_{\alpha}\rho_{f\alpha}(t)-e_{\alpha}\dot{\rho}_{f\alpha}(t)}{\rho_{f\alpha}^{2}(t)} \\ &=r_{P\alpha}(\dot{e}_{\alpha}-H_{P\alpha})=r_{P\alpha}[F_{\alpha0}+G_{\alpha0}(e_Q+z_Q+Q_c)+\Delta_{\alpha}-\dot{\alpha}_d-H_{P\alpha}] \\ &=r_{P\alpha}\left[G_{\alpha0}(e_Q+z_Q)+\tilde{\Delta}_{\alpha}-\frac{k_{\alpha}}{r_{P\alpha}}\varepsilon_{\alpha}\right] \end{aligned} \tag{5-74}$$

式中：$\tilde{\Delta}_\alpha$定义为 $\Delta_\alpha-\hat{e}_{\alpha2}$。

若转换误差 ε_α 有界，则根据转换函数特性可知，$\lambda_\alpha=S(\varepsilon_\alpha)\in(-\delta_{\alpha L}\quad\delta_{\alpha U})$，故预设性能条件（式（5-64））能够得到满足。

步骤3：

对于俯仰角速度误差动力学：

$$\dot{Q}=F_{Q0}+G_{Q0}\delta_e+\Delta_Q \tag{5-75}$$

应用一致收敛观测器补偿扰动 Δ_Q：

$$\begin{cases} \dot{\hat{e}}_{Q1}=-\kappa_{A1}L_{QA}^{1/4}\theta_A\mathrm{sig}^{3/4}(\hat{e}_{Q1}-Q)-k_{A1}(1-\theta_A)\mathrm{sig}^{(4+\alpha_A)/4}(\hat{e}_{Q1}-Q)+ \\ \qquad \hat{e}_{Q2}+(F_{Q0}+G_{Q0}\delta_e) \\ \dot{\hat{e}}_{Q2}=-\kappa_{A2}L_{QA}^{2/4}\theta_A\mathrm{sig}^{2/4}(\hat{e}_{Q1}-Q)-k_{A2}(1-\theta_A)\mathrm{sig}^{(4+2\alpha_A)/4}(\hat{e}_{Q1}-Q)+\hat{e}_{Q3} \\ \dot{\hat{e}}_{Q3}=-\kappa_{A3}L_{QA}^{3/4}\theta_A\mathrm{sig}^{1/4}(\hat{e}_{Q1}-Q)-k_{A3}(1-\theta_A)\mathrm{sig}^{(4+3\alpha_A)/4}(\hat{e}_{Q1}-Q)+\hat{e}_{Q4} \\ \dot{\hat{e}}_{Q4}=-\kappa_{A4}L_{QA}\theta_A\mathrm{sgn}(\hat{e}_{Q1}-Q)-k_{A4}(1-\theta_A)\mathrm{sig}^{1+\alpha_A}(\hat{e}_{Q1}-Q) \end{cases} \tag{5-76}$$

式中：L_{QA}为正设计参数。

在固定收敛时间 T_{QA}之后将满足 $\hat{e}_{Q1}=Q$、$\hat{e}_{Q2}=\Delta_Q$。舵偏角控制指令设计为

$$\delta_e=\frac{1}{G_{Q0}}[-k_Qe_Q-F_{Q0}-\hat{e}_{Q2}+\dot{Q}_d-G_{\alpha0}\rho_{f\alpha}\varepsilon_\alpha] \tag{5-77}$$

控制参数 $k_Q>0$。则 e_Q 的动力学推导如下：

$$\dot{e}_Q=F_{Q0}+G_{Q0}\delta_{ec}+\Delta_Q-\dot{Q}_d=-k_Qe_Q-G_{\alpha0}\rho_{f\alpha}\varepsilon_\alpha+\tilde{\Delta}_Q \tag{5-78}$$

式中：$\tilde{\Delta}_Q$定义为 $\Delta_Q-\hat{e}_{Q2}$。

定理 5.3：在虚拟控制律（式（5-57）、式（5-71））和舵偏角控制指令（式（5-77））作用下，高度子系统可以实现一致最终有界，同时攻角始终处于限定幅值（式（5-11））之内。

证明：

为子系统（式（5-7））设计李雅普诺夫函数：

$$V_h=\frac{1}{2}e_\gamma^2+\frac{1}{2}z_\alpha^2+\frac{1}{2}\varepsilon_\alpha^2+\frac{1}{2}z_Q^2+\frac{1}{2}e_Q^2 \tag{5-79}$$

结合式（5-61）、式（5-74）与式（5-78），可得 V_h 的导数满足：

$$\begin{aligned}\dot{V}_h&=e_\gamma\dot{e}_\gamma+\varepsilon_\alpha\dot{\varepsilon}_\alpha+e_Q\dot{e}_Q+z_\alpha\dot{z}_\alpha+z_Q\dot{z}_Q\\&=-k_\gamma e_\gamma^2-k_\alpha\varepsilon_\alpha^2-k_Qe_Q^2+G_{\gamma0}e_\gamma e_\alpha+r_{P\alpha}G_{\alpha0}\varepsilon_\alpha e_Q-G_{\alpha0}\rho_{f\alpha}\varepsilon_\alpha e_Q+\\&\quad e_\gamma\tilde{\Delta}_\gamma+r_{P\alpha}\varepsilon_\alpha\tilde{\Delta}_\alpha+e_Q\tilde{\Delta}_Q+G_{\gamma0}e_\gamma z_\alpha+r_{P\alpha}G_{\alpha0}\varepsilon_\alpha z_Q+z_\alpha\dot{z}_\alpha+z_Q\dot{z}_Q\\&\leqslant-k_\gamma e_\gamma^2-k_\alpha\varepsilon_\alpha^2-k_Qe_Q^2+G_{\gamma0}e_\gamma e_\alpha+G_{\alpha0}\varepsilon_\alpha e_Q(r_{P\alpha}-\rho_{f\alpha})+\\&\quad\frac{e_\gamma^2+\tilde{\Delta}_\gamma^2}{2}+\frac{\varepsilon_\alpha^2+(r_{P\alpha}\tilde{\Delta}_\alpha)^2}{2}+\frac{e_Q^2+\tilde{\Delta}_Q^2}{2}+\\&\quad|G_{\gamma0}|\frac{e_\gamma^2+z_\alpha^2}{2}+r_{P\alpha}|G_{\alpha0}|\frac{\varepsilon_\alpha^2+z_Q^2}{2}+z_\alpha\dot{z}_\alpha+z_Q\dot{z}_Q\end{aligned} \tag{5-80}$$

其中，$G_{\gamma0}e_\gamma e_\alpha$ 项满足如下关系：

$$|G_{\gamma0}e_\gamma e_\alpha|\leqslant|G_{\gamma0}||e_\gamma||e_\alpha|=|G_{\gamma0}||e_\gamma||\rho_{f\alpha}S(\varepsilon_\alpha)| \tag{5-81}$$

由式（5-65）可知，$\rho_{f\alpha}\geqslant0$，而$|S(\varepsilon_\alpha)|\leqslant|\varepsilon_\alpha|$，证明具体如下。

定义函数 $F_S=S(\varepsilon_\alpha)-\varepsilon_\alpha$，将式（5-69）代入，可得

$$\begin{aligned}F_S&=\frac{\delta_{\alpha U}e^{\varepsilon_\alpha+\omega_\alpha}-\delta_{\alpha L}e^{-(\varepsilon_\alpha+\omega_\alpha)}}{e^{\varepsilon_\alpha+\omega_\alpha}+e^{-(\varepsilon_\alpha+\omega_\alpha)}}-\varepsilon_\alpha=\frac{\delta_{\alpha U}e^{2(\varepsilon_\alpha+\omega_\alpha)}-\delta_{\alpha L}}{e^{2(\varepsilon_\alpha+\omega_\alpha)}+1}-\varepsilon_\alpha\\&=\frac{\delta_{\alpha U}e^{2(\varepsilon_\alpha+\omega_\alpha)}-\delta_{\alpha L}-\varepsilon_\alpha e^{2(\varepsilon_\alpha+\omega_\alpha)}-\varepsilon_\alpha}{e^{2(\varepsilon_\alpha+\omega_\alpha)}+1}\\&=\frac{\delta_{\alpha U}\delta_{\alpha L}e^{2\varepsilon_\alpha}-\delta_{\alpha U}\delta_{\alpha L}-\varepsilon_\alpha e^{2\varepsilon_\alpha}\delta_{\alpha L}-\delta_{\alpha U}\varepsilon_\alpha}{\delta_{\alpha L}e^{2\varepsilon_\alpha}+\delta_{\alpha U}}\end{aligned} \tag{5-82}$$

式（5-82）的分母 $\delta_{\alpha L}e^{2\varepsilon_\alpha}+\delta_{\alpha U}$ 恒为正数，且随 ε_α 递增。定义分子为 F_{Sm}，将 F_{Sm} 关于 ε_α 求导，可得

$$\frac{\partial F_{Sm}}{\partial\varepsilon_\alpha}=2\delta_{\alpha U}\delta_{\alpha L}e^{2\varepsilon_\alpha}-2\varepsilon_\alpha e^{2\varepsilon_\alpha}\delta_{\alpha L}-e^{2\varepsilon_\alpha}\delta_{\alpha L}-\delta_{\alpha U}$$

$$=\delta_{\alpha L}e^{2\varepsilon_\alpha}(2\delta_{\alpha U}-2\varepsilon_\alpha-1)-\delta_{\alpha U} \tag{5-83}$$

$$\frac{\partial^2 F_{Sm}}{\partial\varepsilon_\alpha^2}=-2\delta_{\alpha L}e^{2\varepsilon_\alpha}+2\delta_{\alpha L}e^{2\varepsilon_\alpha}(2\delta_{\alpha U}-2\varepsilon_\alpha-1)=4\delta_{\alpha L}e^{2\varepsilon_\alpha}(\delta_{\alpha U}-\varepsilon_\alpha-1) \tag{5-84}$$

令 ε_α 等于0，可得$\partial F_{Sm}/\partial\varepsilon_\alpha=2\delta_{\alpha L}\delta_{\alpha U}-\delta_{\alpha L}-\delta_{\alpha U}$。由于$0<\delta_{\alpha U}\leqslant1$、$0<\delta_{\alpha L}\leqslant1$，故 $\varepsilon_\alpha=0$ 时，$\partial F_{Sm}/\partial\varepsilon_\alpha\leqslant0$。根据式（5－84）可得：$\partial^2F_{Sm}/\partial\varepsilon_\alpha^2\leqslant-4\delta_{\alpha L}e^{2\varepsilon_\alpha}\varepsilon_\alpha$。因此，当 $\varepsilon_\alpha\geqslant0$ 时，$\partial^2F_{Sm}/\partial\varepsilon_\alpha^2\leqslant0$，$\partial F_{Sm}/\partial\varepsilon_\alpha$ 递减；当 $\varepsilon_\alpha<0$ 时，$-4\delta_{\alpha L}e^{2\varepsilon_\alpha}\varepsilon_\alpha$ 为正数，$\partial F_{Sm}/\partial\varepsilon_\alpha$ 的变化速率将不超过$-4\delta_{\alpha L}e^{2\varepsilon_\alpha}\varepsilon_\alpha$，故 $\varepsilon_\alpha<0$ 时，$\partial F_{Sm}/\partial\varepsilon_\alpha$ 的最大值必小于 $\varepsilon_\alpha=0$ 处的$\partial F_{Sm}/\partial\varepsilon_\alpha$ 值。综合上述两种情况可知：$\partial F_{Sm}/\partial\varepsilon_\alpha\leqslant0$，$\partial F_S/\partial\varepsilon_\alpha\leqslant0$。而且当 $\varepsilon_\alpha=0$ 时，$F_S=0$，故$|S(\varepsilon_\alpha)|\leqslant|\varepsilon_\alpha|$。因此，式（5－81）满足：

$$|G_{\gamma0}e_\gamma e_\alpha|\leqslant|G_{\gamma0}||e_\gamma||\rho_{f\alpha}S(\varepsilon_\alpha)|\leqslant\rho_{f\alpha}|G_{\gamma0}||e_\gamma||\varepsilon_\alpha| \tag{5-85}$$

将式（5－85）代入式（5－80），可得

$$\begin{aligned}\dot V_h\leqslant&-k_\gamma e_\gamma^2-k_\alpha\varepsilon_\alpha^2-k_Qe_Q^2+|G_{\gamma0}||e_\gamma|\rho_{f\alpha}|\varepsilon_\alpha|+G_{\alpha0}\varepsilon_\alpha e_Q(r_{P\alpha}-\rho_{f\alpha})+\\&\frac{e_\gamma^2+\tilde\Delta_\gamma^2}{2}+\frac{\varepsilon_\alpha^2+(r_{P\alpha}\tilde\Delta_\alpha)^2}{2}+\frac{e_Q^2+\tilde\Delta_Q^2}{2}+\\&|G_{\gamma0}|\frac{e_\gamma^2+z_\alpha^2}{2}+r_{P\alpha}|G_{\alpha0}|\frac{\varepsilon_\alpha^2+z_Q^2}{2}+z_\alpha\dot z_\alpha+z_Q\dot z_Q\\\leqslant&-\left(k_\gamma-\frac{|G_{\gamma0}|\rho_{f\alpha}}{2}-\frac{|G_{\gamma0}|}{2}-\frac12\right)e_\gamma^2-\left[k_Q-\frac{|G_{\alpha0}(r_{P\alpha}-\rho_{f\alpha})|}{2}-\frac12\right]e_Q^2-\\&\left[k_\alpha-\frac{|G_{\gamma0}|\rho_{f\alpha}}{2}-\frac{|G_{\alpha0}(r_{P\alpha}-\rho_{f\alpha})|}{2}-\frac{r_{P\alpha}|G_{\alpha0}|}{2}-\frac12\right]\varepsilon_\alpha^2+\\&\frac{\tilde\Delta_\gamma^2}{2}+\frac{(r_{P\alpha}\tilde\Delta_\alpha)^2}{2}+\frac{\tilde\Delta_Q^2}{2}+\frac{|G_{\gamma0}|}{2}z_\alpha^2+r_{P\alpha}\frac{|G_{\alpha0}|}{2}z_Q^2+z_\alpha\dot z_\alpha+z_Q\dot z_Q\end{aligned} \tag{5-86}$$

考虑到 z_α 与 z_Q 是固定时间滤波器（式（5－59）与式（5－73））的跟踪误差，类似于定理5.2中的证明过程（式（5－39）），$z_\alpha\dot z_\alpha$与$z_Q\dot z_Q$满足如下不等式：

$$\begin{cases}z_\alpha\dot z_\alpha\leqslant-\dfrac{1}{\tau_\alpha}(k_{\alpha1}^{a_{F1}}|z_\alpha|^{a_{F1}+1}+k_{\alpha2}^{a_{F2}}|z_\alpha|^{a_{F2}+1})+\dfrac{A_{\alpha_cD}^2}{2}+\dfrac{z_\alpha^2}{2}\\z_Q\dot z_Q\leqslant-\dfrac{1}{\tau_Q}(k_{Q1}^{a_{F1}}|k_{Q1}z_Q|^{a_{F1}+1}+k_{Q1}^{a_{F2}}|k_{Q2}z_Q|^{a_{F2}+1})+\dfrac{A_{Q_cD}^2}{2}+\dfrac{z_Q^2}{2}\end{cases} \tag{5-87}$$

式中：A_{α_cD}和A_{Q_cD}分别为$|\dot\alpha_c|$与$|\dot Q_c|$的上界。

将式（5－87）代入式（5－86），可得

$$\begin{aligned}\dot{V}_h \leqslant & -\left(k_\gamma-\frac{|G_{\gamma 0}|\rho_{f\alpha}}{2}-\frac{|G_{\gamma 0}|}{2}-\frac{1}{2}\right)e_\gamma^2-\left[k_Q-\frac{|G_{\alpha 0}(r_{P\alpha}-\rho_{f\alpha})|}{2}-\frac{1}{2}\right]e_Q^2- \\ & \left[k_\alpha-\frac{|G_{\gamma 0}|\rho_{f\alpha}}{2}-\frac{|G_{\alpha 0}(r_{P\alpha}-\rho_{f\alpha})|}{2}-\frac{r_{P\alpha}|G_{\alpha 0}|}{2}-\frac{1}{2}\right]\varepsilon_\alpha^2+ \\ & \frac{\tilde{\Delta}_\gamma^2}{2}+\frac{(r_{P\alpha}\tilde{\Delta}_\alpha)^2}{2}+\frac{\tilde{\Delta}_Q^2}{2}+\frac{|G_{\gamma 0}|+1}{2}z_\alpha^2+\frac{r_{P\alpha}|G_{\alpha 0}|+1}{2}z_Q^2+\frac{A_{\alpha_c D}^2}{2}+\frac{A_{Q_c D}^2}{2}- \\ & \frac{k_{\alpha 1}^{a_{F1}}|z_\alpha|^{a_{F1}+1}+k_{\alpha 2}^{a_{F2}}|z_\alpha|^{a_{F2}+1}}{\tau_\alpha}-\frac{k_{Q1}^{a_{F1}}|k_{Q1}z_Q|^{a_{F1}+1}+k_{Q1}^{a_{F2}}|k_{Q2}z_Q|^{a_{F2}+1}}{\tau_Q} \\ = & \dot{V}_{h0}+\frac{|G_{\gamma 0}|+1}{2}z_\alpha^2+\frac{r_{P\alpha}|G_{\alpha 0}|+1}{2}z_Q^2-\frac{1}{\tau_\alpha}(k_{\alpha 1}^{a_{F1}}|z_\alpha|^{a_{F1}+1}+k_{\alpha 2}^{a_{F2}}|z_\alpha|^{a_{F2}+1})- \\ & \frac{1}{\tau_Q}(k_{Q1}^{a_{F1}}|k_{Q1}z_Q|^{a_{F1}+1}+k_{Q1}^{a_{F2}}|k_{Q2}z_Q|^{a_{F2}+1})\end{aligned} \tag{5-88}$$

其中，$\dot{V}_{h0}$定义为

$$\begin{aligned}\dot{V}_{h0}= & -\left(k_\gamma-\frac{|G_{\gamma 0}|\rho_{f\alpha}}{2}-\frac{|G_{\gamma 0}|}{2}-\frac{1}{2}\right)e_\gamma^2-\left[k_Q-\frac{|G_{\alpha 0}(r_{P\alpha}-\rho_{f\alpha})|}{2}-\frac{1}{2}\right]e_Q^2- \\ & \left[k_\alpha-\frac{|G_{\gamma 0}|\rho_{f\alpha}}{2}-\frac{|G_{\alpha 0}(r_{P\alpha}-\rho_{f\alpha})|}{2}-\frac{r_{P\alpha}|G_{\alpha 0}|}{2}-\frac{1}{2}\right]\varepsilon_\alpha^2+ \\ & \frac{\tilde{\Delta}_\gamma^2}{2}+\frac{(r_{P\alpha}\tilde{\Delta}_\alpha)^2}{2}+\frac{\tilde{\Delta}_Q^2}{2}+\frac{A_{\alpha_c D}^2}{2}+\frac{A_{Q_c D}^2}{2}\end{aligned} \tag{5-89}$$

当$|z_\alpha|>1$ 且$|z_Q|>1$ 时，可得$|z_\alpha|^{a_{F2}+1}>|z_\alpha|^2$，$|z_Q|^{a_{F2}+1}>|z_Q|^2$。则式（5－88）满足：

$$\begin{aligned}\dot{V}_h \leqslant \dot{V}_{h0} & -\left(\frac{k_{\alpha 2}^{a_{F2}}}{\tau_\alpha}-\frac{|G_{\gamma 0}|+1}{2}\right)z_\alpha^2-\frac{k_{\alpha 1}^{a_{F1}}}{\tau_\alpha}z_\alpha^{a_{F1}+1}- \\ & \left(\frac{k_{Q2}^{a_{F2}}}{\tau_Q}-\frac{r_{P\alpha}|G_{\alpha 0}|+1}{2}\right)z_Q^2-\frac{k_{Q1}^{a_{F1}}}{\tau_Q}z_Q^{a_{F1}+1}\end{aligned} \tag{5-90}$$

当$|z_\alpha|<1$ 且$|z_Q|>1$ 时，可得$|z_\alpha|^{a_{F1}+1}>|z_\alpha|^2$、$|z_Q|^{a_{F2}+1}>|z_Q|^2$。式（5－88）满足：

$$\begin{aligned}\dot{V}_h \leqslant \dot{V}_{h0} & -\left(\frac{k_{\alpha 1}^{a_{F1}}}{\tau_\alpha}-\frac{|G_{\gamma 0}|+1}{2}\right)z_\alpha^2-\frac{k_{\alpha 2}^{a_{F2}}}{\tau_\alpha}z_\alpha^{a_{F2}+1}- \\ & \left(\frac{k_{Q2}^{a_{F2}}}{\tau_Q}-\frac{r_{P\alpha}|G_{\alpha 0}|+1}{2}\right)z_Q^2-\frac{k_{Q1}^{a_{F1}}}{\tau_Q}z_Q^{a_{F1}+1}\end{aligned} \tag{5-91}$$

当$|z_\alpha|>1$ 且$|z_Q|<1$ 时，可得$|z_\alpha|^{a_{F2}+1}>|z_\alpha|^2$、$|z_Q|^{a_{F1}+1}>|z_Q|^2$。式（5－88）满足：

$$\dot{V}_h \leqslant \dot{V}_{h0} - \left(\frac{k_{\alpha 2}^{a_{F2}}}{\tau_\alpha} - \frac{|G_{\gamma 0}|+1}{2}\right)z_\alpha^2 - \frac{k_{\alpha 1}^{a_{F1}}}{\tau_\alpha} z_\alpha^{a_{F1}+1} - \left(\frac{k_{Q1}^{a_{F1}}}{\tau_Q} - \frac{r_{P\alpha}|G_{\alpha 0}|+1}{2}\right)z_Q^2 - \frac{k_{Q2}^{a_{F2}}}{\tau_Q} z_Q^{a_{F2}+1} \tag{5-92}$$

当$|z_\alpha|<1$且$|z_Q|<1$时，可得$|z_\alpha|^{a_{F1}+1}>|z_\alpha|^2$、$|z_Q|^{a_{F1}+1}>|z_Q|^2$。式（5-88）满足：

$$\dot{V}_h \leqslant \dot{V}_{h0} - \left(\frac{k_{\alpha 1}^{a_{F1}}}{\tau_\alpha} - \frac{|G_{\gamma 0}|+1}{2}\right)z_\alpha^2 - \frac{k_{\alpha 2}^{a_{F2}}}{\tau_\alpha} z_\alpha^{a_{F2}+1} - \left(\frac{k_{Q1}^{a_{F1}}}{\tau_Q} - \frac{r_{P\alpha}|G_{\alpha 0}|+1}{2}\right)z_Q^2 - \frac{k_{Q2}^{a_{F2}}}{\tau_Q} z_Q^{a_{F2}+1} \tag{5-93}$$

综合上述四种情况，如果参数选择满足如下条件：

$$\begin{cases} k_\gamma > \dfrac{|G_{\gamma 0}|\rho_{f\alpha} + |G_{\gamma 0}|+1}{2} \\ k_\alpha > \dfrac{|G_{\gamma 0}|\rho_{f\alpha} + |G_{\alpha 0}(r_{P\alpha}-\rho_{f\alpha})| + r_{P\alpha}|G_{\alpha 0}|+1}{2} \\ k_Q > \dfrac{|G_{\alpha 0}(r_{P\alpha}-\rho_{f\alpha})|+1}{2}\ \dfrac{k_{\alpha 2}^{a_{F2}}}{\tau_\alpha} > \dfrac{|G_{\gamma 0}|+1}{2} \\ \dfrac{k_{Q2}^{a_{F2}}}{\tau_Q} > \dfrac{r_{P\alpha}|G_{\alpha 0}|+1}{2}\ \dfrac{k_{\alpha 1}^{a_{F1}}}{\tau_\alpha} > \dfrac{|G_{\gamma 0}|+1}{2}\ \dfrac{k_{Q1}^{a_{F1}}}{\tau_Q} > \dfrac{r_{P\alpha}|G_{\alpha 0}|+1}{2} \end{cases} \tag{5-94}$$

则 $\dot{V}_h$满足：

$$\dot{V}_h \leqslant \frac{\tilde{\Delta}_\gamma^2}{2} + \frac{(r_{P\alpha}\tilde{\Delta}_\alpha)^2}{2} + \frac{\tilde{\Delta}_Q^2}{2} + \frac{A_{\alpha_c D}^2}{2} + \frac{A_{Q_c D}^2}{2} = \Omega_h \tag{5-95}$$

定义 T_{hA}为$\max\{T_{\gamma A}\quad T_{\alpha A}\quad T_{QA}\}$，则观测器估计误差 $\tilde{\Delta}_\gamma$、$\tilde{\Delta}_\alpha$、$\tilde{\Delta}_Q$在 $t\in(0,T_{hA})$时有界，因此Ω_h 有界。

由于一致收敛观测器可以在固定时间内实现精确跟踪，故估计误差 $\tilde{\Delta}_\gamma$、$\tilde{\Delta}_\alpha$、$\tilde{\Delta}_Q$都将在 T_{hA}之后等于零。因此，区域Ω_h 减小为$\Omega_{hA}=A_{\alpha_c D}^2/2+A_{Q_c D}^2/2$。

根据 Lasalle - Yoshizawa 定理，闭环系统是一致最终有界的。因此，应用控制律（式（5-77））可以保证飞行路径角跟踪误差 e_γ 与攻角转换误差 ε_α 收敛。当ε_α 收敛时，预设性能条件（式（5-64））能够得到满足，可得$|e_\alpha|<\max\{\delta_{\alpha U},\delta_{\alpha L}\}\rho_{f\alpha}(t)\leqslant\rho_{f\alpha}(t)$。由式（5-60）可知，$|\alpha_d|\leqslant A_{\alpha_c}$，又由于$A_{\alpha_c}+\max\{\rho_{f\alpha}(t)\}\leqslant A_\alpha$，则有

$$\alpha = e_\alpha + \alpha_d \leqslant |e_\alpha| + |\alpha_d| \leqslant \max\{\rho_{f\alpha}(t)\} + A_{\alpha_c} \leqslant A_\alpha \tag{5-96}$$

因此，在控制器作用下，攻角能够始终处于预先限定幅值（式（5-11））内。

注释5.2：由5.3.2.1节可知，新型固定时间滤波器相比于传统低通滤波器能够实现更快的跟踪速度和更高的收敛精度。因此，类比式（5-39），根据式（5-88）可知本节应用固定时间滤波器代替低通滤波器能够使高度子系统以同样的方式获得较高的跟踪精度和较快的响应速度。

5.4　仿真分析

本节包含三个部分：5.4.1节通过与传统低通滤波器的对比表明固定时间滤波器的特性与优势；5.4.2节在一阶系统中单独验证本章的设定时间性能函数；5.4.3节将本章的约束预设性能控制器应用于临近空间高速飞行器中，验证了满足跟踪性能约束、进气条件约束的情况。

5.4.1　新型固定时间滤波器仿真结果与分析

本节将两种类型的输入信号注入固定时间滤波器中并验证其特性。

场景A：第一个输入设定为 $u=5$，满足 $\dot{u}=0$。第二个输入设定为 $u=5\sin(t)$，满足 $\dot{u}\neq 0$。滤波器参数如表5-1所列。

表5-1　场景A中的滤波器参数设定

场景	方法	参数
场景A.1	低通滤波器	$\tau=0.5$
场景A.2	新型固定时间滤波器	$\tau=0.5$，$a_1=11/9$，$a_2=7/5$，$k_{f1}=1$，$k_{f2}=1$
场景A.3	新型固定时间滤波器	$\tau=0.5$，$a_1=11/9$，$a_2=7/5$，$k_{f1}=10$，$k_{f2}=10$

在场景A.2中，新型固定时间滤波器的参数 k_{f1} 与 k_{f2} 均选择为1。在场景A.3中，为了验证不同参数选择对固定时间滤波器跟踪性能的影响，k_{f1} 与 k_{f2} 选取比场景A.2更大的数值。

图5-2的仿真结果表明，在 $\dot{u}=0$ 时，新型固定时间滤波器能够在固定时间内精确跟踪输入信号，而低通滤波器只能实现指数形式跟踪。场景A.1的跟踪精度在4s内只能达到 $|y-u|<1.674\times10^{-3}$。场景A.2与场景A.3的跟踪误差则可以精确收敛至零，其收敛时间分别为1.681s与2.206s。由此可见，在相同的时间常数下，固定时间滤波器相比于低通滤波器能够实现更高的跟踪精度和更快的跟踪速度。同时，固定时间滤波器的响应速度可通过增大 k_{f1} 与

k_{f2}的数值进行提升。

图5-3的仿真结果表明，在 $\dot{u}\neq 0$ 时，固定时间滤波器和低通滤波器的跟踪误差只能实现一致最终有界。场景A.1、场景A.2和场景A.3的跟踪精度分别为$|y-u|<0.528$、$|y-u|<0.159$和$|y-u|<0.091$。输出信号相对于输入信号的延迟时间分别为$\Delta t=0.465$s、$\Delta t=0.265$s和$\Delta t=0.2$s。类似于由图5-2得出的结论，通过使用固定时间滤波器能够获得更快的跟踪速度和更小的收敛域。增大k_{f1}与k_{f2}的数值，还能进一步减小收敛时间与收敛域。场景A中的仿真结果证实了定理5.2中的结论。

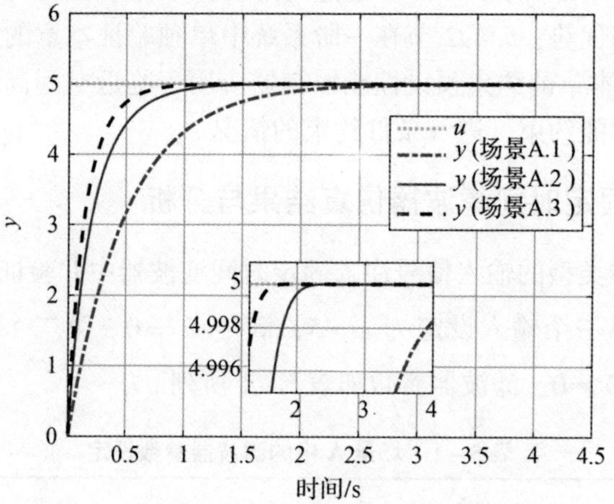

图5-2 当 $\dot{u}=0$ 时的滤波器跟踪结果

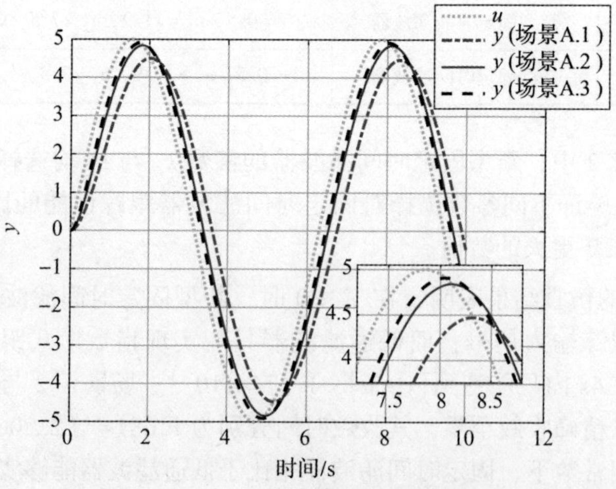

图5-3 当 $\dot{u}\neq 0$ 时的滤波器跟踪结果

5.4.2　设定时间性能函数仿真结果与分析

场景 B：对于一阶系统：$\dot{x}=u$，采用不同的预设性能控制方法，执行三个子场景的对比仿真。场景 B.1 不结合预设性能控制，采用传统状态负反馈控制律：$u=-k_c x$；场景 B.2 与场景 B.3 采用预设性能控制，预设性能条件为 $-\delta_L\rho_f(t)<x<\delta_U\rho_f(t)$，转换函数设计如下：

$$\varepsilon=S^{-1}\left[\frac{x}{\rho_f(t)}\right]=S^{-1}(\lambda)=\frac{1}{2}\ln\frac{\delta_U\lambda+\delta_U\delta_L}{\delta_L\delta_U-\delta_L\lambda} \tag{5-97}$$

场景 B.2 采用传统预设性能控制方案，其中性能函数设计为 $\rho_f(t)=(c_{\rho0}-\rho_{f\infty})e^{-k_\rho t}+\rho_{f\infty}$；场景 B.3 结合本章设计的设定时间性能函数 $\rho_f(t)=a_3t^4+a_2t^3+a_1t^2+c_{\rho r}t+c_{\rho0}$，其中

$$\begin{cases} a_3=-\dfrac{3c_{\rho0}+T_fc_{\rho r}-3\rho_{f\infty}}{T_f^4} \\ a_2=\dfrac{8c_{\rho0}+3T_fc_{\rho r}-8\rho_{f\infty}}{T_f^3} \\ a_1=-\dfrac{6c_{\rho0}+3T_fc_{\rho r}-6\rho_{f\infty}}{T_f^2} \end{cases} \tag{5-98}$$

控制律均设计为 $u=-k_c\varepsilon/r_P+H_P$，$r_P$ 与 H_P 的定义如下：

$$\begin{cases} r_P=\dfrac{1}{2\rho_f(t)}\left(\dfrac{1}{\delta_L+\lambda}-\dfrac{1}{\lambda-\delta_U}\right) \\ H_P=x\dfrac{\dot{\rho}_f(t)}{\rho_f(t)} \end{cases} \tag{5-99}$$

状态量初始值为 $x(0)=5$，控制增益选择如下：$k_c=1$，$\delta_U=1$，$\delta_L=0.5$，$c_{\rho0}=5.1$，$\rho_{f\infty}=10^{-5}$，$k_\rho=2$，$T_f=2$，$c_{\rho r}=-2$。

由图 5-4 可见，在两种预设性能控制方法作用下，状态量都可以有效限定至预设性能函数边界内，即预设性能控制能够有效调节系统瞬态与稳态性能。图 5-5 显示了两种性能函数不同的收敛特性，场景 B.2 的性能函数仅能够以指数的形式无限趋近于期望稳态收敛值 $\rho_{f\infty}$，相比之下，本章的设定时间性能函数能够在设定时刻（2s）快速精确收敛至 $\rho_{f\infty}$，而且可灵活调节设定收敛时间。图 5-6 给出三个子场景下的系统状态量曲线与控制信号曲线，在不结合预设性能控制时，场景 B.1 中的状态量收敛速度较慢。在 5s 内场景 B.2 的状态量收敛精度达到 $|x|<2.372\times10^{-6}$，场景 B.3 的状态量收敛精度达到 $|x|<2.897\times10^{-8}$。对比场景 B.2 与场景 B.3 的状态量曲线可知，在本章的

设定时间性能函数作用下，系统状态量同样能够获得更快的收敛速度。对比控制信号曲线可知，场景 B. 3 的最大控制量比场景 B. 2 小得多，这表明本章的预设性能控制器在实际应用中可以有效避免控制信号的幅值饱和，其原因在于设定时间性能函数中的参数 $c_{\rho r}$ 能够调节性能函数初始变化方向，灵活调整状态量的初始收敛速率。图 5－7 给出转化误差 ε 与归一化变量 λ 的对比曲线，曲线显示场景 B. 3 的转化误差与归一化变量均能够实现比场景 B. 2 更快的收敛速率。同时，两个子场景的归一化变量 λ 均可有效限定至预定界限（δ_L，δ_U）内。场景 B 中的仿真结果证实了注释 5. 1 的阐述。

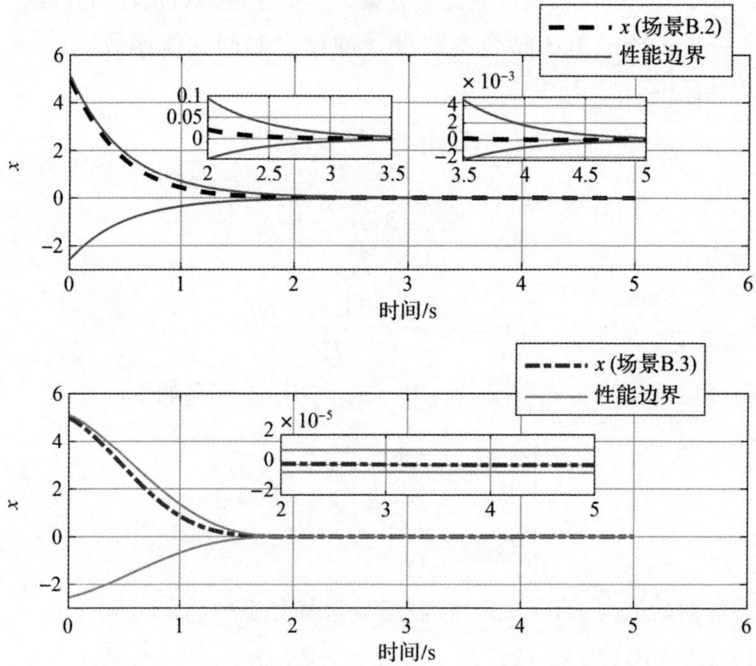

图 5－4　场景 B. 2 与场景 B. 3 的状态量曲线

5. 4. 3　临近空间高速飞行器仿真结果与分析

本节将本章设计的约束预设性能控制器应用于临近空间高速飞行器，通过不考虑跟踪误差性能与进气条件约束的控制器进行对比，来阐述本章方案的优势。

临近空间高速飞行器机体动力学初始条件如表 5－2 所列。

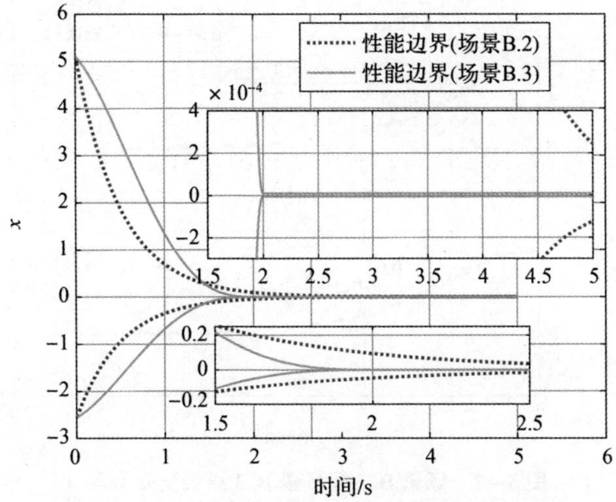

图 5-5　场景 B.2 与场景 B.3 的性能边界曲线

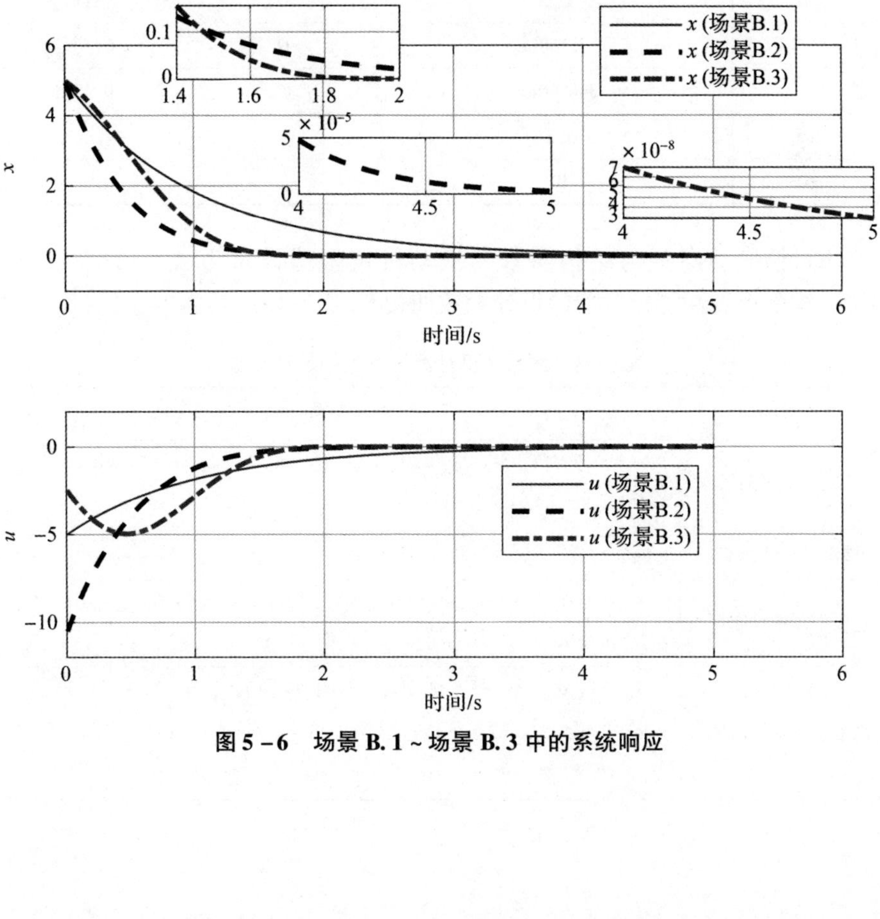

图 5-6　场景 B.1 ~ 场景 B.3 中的系统响应

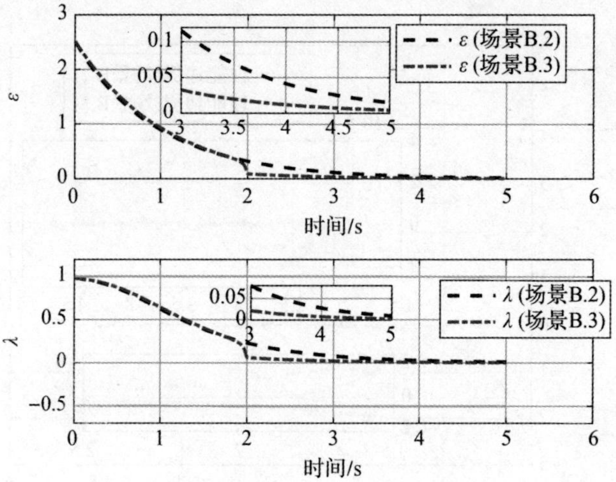

图 5-7　场景 B.2 和场景 B.3 中的变量 ε 与 λ

表 5-2　临近空间高速飞行器机体动力学初始条件

参数	数值	参数	数值
h	25758m	Q	0(°)/s
V	2346.60m/s	Φ	0.2514
α	6.5°	δ_e	11.4635°
γ	0°		

飞行器气动参数与结构参数的摄动拉偏幅值设定为 $A_{C_r}=20\%$，$A_{P_r}=10\%$。约束预设性能控制器的设计参数如表 5-3 所列。

表 5-3　约束预设性能控制器的设计参数

组成项	数值
一致收敛观测器	$\alpha_A=0.06$，$T_A=1$，$L_{VA}=20$，$L_{\gamma A}=L_{\alpha A}=0.5$，$L_{QA}=0.05$，$k_{A1}=3$，$k_{A2}=4.16$，$k_{A3}=3.06$，$k_{A4}=1.1$
固定时间滤波器	$a_{F1}=0.95$，$a_{F2}=1.1$，$\tau_\alpha=\tau_Q=0.3$，$k_{\alpha 1}=k_{Q1}=1$，$k_{\alpha 2}=k_{Q2}=1$
速度子系统控制器	$\delta_{VU}=1$，$\delta_{VL}=1$，$c_{\rho 0}=1.1$，$\rho_{f\infty}=10^{-3}$，$T_f=4$，$c_{\rho r}=0$，$k_V=0.6$，$k_{VF}=0.2$，$a_V=0.9$
高度子系统控制器	$\delta_{hU}=1$，$\delta_{hL}=1$，$c_{\rho 0}=180$，$\rho_{f\infty}=20$，$T_f=15$，$c_{\rho r}=-2$，$k_p=0.15$，$a_\alpha=0.0079°/(\text{m/s})$，$b_\alpha=-11.5^\circ$，$A_{\alpha_c}=0.1$，$\delta_{\alpha U}=1$，$\delta_{\alpha L}=1$，$c_{\rho 0}=0.015$，$\rho_{f\infty}=10^{-3}$，$T_f=10$，$c_{\rho r}=0$，$k_\gamma=k_\alpha=k_Q=1.5$

场景 C：本场景将本章的约束预设性能控制器与不考虑约束的控制器进行对比。对比仿真未考虑速度与高度的跟踪误差约束，未对攻角跟踪误差进行预设性能处理，也未对攻角虚拟控制进行限幅，剩余的控制器部分与本章的约束预设性能控制器相同，即速度子系统采用快速有限时间控制，高度子系统结合固定时间滤波器采用指令滤波反步法。在下述仿真曲线中，对比仿真表示为无约束控制器（Unconstrained controller，UCC）。

临近空间高速飞行器跟踪误差 e_V、e_h 与 e_γ 的跟踪曲线如图 5－8、图 5－9 和图 5－10 所示。在两个控制器的作用下，系统跟踪误差均可有效收敛。对比可知，本章的约束预设性能控制器相比无约束控制器能够实现更快的收敛速度。图 5－8 与图 5－9 表明，在无约束控制器作用下，速度与高度跟踪误差均超出了期望性能边界，而约束预设性能控制器则能够将跟踪误差有效限定在设定性能函数区域内。图 5－11 与图 5－12 给出的是速度与高度跟踪误差的转化误差变量与归一化变量。仿真结果表明，跟踪误差 ε_V 与 ε_h 均可快速收敛，且归一化变量 λ_V 与 λ_h 能够分别有效限定至预定界限（δ_{VL}，δ_{VU}）与（δ_{hL}，δ_{hU}）内。

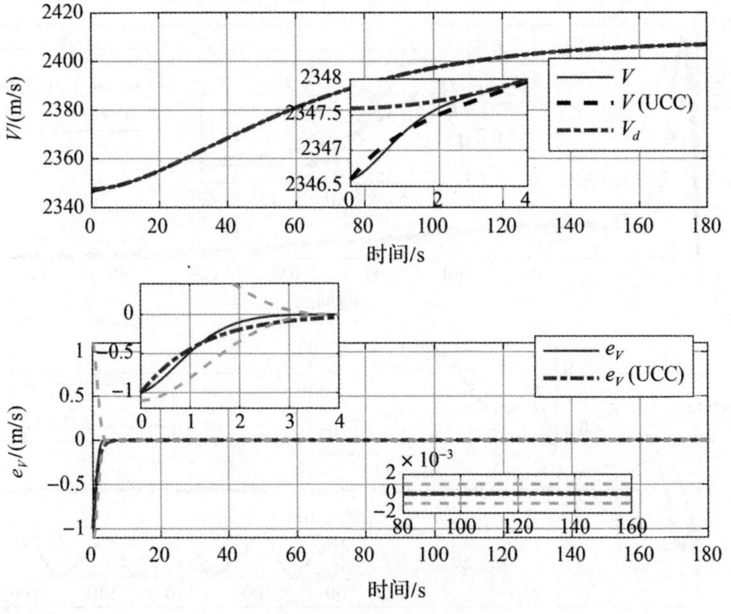

图 5－8　速度跟踪性能曲线

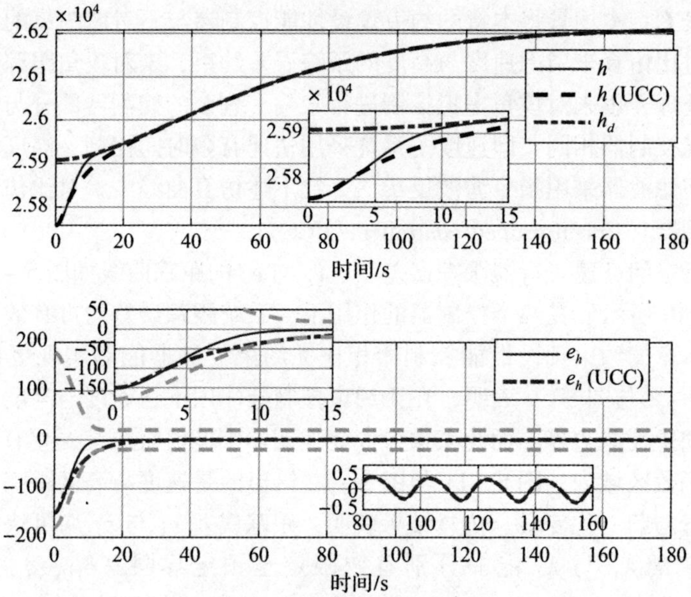

图 5-9　高度跟踪性能曲线

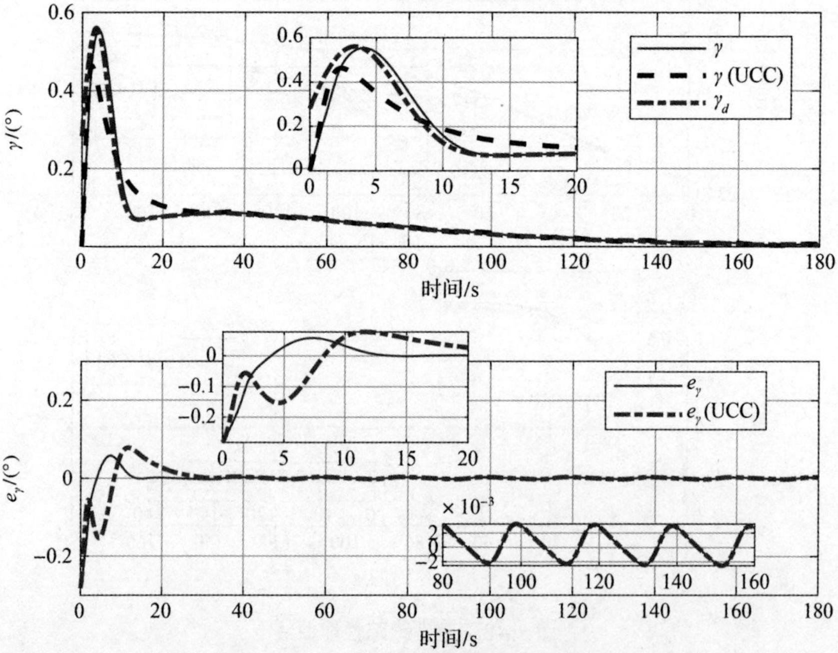

图 5-10　飞行路径角跟踪性能曲线

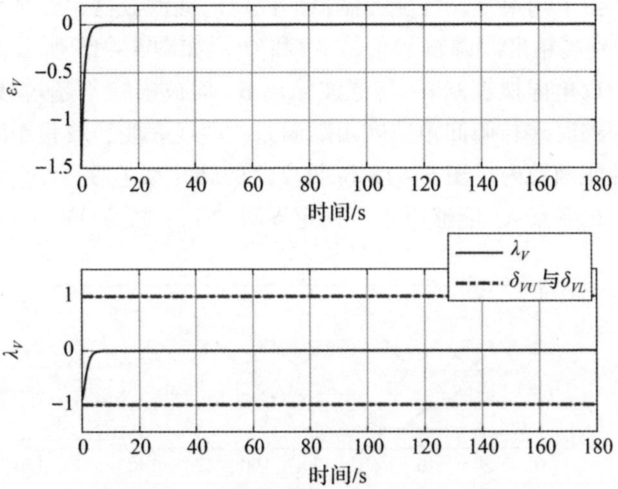

图 5－11　速度子系统 $\boldsymbol{\varepsilon}_V$ 与 $\boldsymbol{\lambda}_V$ 变化曲线

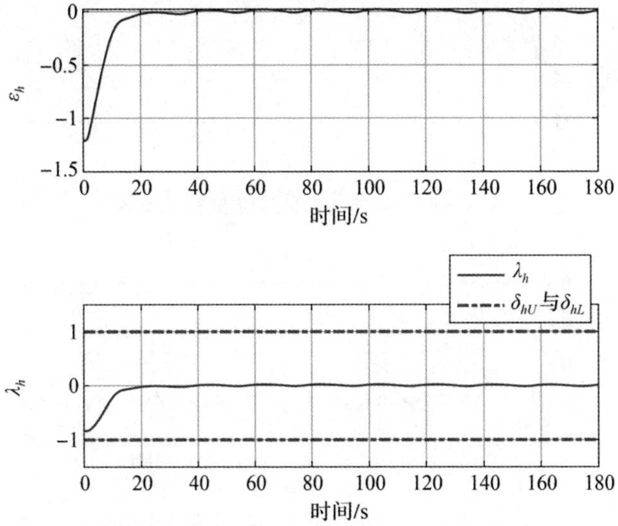

图 5－12　高度子系统 $\boldsymbol{\varepsilon}_h$ 与 $\boldsymbol{\lambda}_h$ 变化曲线

图 5－13 给出的是攻角与俯仰角速度变化曲线，其中虚线为满足发动机进气条件的最大攻角值。无约束控制器作用下的攻角在初始动态响应过程中超出了最大允许值，这将会导致发动机熄火，推进系统瘫痪。与之相比，约束预设性能控制器作用下的攻角始终处于最大攻角值之下，能够满足吸气式超燃冲压发动机的进气需求。图 5－14 给出了飞行器的执行机构变化曲线，可见在约束预设性能控制器作用下，控制输入处于表 3－3 所列的允许边界内。图 5－15

与图 5－16 给出了约束预设性能控制器的固定时间滤波器跟踪结果，滤波输出 α_d 和 Q_d 可分别高精度跟踪输入信号 α_c 和 Q_c。如图 5－15 所示，为了实现飞行攻角约束，攻角虚拟控制 α_c 与滤波输出 α_d 均被限幅不超过 A_{α_c}。图 5－17 给出了攻角跟踪误差与俯仰角速度跟踪误差，曲线表明，攻角跟踪误差被有效限定在预设性能函数内。图 5－18 说明攻角的转化误差变量 ε_α 可保持一致最终有界，归一化变量 λ_α 能够限定至预定界限（$\delta_{\alpha L}$，$\delta_{\alpha U}$）内。

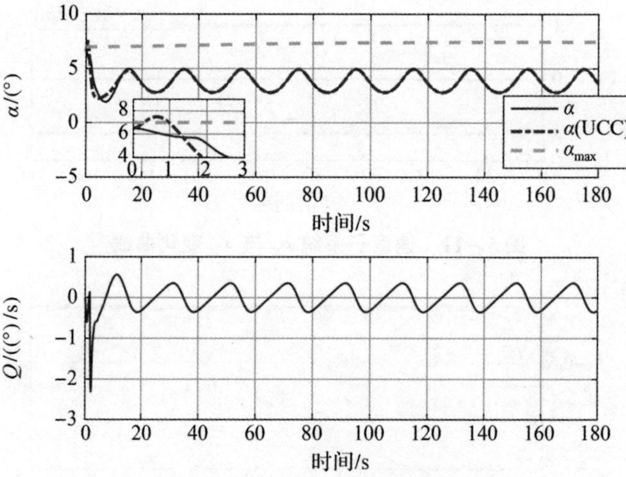

图 5－13　攻角与俯仰角速度变化曲线

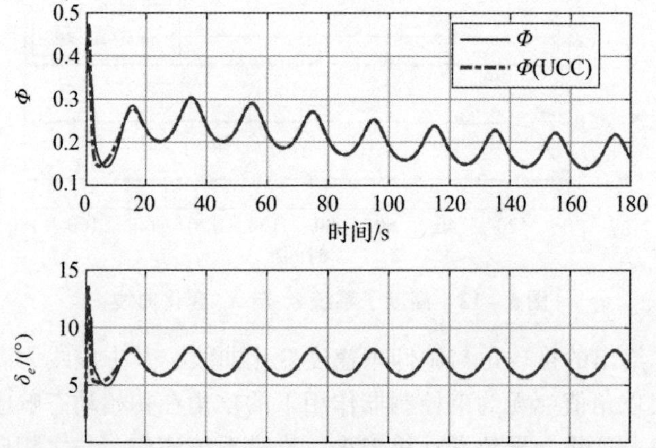

图 5－14　燃油当量比与升降舵偏转角变化曲线

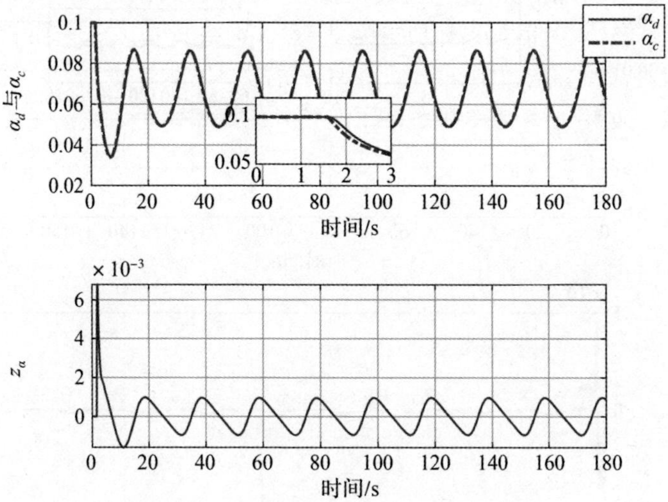

图 5－15　虚拟控制信号 $\boldsymbol{\alpha}_c$ 的跟踪曲线

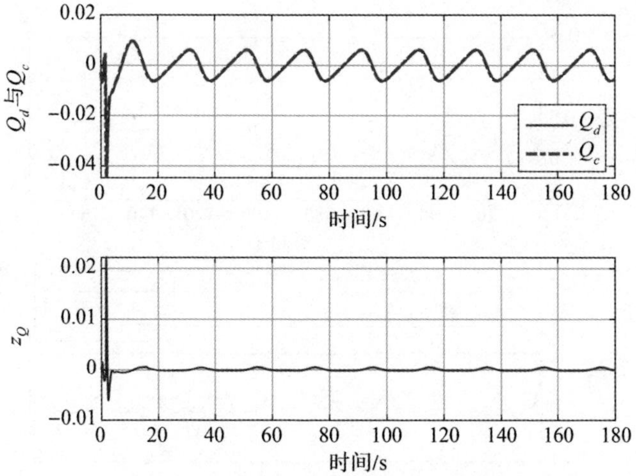

图 5－16　虚拟控制信号 $\boldsymbol{Q}_c$ 的跟踪曲线

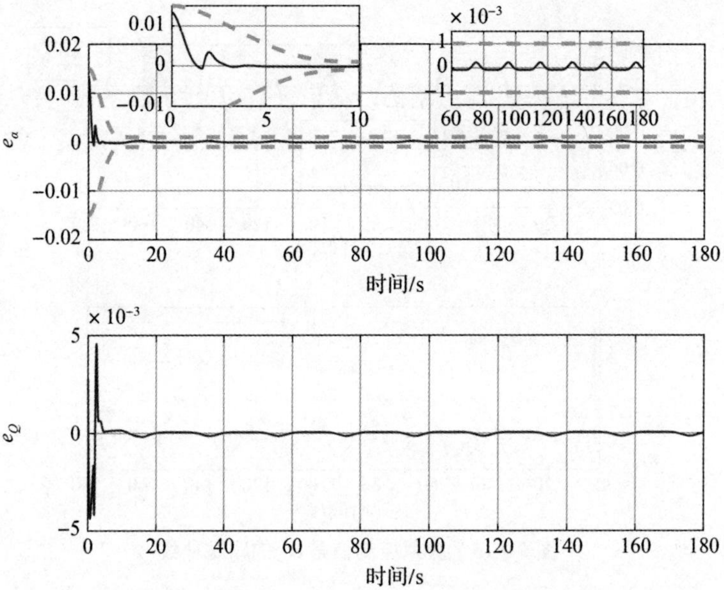

图 5－17　攻角与俯仰角速度跟踪误差曲线

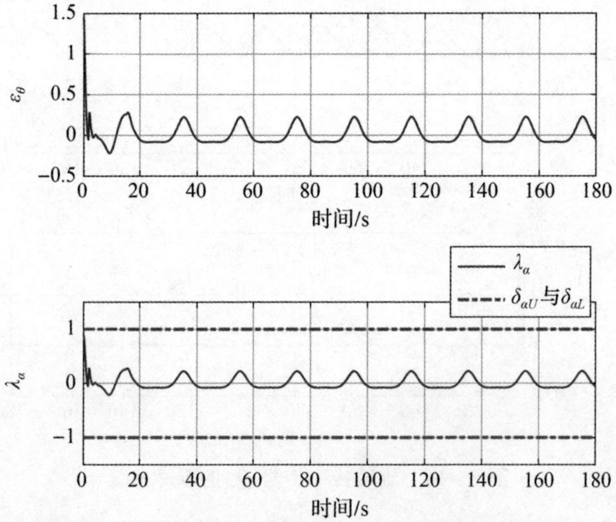

图 5－18　攻角跟踪误差的 $\boldsymbol{\varepsilon}_{\alpha}$ 与 $\boldsymbol{\lambda}_{\alpha}$ 变化曲线

5.5　本章小结

本章针对受跟踪误差性能与发动机进气条件约束的临近空间高速飞行器控制需求，设计了约束预设性能控制器。对于跟踪误差性能约束，首先设计设定时间性能函数。相比于传统方案，其能够保证性能函数在预先设定时刻精确等于稳态值，同时灵活调整函数初始收敛速率。然后，将受约束的跟踪误差进行无约束转化，通过控制转化误差有界可实现原始跟踪误差的预设性能约束。在高度子系统中，为指令滤波反步法设计了新型固定时间滤波器。相比于传统低通滤波器，能够在相同时间常数下实现更高的收敛精度与更快的响应速度。另外，通过在反步控制器中对攻角虚拟控制进行限幅处理，并对攻角跟踪误差执行预设性能控制，能够满足攻角幅值约束。最后，对比无约束控制器，本章的约束预设性能控制器能够同时满足跟踪误差性能约束与攻角约束，综合保证系统瞬态与稳态性能，始终满足吸气式超燃冲压发动机的进气需求。

思考题

1. 写出预设性能控制定义。
2. 为什么要对临近空间高速飞行器进行攻角约束？
3. 设定时间与固定时间的区别是什么？
4. 写出的新型设定时间性能函数的数学形式。
5. 简述的新型设定时间性能函数的优势。
6. 证明的新型设定时间性能函数及其导数在 T_f 时刻连续。
7. 写出三种常见的预设性能函数。
8. 输入信号 u 的导数等于零时，证明固定时间滤波器（式（5-35））的输出信号 y 可在固定时间内精确收敛至 u。
9. 相比于传统低通滤波器，新型固定时间滤波器有哪些优点。
10. 简述对由反步法获得各级虚拟控制指令实施滤波的好处。

第6章
基于深度确定性策略梯度的临近空间高速飞行器智能博弈制导方法

6.1 引言

临近空间高速飞行器在飞行过程中会遭遇对方拦截系统拦截，其博弈环境呈现动态性高、不确定性强、多任务需求等特点。临近空间高速飞行器需要具有自主智能决策能力，以适应高动态性的博弈态势变化。因此，本章针对带有护卫弹的临近空间高速飞行器与拦截器的博弈态势，开展基于深度确定性策略梯度网络的智能博弈制导与基于自适应有限时间高阶滑模的主动反拦截制导研究。首先，建立临近空间高速飞行器博弈马尔可夫模型，通过智能体与博弈环境交互学习，智能获取飞行器最优机动策略。然后，提出一种带有干扰观测器与增减判据自适应律的光滑超螺旋制导律并应用于护卫弹，实现高精度反拦截。最后，构建临近空间高速飞行器与护卫弹智能协同博弈制导律，通过临近空间高速飞行器智能机动诱导拦截器机动至护卫弹可攻击流形、降低护卫弹反拦截难度。临近空间高速飞行器、护卫弹、拦截器三体博弈场景如图 6－1 所示。

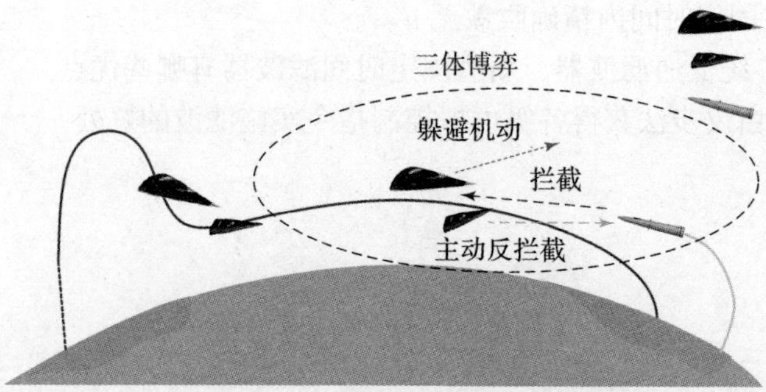

图 6－1　飞行器三体博弈场景图

6.2　问题描述

在临近空间高速飞行器协同博弈任务中，为提升博弈胜率，临近空间高速飞行器需根据实时博弈态势，确定当前机动过载，最大化我方与拦截器的相对距离；同时，临近空间高速飞行器还需依据实时三体博弈态势，通过自身机动诱使拦截器运动至护卫弹攻击流形，提高护卫弹主动反拦截成功率。博弈过程中的约束如下：

（1）博弈空间约束。

临近空间高速飞行器沿预定轨迹飞行，完成博弈任务后，需进行轨迹重规划以确保其进入中末交班区，进而保障后续任务顺利进行。因此，需限定临近空间高速飞行器博弈机动空间，避免过度机动导致博弈后位置超过其重规划机动能力，引发中末交班失败。

（2）临近空间高速飞行器与护卫弹机动能力约束。

临近空间高速飞行器与护卫弹无动力滑翔时，弹体所能提供的最大升力有限。因此，博弈过程中飞行器所能产生的机动加速度存在上界。

（3）临近空间高速飞行器能量约束。

在博弈场景下，临近空间高速飞行器机动能量均来自其动能与势能，过度机动会导致能量损失过多，进而降低速度、缩短射程。因此，需要对临近空间高速飞行器的博弈机动做出约束以避免其过度机动，从而节约能量，提高博弈胜率。

本章目的在于设计智能机动博弈制导律，使得临近空间高速飞行器基于博弈态势实时获取最优机动策略，保障博弈胜率；设计智能协同博弈制导律，通过临近空间高速飞行器智能机动诱导拦截器机动至护卫弹可攻击流形，降低护卫弹命中难度，提高反拦截成功率。

6.3　拦截器制导律设计

以临近空间高速飞行器为目标，为拦截器设计拦截制导律。

在拦截器地面坐标系内，临近空间高速飞行器与拦截器相对位置矢量可写为

$$\begin{cases} x_{r,d} = x_d - x_{I,d} \\ y_{r,d} = y_d - y_{I,d} \\ z_{r,d} = z_d - z_{I,d} \end{cases} \tag{6-1}$$

$[x_d, y_d, z_d]^T$ 与 $[x_{I,d}, y_{I,d}, z_{I,d}]^T$ 分别为临近空间高速飞行器与拦截器在拦截器地面坐标系下的位置。

相对速度矢量可写为

$$\begin{cases} \dot{x}_{r,d} = \dot{x}_d - \dot{x}_{I,d} \\ \dot{y}_{r,d} = \dot{y}_d - \dot{y}_{I,d} \\ \dot{z}_{r,d} = \dot{z}_d - \dot{z}_{I,d} \end{cases} \tag{6-2}$$

$[\dot{x}_d, \dot{y}_d, \dot{z}_d]^T$ 与 $[\dot{x}_{I,d}, \dot{y}_{I,d}, \dot{z}_{I,d}]^T$ 分别为临近空间高速飞行器与拦截器在拦截器地面坐标系下的速度。

相对角速度为

$$\begin{cases} \Omega_x = (y_{r,d}\dot{z}_{r,d} - z_{r,d}\dot{y}_{r,d})/\rho_{IA,d}^2 \\ \Omega_y = (z_{r,d}\dot{x}_{r,d} - x_{r,d}\dot{z}_{r,d})/\rho_{IA,d}^2 \\ \Omega_z = (x_{r,d}\dot{y}_{r,d} - y_{r,d}\dot{x}_{r,d})/\rho_{IA,d}^2 \end{cases} \tag{6-3}$$

式中：$\rho_{IA,d} = \sqrt{x_{r,d}^2 + y_{r,d}^2 + z_{r,d}^2}$ 为临近空间高速飞行器与拦截器的相对距离。

弹道坐标系下的视线角速度为

$$\begin{cases} \dot{q}_{\alpha_{IA},D} = -\Omega_x \sin\gamma\cos\sigma + \Omega_y \cos\gamma + \Omega_z \sin\sigma\sin\gamma \\ \dot{q}_{\beta_{IA},D} = \Omega_x \sin\sigma + \Omega_z \cos\sigma \end{cases} \tag{6-4}$$

为拦截器设计比例导引律：

$$\begin{cases} a_{y_I,D} = k|\dot{\rho}_{IA,d}|\dot{q}_{\alpha_{IA},D} \\ a_{z_I,D} = -k|\dot{\rho}_{IA,d}|\dot{q}_{\beta_{IA},D} \end{cases} \tag{6-5}$$

$[a_{y_I,D}, a_{z_I,D}]^T$ 为拦截器在弹道坐标系下的加速度分量。

临近空间高速飞行器与拦截器之间相对速度大，在迎面拦截时速度可达5km/s以上。脱靶量计算方式如图6-2所示。

临近空间高速飞行器与拦截器的相对速度矢量为 $\dot{\boldsymbol{\rho}}_{IA}$，在 t_1 时刻临近空间高速飞行器相对拦截器的相对位置为 $\boldsymbol{\rho}_{IA}(t_1)$，$t_2$ 时刻的相对位置为 $\boldsymbol{\rho}_{IA}(t_2)$，则在 t' 时刻（$t_1 \leqslant t' \leqslant t_2$），临近空间高速飞行器与拦截器的相对位置为 $\boldsymbol{\rho}_{IA}(t')$，脱靶量最小。$\boldsymbol{\rho}_{IA}(t')$ 数值满足：

$$\rho_{IA}(t') = \frac{|\boldsymbol{\rho}_{IA}(t_1) \times \dot{\boldsymbol{\rho}}_{IA}|}{|\dot{\boldsymbol{\rho}}_{IA}|} \tag{6-6}$$

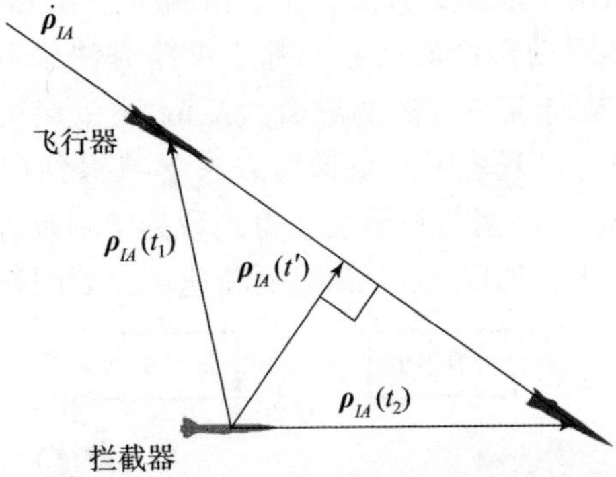

图 6-2　脱靶量计算示意图

6.4　临近空间高速飞行器智能机动博弈制导律设计

临近空间高速飞行器的博弈场景复杂，动态变化且快时变，普通的机动制导策略难以保证成功突破防御。因此，可以借鉴人工智能强化学习理论的自学习特性，根据与拦截器的实时博弈态势，智能动态更新飞行器的机动策略，提升博弈胜率。

6.4.1　深度确定性策略梯度算法原理

强化学习是智能体通过与环境交互学习以实现预定任务的机器学习方法，其交互方式如图 6-3 所示。在每一轮交互中，智能体感知环境目前所处状态，给出当前智能体动作，并作用于环境；环境感知到智能体动作后，状态发生变化，并产生相关奖励信号；智能体获取更新后的环境状态与对应动作奖励，依次类推，最终获得不同环境态势下的智能体最优动作。

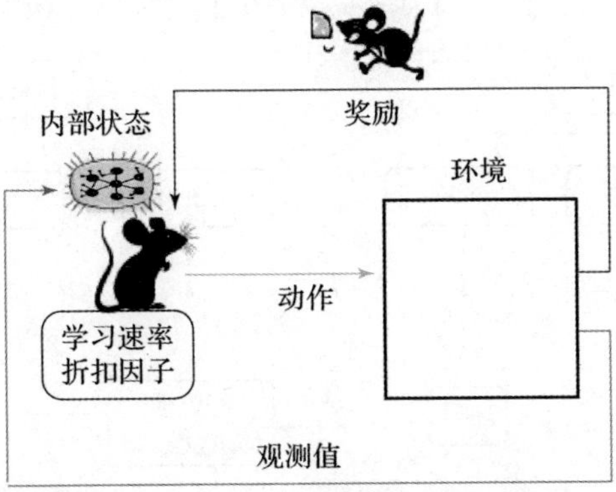

图 6-3　强化学习中智能体与环境交互学习

强化学习可分为基于值函数方法、基于策略方法和 Actor – Critic 方法，其中基于值函数方法学习动作价值函数，基于策略方法学习动作策略函数。而 Actor – Critic 是值函数与策略方法的融合，Actor 为策略网络，负责与环境交互，并在 Critic 网络指导下采用策略梯度方法学习得到更优动作策略；Critic 为价值网络，通过 Actor 网络与环境交互得到数据学习动作价值函数，以评估当前所采取动作的优劣，加快 Actor 策略更新速度，如图 6 – 4 所示。

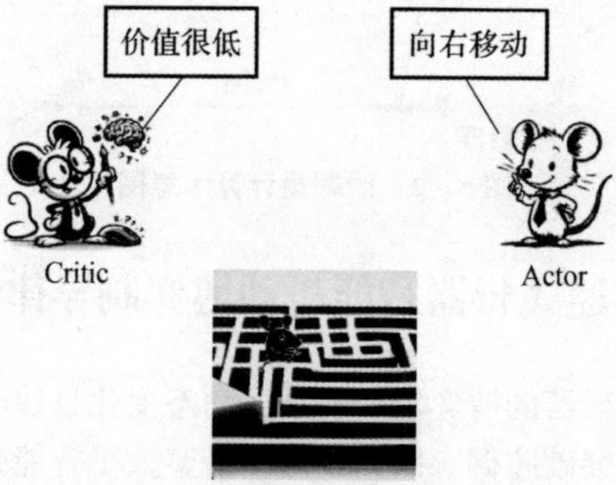

图 6 – 4　Actor 与 Critic 关系

深度确定性策略梯度（Deep Deterministic Policy Gradient，DDPG）算法是一种典型 Actor – Critic 算法。不同于其他强化学习算法得到一个随机性策略，深度确定性策略梯度算法可以构造一个确定性策略，可表示为 $a = \mu_\theta(s)$，通过梯度上升的方法来最大化 Q 值，进而得到最优策略。

图 6 – 5 为 DDPG 算法结构图，除了“环境”模块，其余都为 DDPG 算法的一部分。环境向算法的输入量为 s_t、r_t 和 s_{t+1}，而 DDPG 算法向环境的输入量为 a_t，以此形成闭环，使得系统从初始状态运行到终止状态。

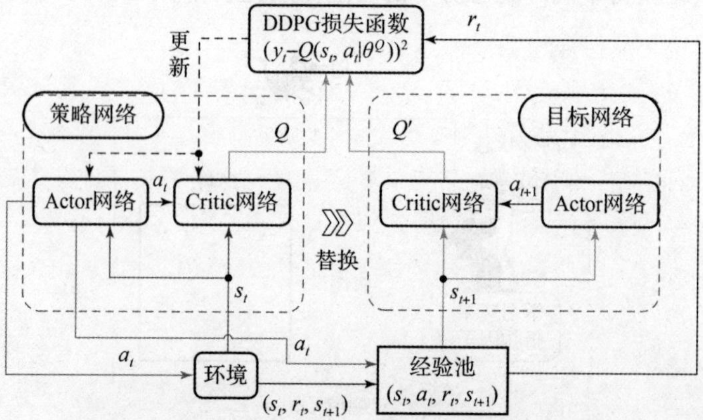

图 6 – 5　深度确定性策略梯度算法架构

“策略网络”的作用是根据当前环境状态 s_t，决策出智能体的行为 a_t；“目标网络”的作用是预测智能体执行当前动作后一直到过程结束，能够得到的期望收益。“策略网络”和“目标网络”均采用 Actor – Critic 的网络架构形式。其中，Actor 网络用于根据当前状态 s_t，直接输出智能体的动作 a_t，其网络采用多隐层前馈神经网络的架构；Critic 网络用于对智能体当前策略 a_t 进行评估，得到 $Q(s_t,\mu|\theta)$，其网络同样采用多隐层前馈神经网络。神经元数学模型与多隐含层前馈神经网络分别如图 6 – 6 与图 6 – 7 所示。

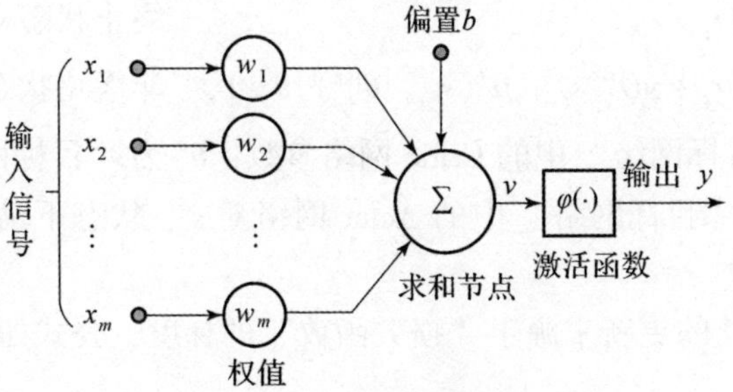

图 6 – 6　神经元数学模型

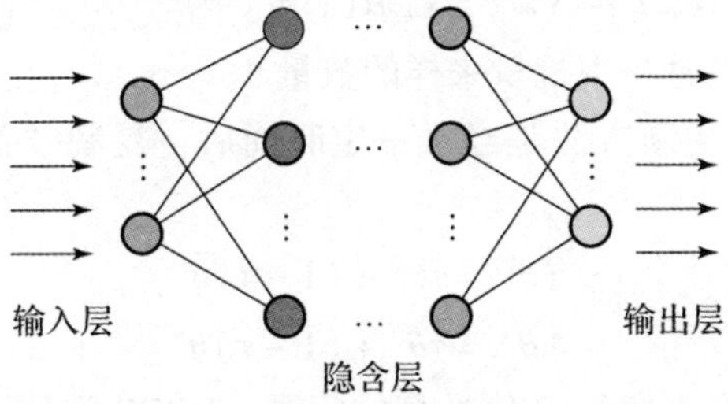

图 6 – 7　多隐含层前馈神经网络

前馈神经网络的神经元之间通过有向无环连接，是简单非线性函数的多次复合，并且网络中的隐含层超过 2 层，结构如图 6 – 7 所示。

“经验池”的作用是存储样本。强化学习与监督学习不同，其算法训练无须训练集，而是在智能体与环境的反复交互中进行学习，在交互中产生的数据作为样本保存下来。每一个样本由四部分组成：(s_t,a_t,r_t,s_{t+1})，环境状态为 s_t 时，智能体执行了动作 a_t，得到回报为 r_t，此时环境状态转移到 s_{t+1}。此外，采用“经验池”还有以下优点：算法训练要求样本集独立同分布，而环境从初始状态转移到终止状态产生的样本并不是独立的，将这些样本存储到“经验池”中，当“经验池”中存储了一定量的样本后，训练时从“经验池”中随机选择一定批量的样本进行训练，被选中的这些样本可以认为符合独立分布的原则。

DDPG 的“损失函数”即表示神经网络的优化目标函数，其作用是通过求解对“策略网络”参数的梯度并进行反向传播，以更新“策略网络”参数（“目标网络”的更新原则是在一定时间步后，用“策略网络”参数进行替换）。“损失函数”的输入来源于 Critic 网络输出的 Q 值，其表达式为

$$J=(y_t-Q(s_t,a_t|\theta^Q))^2 \tag{6-7}$$

式中：θ^Q 为“策略网络”的 Critic 网络参数；y_t 具体如下：

$$y_t=\begin{cases}r_t, & \text{终止状态 } s_{t+1}\\ r_t+\gamma Q'(s_{t+1},\mu'(s_{t+1}|\theta^{\mu}{}')|\theta^{Q}{}'), & \text{非终止状态 } s_{t+1}\end{cases} \tag{6-8}$$

其中，$\theta^{Q}{}'$为“目标网络”中的 Critic 网络参数；$\theta^{\mu'}$为“目标网络”中的 Actor 网络参数；μ'为“目标网络”中的 Actor 网络对 s_{t+1}状态下动作的预测；γ 为学习率。

“策略网络”的更新来源于“损失函数”的梯度，公式如下：

$$\begin{cases}\nabla_{\theta^Q}J=\dfrac{1}{N}\sum_i\nabla_aQ(s,a|\theta^Q)\Big|_{s=s_i,a=\mu(s_i)}\\ \nabla_{\theta^\mu}J=\nabla_{\theta^Q}J\cdot\nabla_{\theta^\mu}\mu(s|\theta^\mu)|s_i\end{cases} \tag{6-9}$$

式中：N 为从“经验池”中批量采样的数量。

“目标网络”的更新方法是经过一定时间后，复制“策略网络”的参数，公式如下：

$$\begin{cases}\theta^{Q'}=\tau\theta^Q+(1-\tau)\theta^Q\\ \theta^{\mu'}=\tau\theta^\mu+(1-\tau)\theta^\mu\end{cases} \tag{6-10}$$

另外，由于函数 Q 存在 Q 值过高的问题，DDPG 采用了 Double DQN 中的技术来更新 Q 网络。但是，由于 DDPG 采用的是确定性策略，自身的探索仍然十分有限。因此，DDPG 在行为策略上引入一个随机噪声 N 进行探索。

6.4.2 基于 DDPG 的智能机动博弈算法设计

本章采用 DDPG 算法设计临近空间高速飞行器智能体并与博弈环境交互学习，以得到最优制导律。针对临近空间高速飞行器与拦截器博弈场景，建立马尔可夫决策过程模型（Markov Decision Process，MDP）。

1）MDP 状态空间

临近空间高速飞行器与拦截器博弈场景是二体博弈，对于飞行器而言，其目的是躲避拦截器的碰撞，因此可用飞行器与拦截器的三维位置来构建 MDP 状态空间。为了提高算法的泛化性，采用双方的相对位置关系建立 MDP 状态

空间，即

$$\boldsymbol{S}_1 = [\bar{\rho}_{AI,d}, q_{\alpha_{AI},d}, q_{\beta_{AI},d}]^{\mathrm{T}} \tag{6-11}$$

式中：$\bar{\rho}_{AI,d}$为归一化后飞行器与拦截器的相对距离大小，满足 $\bar{\rho}_{AI,d} = \rho_{AI,d}/\rho_{AI,0,d}$，其中，$\rho_{AI,d}$为临近空间高速飞行器地面坐标系下飞行器与拦截器实时相对距离，$\rho_{AI,0,d}$为初始时刻二者相对距离；$q_{\alpha_{AI},d}$为临近空间高速飞行器地面坐标系下飞行器相对于拦截器的视线高低角；$q_{\beta_{AI},d}$为视线方位角。

2）MDP 动作空间

临近空间高速飞行器机动过载由智能体给出，其 MDP 动作空间可表示为

$$\boldsymbol{A}_A = [n_{yc}, n_{zc}]^{\mathrm{T}} \tag{6-12}$$

飞行器实时过载连续变化，即

$$\begin{cases} n_{yc} \in [-n_m, n_m] \\ n_{zc} \in [-n_m, n_m] \end{cases} \tag{6-13}$$

式中：n_m 为飞行器最大可用过载。

3）MDP 状态转移函数

智能体根据当前的状态决策出动作后作用于环境，环境的状态会发生改变。在博弈场景中，环境状态即各飞行器的位置与速度。因此，MDP 状态转移函数由飞行器和拦截器的运动学模型构成。

4）MDP 回报函数

为保障临近空间高速飞行器博弈成功，设计回报函数为

$$\mathrm{Reward}_1 = \begin{cases} 100k_1, & \text{博弈成功} \\ -100, & \text{博弈失败} \\ -200, & \text{超出限定空间} \\ \mathrm{reward}_1, & \text{否则} \end{cases} \tag{6-14}$$

飞行器的目的是躲避拦截器的拦截，因此，对于飞行器而言，回报和拦截器的脱靶量相关：脱靶量越大，飞行器策略所获得的回报就越高。设置拦截器的毁伤半径为

$$R_{A,\min} = 20 \tag{6-15}$$

当飞行器最小脱靶量$\rho_{AI,\min}$大于$R_{A,\min}$时，认为博弈成功，获得回报 $100k_1$，k_1满足：

$$k_1 = \begin{cases} 2, & \rho_{AI,\min} > 100 \\ 1 + (100 - \rho_{AI,\min})/80, & 20 \leqslant \rho_{AI,\min} \leqslant 100 \end{cases} \tag{6-16}$$

当飞行器最小脱靶量$\rho_{AI,\min}$小于$R_{A,\min}$，认为博弈失败，获得回报 -100，该次学习停止。当飞行器飞行超出给定空间范围时，认为飞行器越界，获得回报

-200，该次学习停止。$reward_1$ 表示飞行过程中获得的实时奖励，表达式为

$$reward_1=\begin{cases}1-f_n(n_{yc},n_{zc}), & \rho_{AI}>5000\\ f_{y_{r,d}}(y_{r,d},y'_{r,d})+f_{z_{r,d}}(z_{r,d},z'_{r,d})-f_n(n_{yc},n_{zc}), & \rho_{AI}<5000\end{cases} \tag{6-17}$$

式中：$f_n(n_{yc},n_{zc})$ 为制导指令 n_{yc} 和 n_{zc} 相关的性能指标；$f_{y_{r,d}}(y_{r,d},y'_{r,d})$ 和 $f_{z_{r,d}}(z_{r,d},z'_{r,d})$ 为飞行器与拦截器 y 方向相对距离 y_r 以及 z 方向相对距离 z_r 有关的性能指标。

在临近空间高速飞行器与拦截器博弈中，为尽可能增大相对运动距离以保障博弈成功概率，飞行器往往存在过度机动，超过实际任务需求，导致飞行器能耗增加。因此，为避免飞行器过度机动，加入控制量性能指标 $f_n(n_{yc},n_{zc})$：

$$f_n(n_{yc},n_{zc})=|n_{yc}|+|n_{zc}| \tag{6-18}$$

当飞行器和拦截器相对距离小于5km时，为了提高飞行器的博弈胜率，定义双方相对距离指标为

$$f_{y_{r,d}}(y_{r,d},y'_{r,d})=10\mathrm{sgn}(y_{r,d}-y'_{r,d}) \tag{6-19}$$

$$f_{z_{r,d}}(z_{r,d},z'_{r,d})=10\mathrm{sgn}(z_{r,d}-z'_{r,d}) \tag{6-20}$$

式中：$y_{r,d}$ 和 $z_{r,d}$ 为当前时刻的临近空间高速飞行器地面坐标系下双方相对距离；$y'_{r,d}$ 和 $z'_{r,d}$ 为上一时刻的相对距离。

该性能指标的设计能够使临近空间高速飞行器在接近目标时增大 y 方向与 z 方向相对距离，从而增大博弈胜率。

6.4.3 智能机动博弈算法训练与测试

本章强化学习算法程序基于 Matlab 编写，以 DDPG 工具箱为基础建立神经网络。DDPG 算法的 Actor 网络和 Critic 网络学习速率均为 0.01；训练算法的 MiniBatchSize 为 32，经验池大小为 1×10^6，折扣因子为 0.99。飞行器仿真参数如表 6-1 所列。为了增加可靠性，为拦截器 x、y、z 三个方向的初始位置添加 0~1000m 的随机值。

表 6-1 临近空间高速飞行器与拦截器初始参数

参数	值	参数	值
飞行器 x 轴位置	0m	飞行器 y 轴位置	6.5×10^4m
飞行器 z 轴位置	0m	飞行器 x 轴初始速度	3400m/s
飞行器 y 轴初始速度	0m/s	飞行器 z 轴初始速度	0m/s
飞行器最大可用过载	5g	拦截器 x 轴位置	1×10^5m

续表

参数	值	参数	值
拦截器 y 轴位置	6×10^4 m	拦截器 z 轴位置	-5000m
拦截器初始飞行路径角	0°	拦截器初始航向角	0°
拦截器初始速度	2500m/s	拦截器最大可用过载	$5g$

经过约 400 次训练后，临近空间高速飞行器飞行轨迹收敛完成，训练过程如图 6-8 ~ 图 6-11 所示。

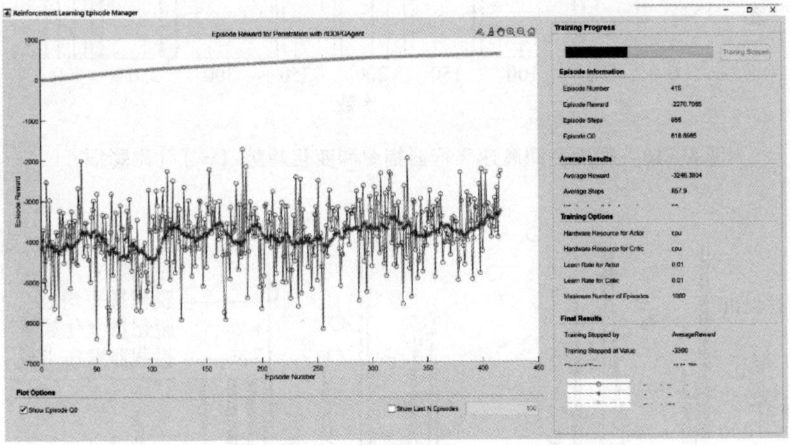

图 6-8　强化学习训练过程（一）（附彩插）

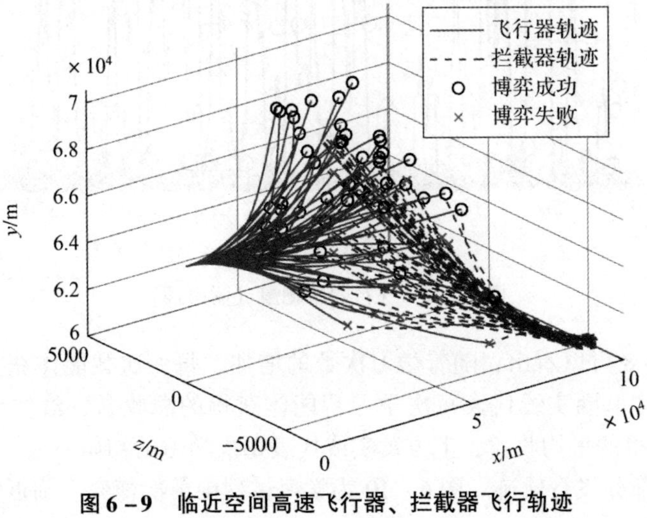

图 6-9　临近空间高速飞行器、拦截器飞行轨迹

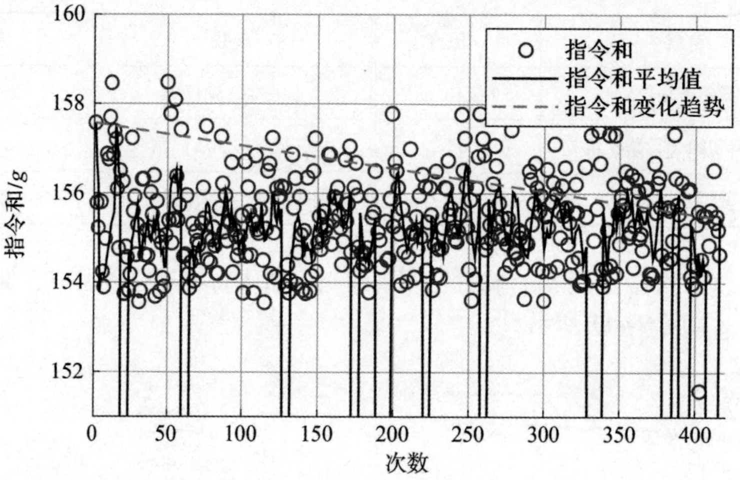

图 6-10　临近空间高速飞行器指令和变化趋势（一）（附彩插）

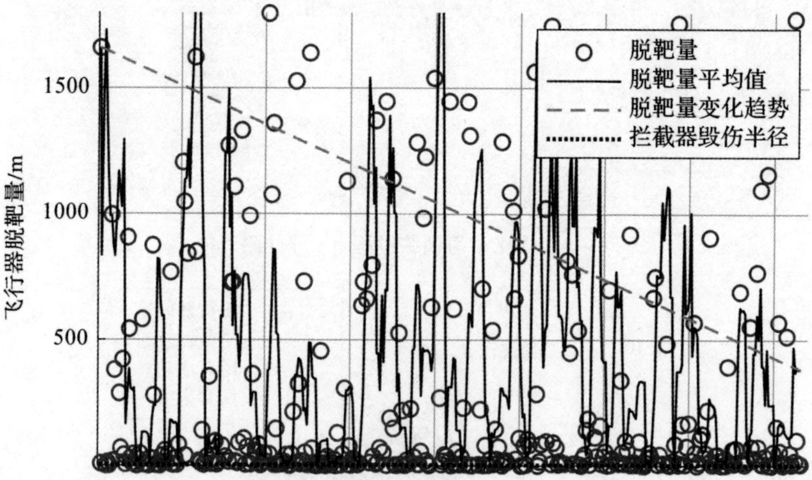

图 6-11　飞行器脱靶量（附彩插）

由图 6-8 可以看出，随着学习次数的增加，每一次智能体获得的奖励逐渐增多，其中蓝圈实线代表每次学习智能体获得的总收益，红实线代表最近 20 次学习获得的平均收益，上方黄实线代表每次学习的初始 Q 值。图 6-9 为学习过程中部分飞行轨迹。图 6-10 为学习过程中单次博弈下临近空间高速飞行器指令和（飞行器过载指令绝对值的时间积分）变化情况，绿虚线代表首次博弈指令和到最后一次变化情况，蓝实线为第 i 次博弈时，第 $i-19$ 到第 i 次博弈的平均指令和，红点代表第 i 次博弈的指令和。随着学习次数的增加，指令和减少，这是由于奖励函数中设计了与能量消耗相关的指标；随着学习次数的增加，博弈效率不断提高，机动消耗呈递减趋势。图6-11为学习过程中飞行器与拦截器脱靶量变化图，黑点线为预定的拦截器毁伤半径（20m），绿虚线为首次脱靶量到末次博弈脱靶量的变化图，蓝实线为第 i 次博弈时，第 $i-19$ 次到第 i 次共20次博弈的平均脱靶量变化图。可以看到，随着学习次数的增加，脱靶量逐渐变小，这与设计的能量消耗约束指标有关：临近空间高速飞行器为降低能量消耗而尽可能减少机动，故脱靶量逐渐变小，但均大于20m，满足博弈任务需求。

收敛后的三维轨迹如图6-12所示。将三维轨迹分解到临近空间高速飞行器地面坐标系 XOY 平面、XOZ 平面和 YOZ 平面中，如图6-13~图6-15所示，双方相对距离如图6-16所示，飞行器制导指令（基于弹道坐标系下的过载指令，下同）如图6-17所示。

由图6-12~图6-15的轨迹图可以看出，临近空间高速飞行器前半段高度逐渐降低，后半段高度突然拉高；由图6-16可以看出，飞行器与拦截器的最小距离为49.5929m，大于拦截器毁伤半径 $R_{A,\min}$；由图6-17可以看出，飞行器侧向过载几乎为零，以减少机动，纵向过载由 $-5g$ 逐渐变为 $+5g$，这与先降低后升高的轨迹形式一致，在这样的机动条件下，飞行器成功完成博弈任务。

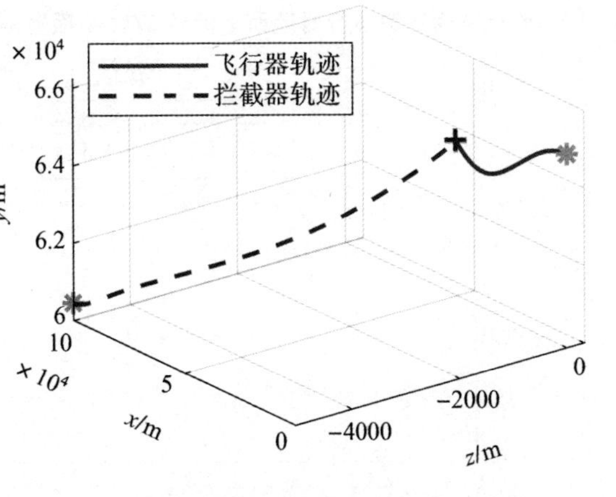

图6-12　临近空间高速飞行器和拦截器空间轨迹（一）

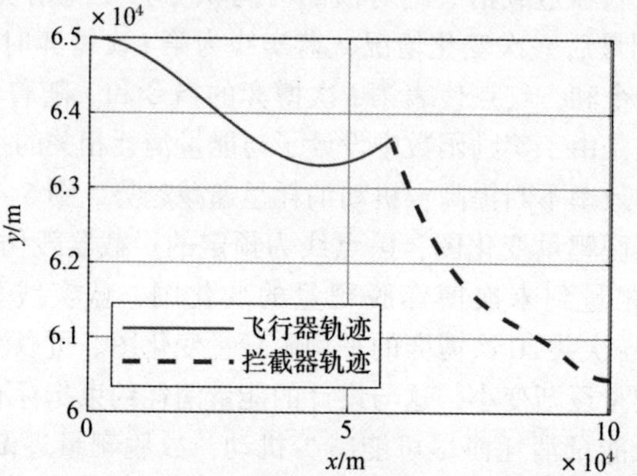

图 6-13　临近空间高速飞行器地面坐标系 *XOY* 平面轨迹图（一）

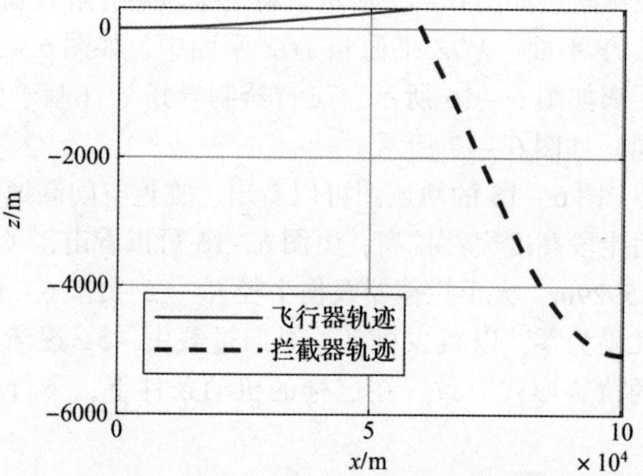

图 6-14　临近空间高速飞行器地面坐标系 *XOZ* 平面轨迹图（一）

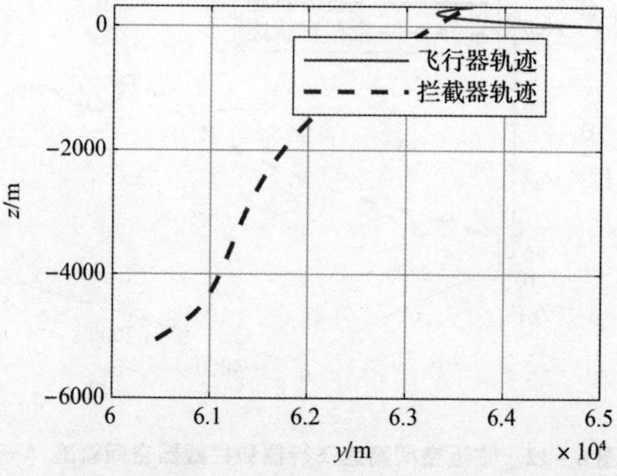

图 6-15　临近空间高速飞行器地面坐标系 *YOZ* 平面轨迹图（一）

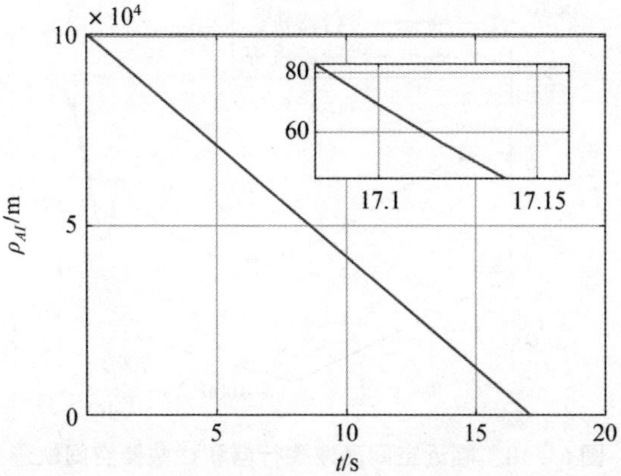

图 6－16　临近空间高速飞行器与拦截器的相对距离（一）

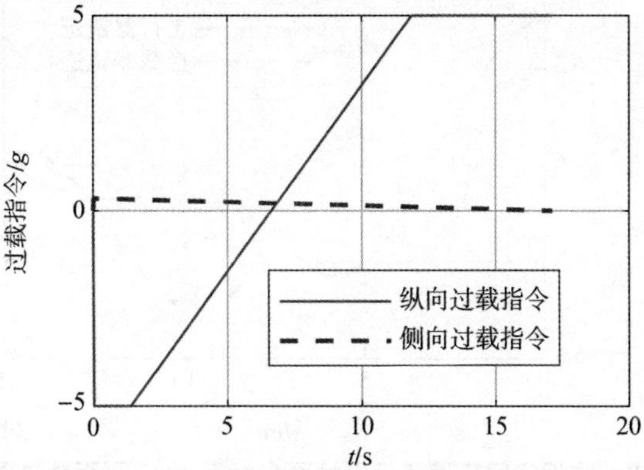

图 6－17　临近空间高速飞行器过载指令

为了验证训练得到的 DDPG 算法在飞行博弈任务中的可靠性，设置测试场景为：增大飞行器初始高度为 6.3×10^4m，降低飞行器速度为 2500m/s，增加拦截器 x 轴方向距离为 1.5×10^5m，其余设置与表 6－1 相同。利用训练好的智能体运行仿真程序，得到飞行器与拦截器的三维轨迹，如图 6－18 所示。将三维轨迹分解到临近空间高速飞行器地面坐标系 XOY 平面、XOZ 平面和 YOZ 平面中，如图 6－19～图 6－21 所示。飞行器地面坐标系与拦截器相对距离如图 6－22 所示。临近空间高速飞行器制导指令如图 6－23 所示。

对比图 6－12～图 6－23 可以看出：DDPG 算法所得的制导律其纵向过载随着飞行器与拦截器距离的减小从 $-5g$ 逐渐过渡到 $+5g$，而侧向过载指令很小。这是因为在回报函数设计式（6－16）中包含对最终脱靶量的约束：在 $R_{\min}\in[20,100]$ 范围内，$R_{\min}$ 越大，所获得的奖励值越高；同时包含对控制量

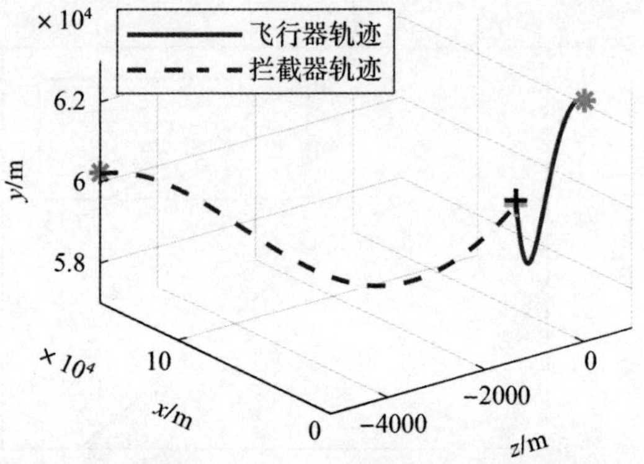

图 6－18　临近空间高速飞行器和拦截器空间轨迹

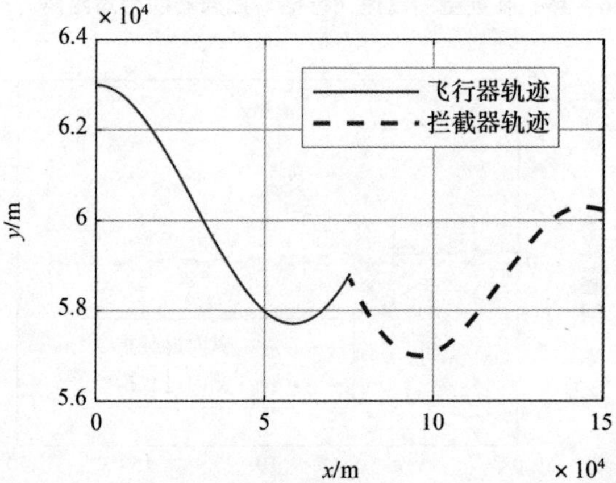

图 6－19　临近空间高速飞行器地面坐标系 *XOY* 平面轨迹图（二）

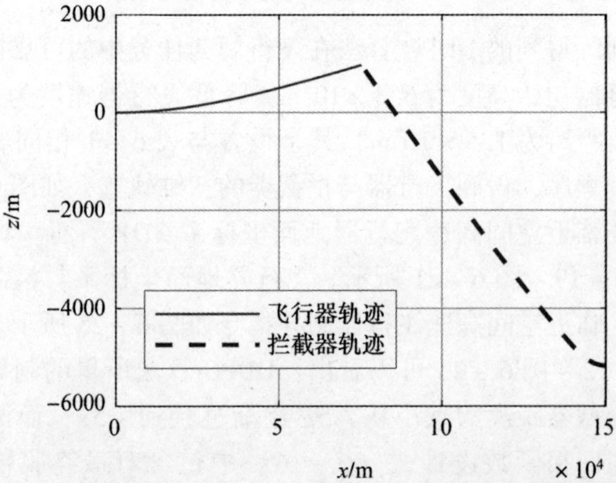

图 6－20　临近空间高速飞行器地面坐标系 *XOZ* 平面轨迹图（二）

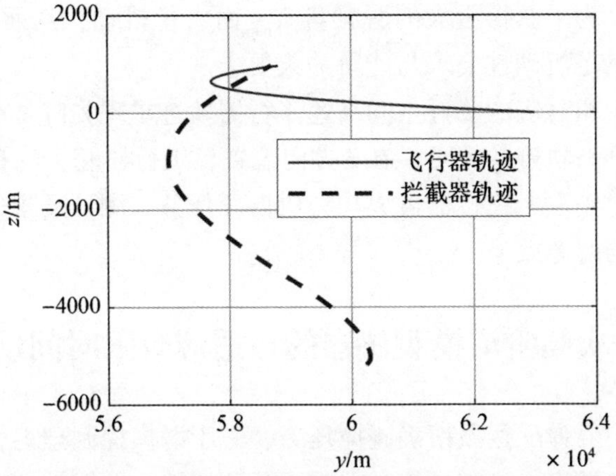

图 6－21　临近空间高速飞行器地面坐标系 *YOZ* 平面轨迹图（二）

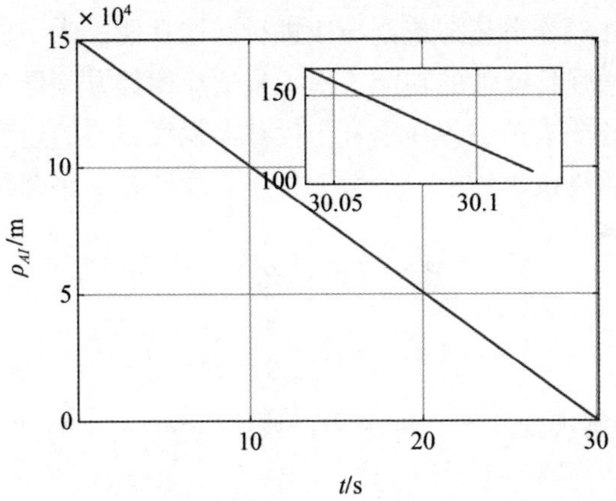

图 6－22　临近空间高速飞行器地面坐标系与拦截器相对距离（二）

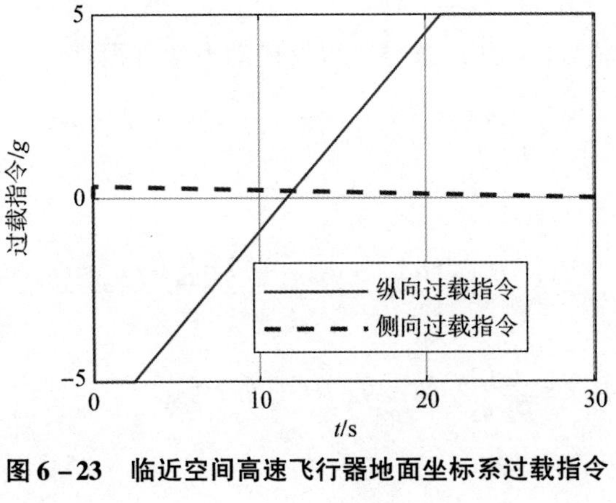

图 6－23　临近空间高速飞行器地面坐标系过载指令

的约束，防止其为了获得更大的脱靶量 $R_{\min}$ 而大量机动，从而消耗过多能量。所得制导指令满足机动性要求与能量约束要求。

与制导指令相对应的临近空间高速飞行器轨迹呈现先降低高度，在接近拦截器时，突然升高轨迹的特点；在 z 方向位置，飞行器基本保持不变，以减少能量消耗。此轨迹下，飞行器可成功完成博弈任务。测试场景的仿真结果证明了该轨迹良好的博弈效果。

6.5 带有齐次高阶滑模观测器的自适应有限时间反拦截制导律

本节针对护卫弹反拦截精确碰撞任务，基于滑模控制理论，提出了一种三维光滑超螺旋制导律。该制导律具有较强的鲁棒性，并能够实现视线角速度的有限时间收敛。为了进一步增强制导律的鲁棒性，引入齐次高阶滑模观测器估计拦截器加速度并对光滑超螺旋制导律进行前馈补偿。为了进一步削弱抖振现象，并实现自主增强鲁棒性的功能，引入自适应律提升制导律性能。

精确命中任务要求护卫弹在垂直于拦截器视线方向的速度为零，同时为了满足反拦截任务的终端角约束，参考 2.9.3 节设计如下非奇异终端滑模面：

$$\begin{cases}\sigma_1 = (q_\alpha - q_{\alpha d}) + \dfrac{1}{\beta_1}(\dot{q}_\alpha - \dot{q}_{\alpha d})^{\frac{p_1}{q_1}} \\ \sigma_2 = (q_\beta - q_{\beta d}) + \dfrac{1}{\beta_2}(\dot{q}_\beta - \dot{q}_{\beta d})^{\frac{p_2}{q_2}}\end{cases} \tag{6-21}$$

式中：β_1 和 β_2 为滑模面参数，要求为正数；$1 < p_1/q_1 < 2$，$1 < p_2/q_2 < 2$，且都为正奇数。

当滑模变量等于零时，视线角与视线角速度的跟踪误差将会有限时间收敛于零。

对滑模变量式（6-21）求导可得滑模动力学方程：

$$\begin{aligned}\dot{\sigma}_1 &= (\dot{q}_\alpha - \dot{q}_{\alpha d}) + \frac{1}{\beta_1}\frac{p_1}{q_1}(\dot{q}_\alpha - \dot{q}_{\alpha d})^{\frac{p_1}{q_1}-1}(\ddot{q}_\alpha - \ddot{q}_{\alpha d}) \\ &= (\dot{q}_\alpha - \dot{q}_{\alpha d}) + \\ &\quad \frac{1}{\beta_1}\frac{p_1}{q_1}(\dot{q}_\alpha - \dot{q}_{\alpha d})^{\frac{p_1}{q_1}-1}\left[\frac{a_{Ty,L} - a_{Ey,L} - (2\dot{\rho}\dot{q}_\alpha + \rho\dot{q}_\beta^2 \sin q_\alpha \cos q_\alpha)}{\rho} - \ddot{q}_{\alpha d}\right]\end{aligned}$$

$$\begin{aligned}\dot{\sigma}_2 &= (\dot{q}_\beta - \dot{q}_{\beta d}) + \frac{1}{\beta_2}\frac{p_2}{q_2}(\dot{q}_\beta - \dot{q}_{\beta d})^{\frac{p_2}{q_2}-1}(\ddot{q}_\beta - \ddot{q}_{\beta d}) \\ &= (\dot{q}_\beta - \dot{q}_{\beta d}) +\end{aligned}$$

$$\frac{1}{\beta_2}\frac{p_2}{q_2}(\dot{q}_\beta-\dot{q}_{\beta d})^{\frac{p_2}{q_2}-1}\left[\frac{a_{Tz,L}-a_{Ez,L}-(2\rho\dot{q}_\beta\dot{q}_\alpha\sin q_\alpha-2\dot{\rho}\dot{q}_\beta\cos q_\alpha)}{-\rho\cos q_\alpha}-\ddot{q}_{\beta d}\right] \tag{6-22}$$

式中：$a_{T_y,L}$、$a_{T_z,L}$为拦截器加速度在护卫弹视线坐标系下的投影；$a_{E_y,L}$、$a_{E_z,L}$为护卫弹加速度在其视线坐标系下的投影。

为了精确估计并在制导律中有效补偿拦截器的加速度，使用三阶齐次高阶滑模观测器进行观测。考虑动力学方程：

$$\begin{cases}\ddot{\rho}-\rho(\dot{q}_\alpha^2+\dot{q}_\beta^2\cos^2 q_\alpha)=a_{Tx,L}-a_{E_x,L}\\ \rho\ddot{q}_\alpha+2\dot{\rho}\dot{q}_\alpha+\rho\dot{q}_\beta^2\sin q_\alpha\cos q_\alpha=a_{Ty,L}-a_{E_y,L}\\ -\rho\ddot{q}_\beta\cos q_\alpha+2\rho\dot{q}_\beta\dot{q}_\alpha\sin q_\alpha-2\dot{\rho}\dot{q}_\beta\cos q_\alpha=a_{Tz,L}-a_{E_z,L}\end{cases} \tag{6-23}$$

令

$$\begin{cases}f_{E1}=\dfrac{1}{\rho}(-g_y-2\dot{\rho}\dot{q}_\alpha-\rho\dot{q}_\beta^2\sin q_\alpha\cos q_\alpha)\\ f_{E2}=\dfrac{1}{-\rho\cos q_\alpha}(-g_z-2\rho\dot{q}_\beta\dot{q}_\alpha\sin q_\alpha+2\dot{\rho}\dot{q}_\beta\cos q_\alpha)\end{cases} \tag{6-24}$$

观测器设计如下：

$$\begin{cases}\dot{z}_{01}=\nu_{01}+f_{E1}-\dfrac{a_{E_y,L}}{\rho}\\ \nu_{01}=-\lambda_0 L_{1d}^{1/3}|z_{01}-\dot{q}_\alpha|^{2/3}\operatorname{sgn}(z_{01}-\dot{q}_\alpha)+z_{11}\\ \dot{z}_{11}=\nu_{11}\\ \nu_{11}=-\lambda_1 L_{1d}^{1/2}|z_{11}-\nu_{01}|^{1/2}\operatorname{sgn}(z_{11}-\nu_{01})+z_{21}\\ \dot{z}_{21}=-\lambda_2 L_{1d}\operatorname{sgn}(z_{21}-\nu_{11})\end{cases} \tag{6-25}$$

输出量 z_{11} 将在有限时间内等于未知的拦截器加速度 $a_{T_y,L}/\rho$。对于 z 方向同理：

$$\begin{cases}\dot{z}_{02}=\nu_{02}+f_{E2}+\dfrac{a_{E_z,L}}{\rho\cos q_\alpha}\\ \nu_{02}=-\lambda_0 L_{2d}^{1/3}|z_{02}-\dot{q}_\beta|^{2/3}\operatorname{sgn}(z_{02}-\dot{q}_\beta)+z_{12}\\ \dot{z}_{12}=\nu_{12}\\ \nu_{12}=-\lambda_1 L_{2d}^{1/2}|z_{12}-\nu_{02}|^{1/2}\operatorname{sgn}(z_{12}-\nu_{02})+z_{22}\\ \dot{z}_{22}=-\lambda_2 L_{2d}\operatorname{sgn}(z_{22}-\nu_{12})\end{cases} \tag{6-26}$$

输出量 z_{12} 将在有限时间内等于未知的拦截器加速度 $-a_{Tz,L}/(\rho\cos q_\alpha)$。

使用光滑超螺旋制导律，并将齐次高阶滑模观测器输出的观测结果进行补偿，可以获得护卫弹期望加速度分量：

$$\begin{cases} a_{Ey,L} = -\rho\left[-\alpha_1 L_1^{1/p}\Phi_{11} + \int -\alpha_2 L_1^{2/p}\Phi_{21} - f_1 - z_{11} + h_1\right] \\ a_{Ez,L} = \rho\cos q_\alpha\left[-\alpha_1 L_2^{1/p}\Phi_{12} + \int -\alpha_2 L_2^{2/p}\Phi_{22} - f_2 - z_{12} + h_2\right] \end{cases} \tag{6-27}$$

其中

$$\begin{cases} \Phi_{11} = \mathrm{sig}^{(p-1)/p}(\sigma_1), \quad \Phi_{21} = \mathrm{sig}^{(p-2)/p}(\sigma_1), \\ \Phi_{12} = \mathrm{sig}^{(p-1)/p}(\sigma_2), \quad \Phi_{22} = \mathrm{sig}^{(p-2)/p}(\sigma_2) \end{cases} \tag{6-28}$$

f_1、f_2、h_1 及 h_2 定义为

$$\begin{cases} f_1 = \dfrac{-g_\gamma - (2\dot{\rho}\dot{q}_\alpha + \rho\dot{q}_\beta^2\sin q_\alpha\cos q_\alpha)}{\rho} - \ddot{q}_{\alpha d} \\ f_2 = \dfrac{-g_z - (2\rho\dot{q}_\beta\dot{q}_\alpha\sin q_\alpha - 2\dot{\rho}\dot{q}_\beta\cos q_\alpha)}{-\rho\cos q_\alpha} - \ddot{q}_{\beta d} \\ h_1 = -\beta_1\dfrac{q_1}{p_1}(\dot{q}_\alpha - \dot{q}_{\alpha d})^{2-\frac{p_1}{q_1}} \\ h_2 = -\beta_2\dfrac{q_2}{p_2}(\dot{q}_\beta - \dot{q}_{\beta d})^{2-\frac{p_2}{q_2}} \end{cases} \tag{6-29}$$

该光滑超螺旋算法由经典超螺旋算法改进而来，传统超螺旋算法可以实现滑模变量及其导数同时有限时间收敛。而光滑超螺旋算法同样可以实现滑模变量及其导数同时有限时间收敛至零，并且控制信号连续且光滑，适合应用到精确末制导飞行器的制导律设计中。但是传统光滑超螺旋算法的缺点是初始控制指令值较大，当应用于制导律设计时，会导致制导初始阶段的过载指令值较大，超出最大可用过载。为了解决此问题，同时自主增强制导律鲁棒性，引入如下自适应律：

$$L_1 = \frac{\bar{L}_1}{\rho}, \ L_2 = \frac{\bar{L}_2}{\rho} \tag{6-30}$$

式中：$\bar{L}_1$ 与 $\bar{L}_1$ 为设定的正常数。

考虑到参数 L_1、L_2 与制导指令绝对值的幅值正相关，在初始末制导阶段，护卫弹与拦截器相对距离较大，则 L_1、L_2 数值较小，可以避免制导初期信号过大的问题。

随着双方距离的减小，L_1、L_2 的数值逐渐增大，因此制导律的鲁棒性也

逐渐增强。因此，可以避免在双方距离较小情况下，拦截器突发性机动，引发护卫弹脱靶的情况。

6.6　基于 DDPG 的飞行器护卫弹协同博弈制导律

在主动反拦截方案中，护卫弹可以主动打击拦截器，但由于拦截器机动能力较强、飞行速度快，护卫弹与其博弈时通常处于劣势。因此，需要临近空间高速飞行器与护卫弹进行协同机动博弈：临近空间高速飞行器通过机动诱导，使拦截器进入特定区域，从而降低护卫弹命中难度。

6.6.1　智能协同博弈制导律设计

本节所述协同博弈制导律依然通过 DDPG 算法训练得到。针对临近空间高速飞行器、护卫弹与拦截器之间的三体博弈场景，建立马尔可夫决策模型。

1）MDP 状态空间

临近空间高速飞行器、护卫弹和拦截器是三体博弈，飞行器的主要任务是在保证自身安全的前提下，通过机动诱使拦截器进入到特定空域，为护卫弹实施反拦截提供有利条件。因此，为提高算法的泛化性，采用临近空间高速飞行器与拦截器的三维相对位置来构建 MDP 状态空间，即

$$\boldsymbol{S}_2 = [\,\bar{\rho}_{AI}, q_{\alpha_{AI},d}, q_{\beta_{AI},d}\,]^{\mathrm{T}} \tag{6-31}$$

式中：$\bar{\rho}_{AI}$为归一化后飞行器与拦截器的相对距离，满足 $\bar{\rho}_{AI} = \rho_{AI,d}/\rho_{AI,0,d}$，其中，$\rho_{AI}$为飞行器与拦截器在飞行器地面坐标系下的实时相对距离，$\rho_{AI,0,d}$为初始时刻二者的相对距离；$q_{\alpha_{AI},d}$为地面坐标系下拦截器相对于飞行器的视线高低角；$q_{\beta_{AI},d}$为视线方位角。

2）MDP 动作空间

临近空间高速飞行器的制导指令由智能体直接给出，其 MDP 动作空间为

$$\boldsymbol{A}_A = [\,n_{yc}, n_{zc}\,]^{\mathrm{T}} \tag{6-32}$$

飞行器获得的过载值为连续值，即

$$\begin{cases} n_{yc} \in [\,-n_m, n_m\,] \\ n_{zc} \in [\,-n_m, n_m\,] \end{cases} \tag{6-33}$$

3）MDP 状态转移函数

智能体根据当前的状态决策出动作并作用于环境，环境的状态会发生改变。在三体博弈场景中，环境的状态为各飞行器的位置与速度。因此，MDP 状态转移函数由临近空间高速飞行器、护卫弹和拦截器的运动学模型构成。

4）MDP 回报函数

为实现飞行器、护卫弹协同博弈，设计回报函数如下：

$$\text{Reward}_2=\begin{cases}100k_1, & \text{博弈成功}\\ 100k_2, & \text{反拦截成功}\\ -100, & \text{博弈失败}\\ -200, & \text{飞行器越界}\\ \text{reward}_2, & \text{否则}\end{cases} \tag{6-34}$$

对于护卫弹，设计其毁伤半径为

$$R_{E,\max}=2 \tag{6-35}$$

当护卫弹与拦截器的脱靶量 $\rho_{EI,\min}$ 小于 $R_{E,\max}$ 时，认为护卫弹护卫成功，获得回报 $100k_2$，其中 k_2 为

$$k_2=\frac{1}{\rho_{EI,\min}+0.1} \tag{6-36}$$

reward_2 表示飞行过程中获得的实时奖励，表达式为

$$\text{reward}_2=1-f_n(n_{yc},n_{zc}) \tag{6-37}$$

$f_n(n_{yc},n_{zc})$ 与式（6-18）的一致。其余部分的定义与第 6.4.2 节一致。

6.6.2 智能协同博弈制导律训练与测试

临近空间高速飞行器、拦截器的参数如表 61 所列，护卫弹参数如表 6-2 所列。

表 6-2 护卫弹参数

参数	值	参数	值
护卫弹 x 轴位置	1.5×10^4m	护卫弹 y 轴位置	6.25×10^4m
护卫弹 z 轴位置	-2000m	护卫弹 x 轴初始速度	3800m/s
护卫弹 y 轴初始速度	0m/s	护卫弹 z 轴初始速度	0m/s
护卫弹最大可用过载	$5g$		

设定 DDPG 算法的 Actor 网络和 Critic 网络学习速率均为 0.01；训练算法的 MiniBatchSize 为 32，经验池大小为 1×10^6，折扣因子为 0.99。经过约 1100 次训练后，智能体达到预定性能要求，训练过程如图 6-24 ~ 图 6-27 所示。

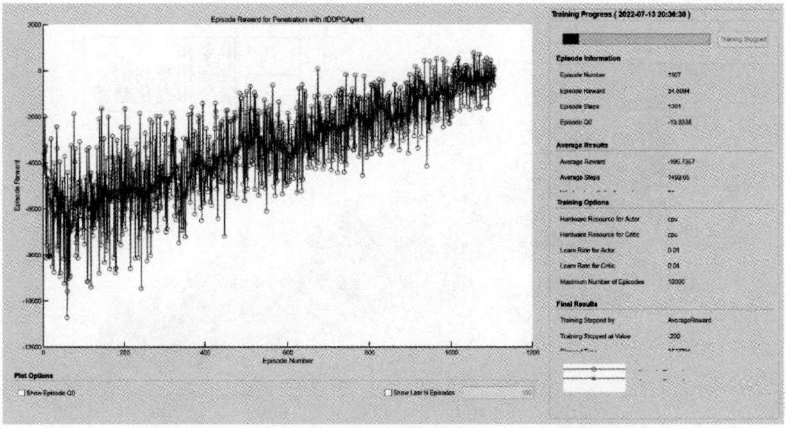

图 6–24　强化学习训练过程（二）（附彩插）

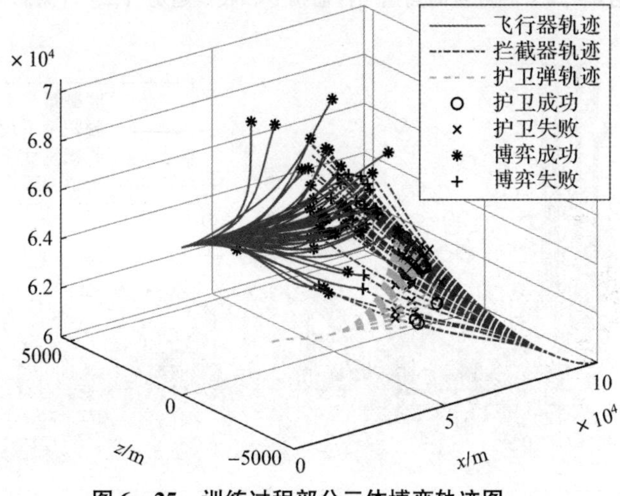

图 6–25　训练过程部分三体博弈轨迹图

从图 6–24 可以看出，随着学习次数增加，每一次智能体获得的奖励逐渐增多，其中蓝线代表每次学习智能体获得的总收益，红线代表最近 20 次学习获得的平均收益。图 6–25 为训练过程中部分临近空间高速飞行器、拦截器和护卫弹的三体博弈轨迹图。图 6–26 为学习过程中临近空间高速飞行器指令和（与前文相同）的变化情况，绿虚线代表飞行器首次博弈指令和到最后一次的变化情况，蓝实线为第 i 次博弈时，第 $i-19$ 到第 i 次博弈的平均指令和变化情况，红圈代表第 i 次博弈的指令和变化情况；可以看出，随着学习次数的增加，指令和减少，一方面是由于奖励函数中设计了与飞行器能量消耗相关的指标，另一方面是飞行器过大的机动会导致拦截器机动过大，不利于护卫弹成功反拦截。

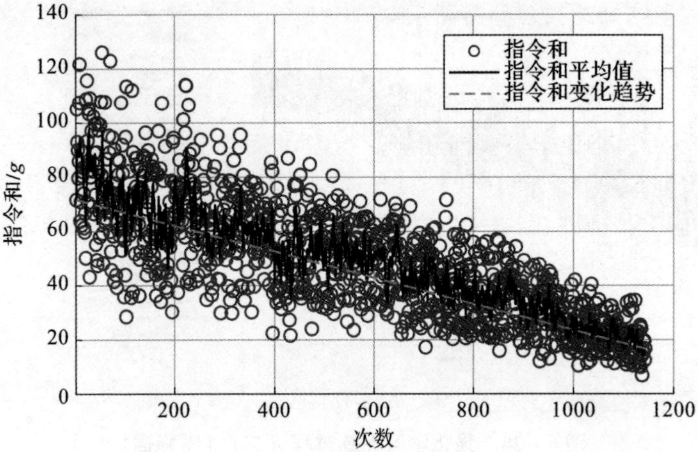

图 6 – 26　临近空间高速飞行器指令和收敛趋势（二）（附彩插）

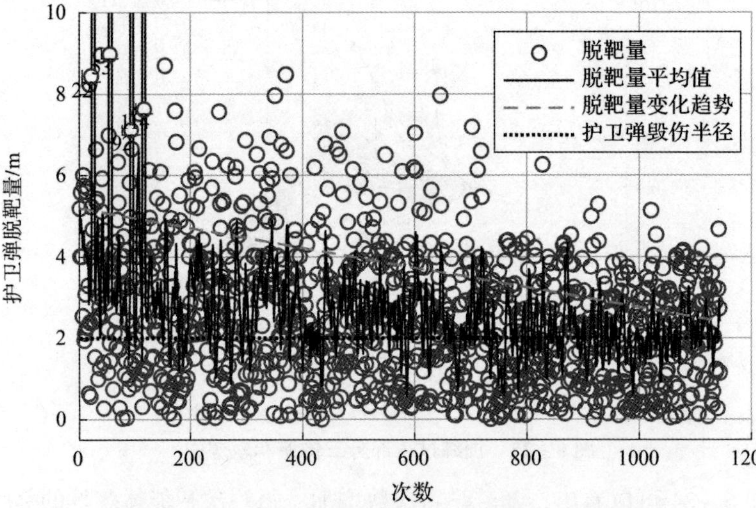

图 6 – 27　护卫弹、拦截器脱靶量收敛趋势（附彩插）

图 6 – 27 为学习过程中护卫弹相对拦截器的脱靶量变化图，黑点线为预定的护卫弹毁伤半径（2m）；绿虚线为护卫弹首次博弈到末次博弈脱靶量的变化趋势；蓝实线为第 i 次博弈时，第 $i-19$ 次到第 i 次共 20 次博弈的平均脱靶量变化图，可以看出，随着学习次数的增加，护卫弹脱靶量逐渐变小，但始终满足预定最大脱靶量要求。

收敛后的三维轨迹如图 6 – 28 所示。将三维轨迹分解到临近空间高速飞行器地面坐标系的 *XOY* 平面、*XOZ* 平面和 *YOZ* 平面中，如图 6 – 29 ~ 图 6 – 31 所示。护卫弹与拦截器相对距离如图 6 – 32 所示。护卫弹过载指令如图 6 – 33

所示。临近空间高速飞行器过载指令如图 6 – 34 所示。飞行器与拦截器相对距离如图 6 – 35 所示。

从图 6 – 28 ~ 图 6 – 31 可以看出，临近空间高速飞行器向下运动，以诱导拦截器，协助护卫弹成功命中拦截器。从图 6 – 32 可以看出，护卫弹与拦截器的脱靶量为 0.8248m，小于预定毁伤半径（2m），护卫弹护卫成功。由护卫弹过载指令（图 6 – 33）可以看出，护卫弹即使在最大过载指令为 4g 的情况下，依然满足任务需求，在末端其需用过载小于最大可用过载，留有一定的机动裕度。从图 6 – 34 可以看出，在满足护卫弹协同制导的需求下，临近空间高速飞行器制导指令尽可能小以降低能量损耗。图 6 – 35 所示为飞行器与拦截器相对距离，在护卫弹完成护卫时，相对距离为 2.0516×10^4m，飞行器不在拦截器毁伤范围内。

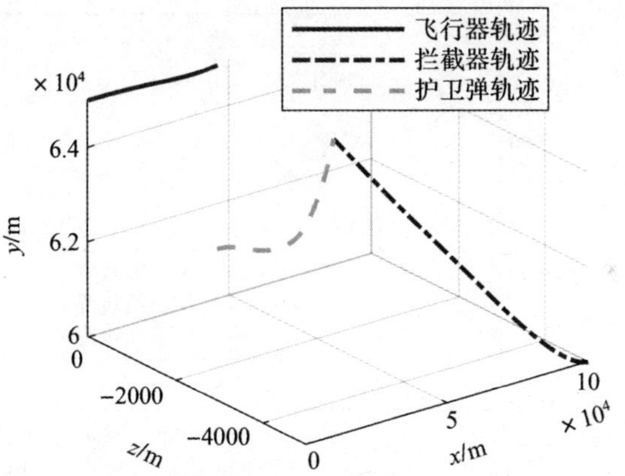

图 6 – 28　临近空间高速飞行器地面坐标系下三体博弈轨迹（一）

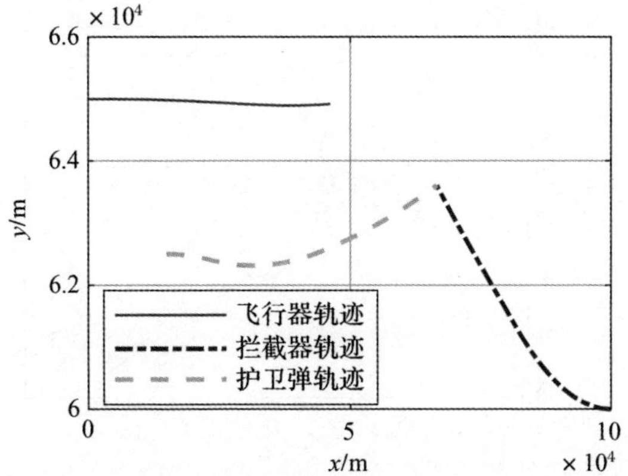

图 6 – 29　临近空间高速飞行器地面坐标系 *XOY* 平面轨迹图（三）

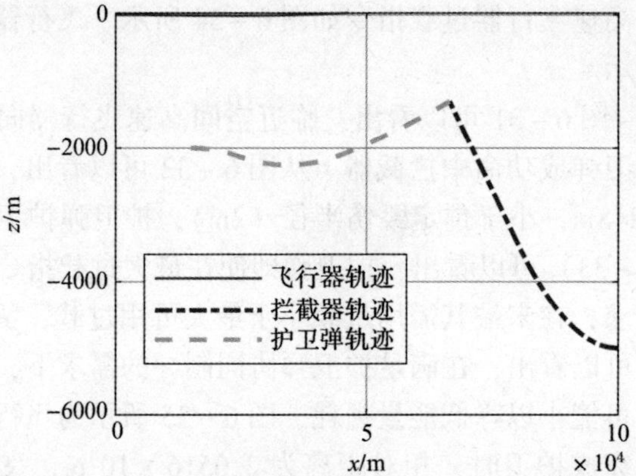

图 6-30 临近空间高速飞行器地面坐标系 *XOZ* 平面轨迹图（三）

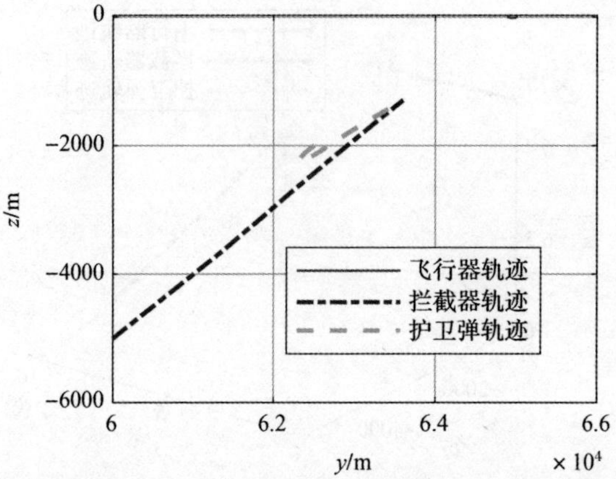

图 6-31 临近空间高速飞行器地面坐标系 *YOZ* 平面轨迹图（三）

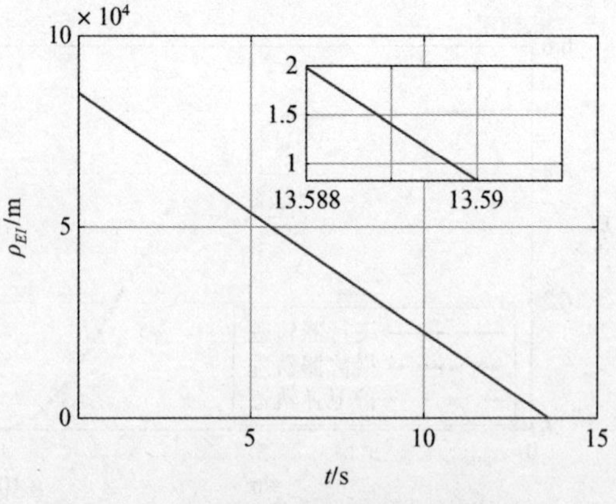

图 6-32 护卫弹与拦截器相对距离（一）

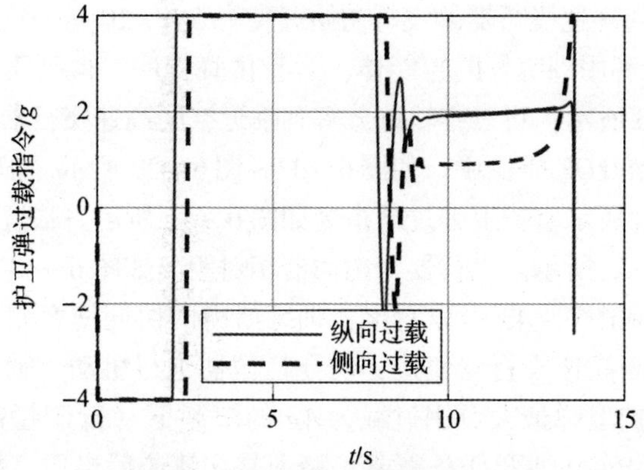

图 6－33　护卫弹过载指令（一）

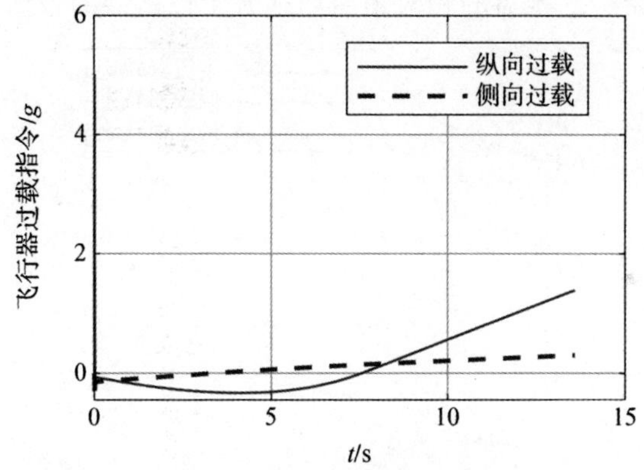

图 6－34　临近空间高速飞行器过载指令（一）

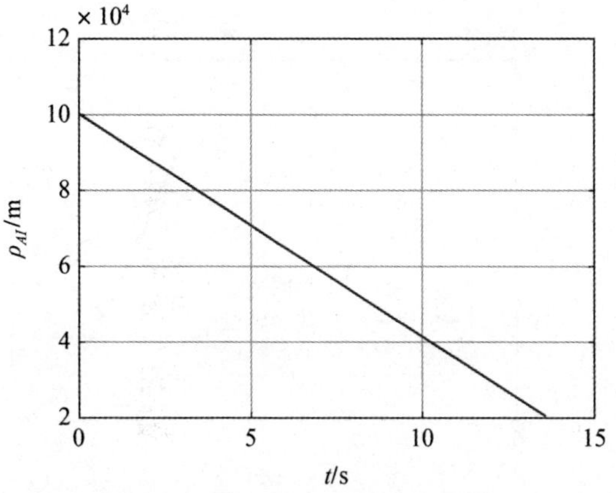

图 6－35　飞行器与拦截器相对距离（一）

降低临近空间高速飞行器的飞行初始高度为6.4×10^4m，其余设置与表6-1和表6-2相同。利用训练好的智能体，运行仿真程序，得到飞行器与拦截器三维轨迹如图6-36所示；将三维轨迹分解到临近空间高速飞行器地面坐标系*XOY*平面、*XOZ*平面和*YOZ*平面中，如图6-37~图6-39所示。护卫弹与拦截器相对距离如图6-40所示。护卫弹过载指令如图6-41所示。临近空间高速飞行器过载指令如图6-42所示。飞行器与拦截器相对距离如图6-43所示。

从图6-28到图6-43可以看出，训练所得的协同博弈制导指令通过降低或者升高临近空间高速飞行器轨迹，诱导拦截器进行机动，辅助护卫弹成功完成护卫任务；在护卫弹最大可用过载为4*g*的限制下（低于拦截器最大可用过载5*g*），依然满足实际博弈任务需要，特别是在轨迹后半段，护卫弹实际过载较小，留有一定的机动能力，以应对拦截器突然机动；护卫弹护卫成功时，临近空间高速飞行器与拦截器的相对距离均远大于拦截器的毁伤半径。

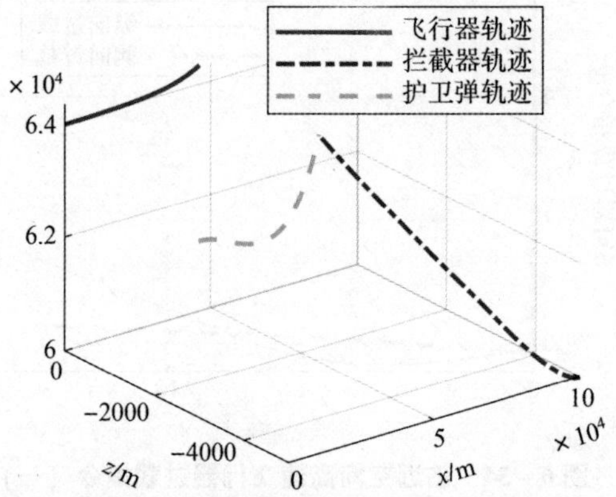

图6-36　临近空间高速飞行器地面坐标系下三体博弈轨迹（二）

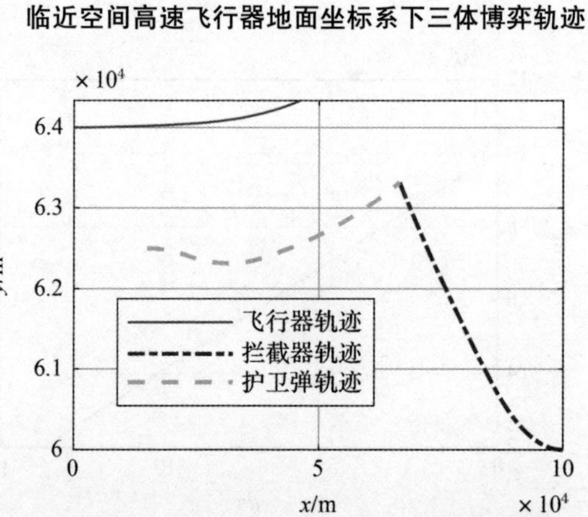

图6-37　临近空间高速飞行器地面坐标系*XOY*平面轨迹图（四）

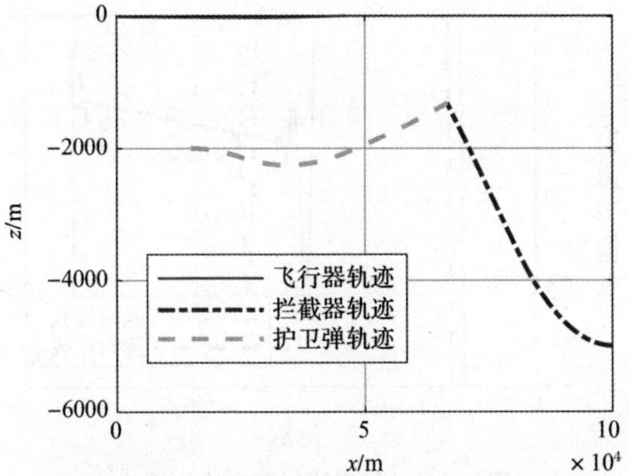

图 6－38　临近空间高速飞行器地面坐标系 *XOZ* 平面轨迹图（四）

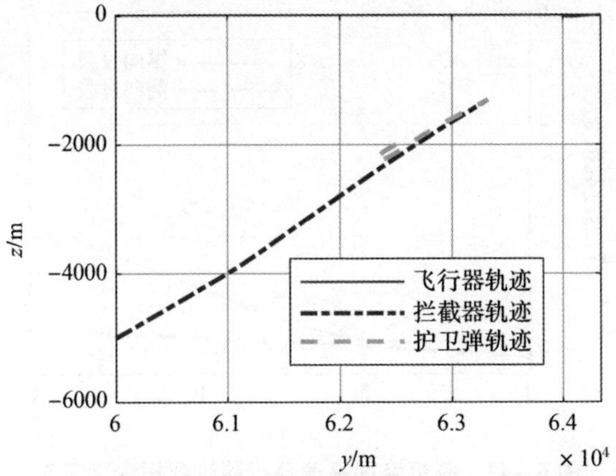

图 6－39　临近空间高速飞行器地面坐标系 *YOZ* 平面轨迹图（四）

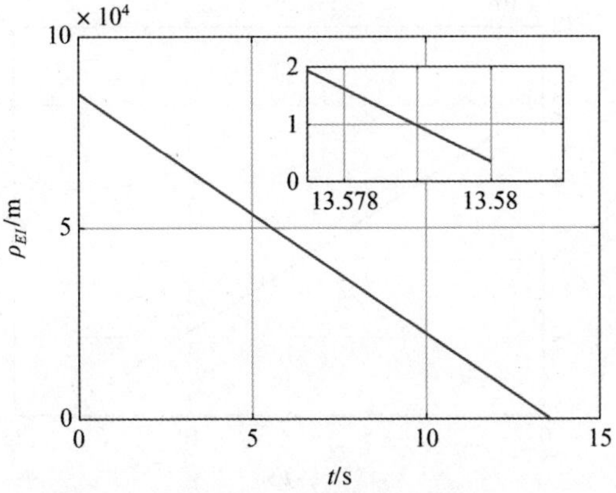

图 6－40　护卫弹与拦截器相对距离（二）

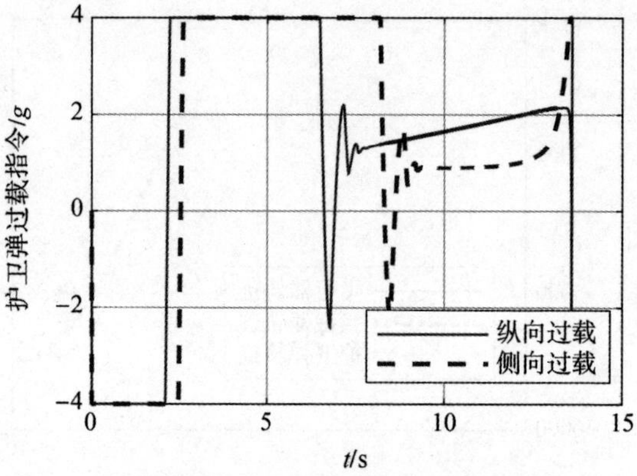

图 6－41　护卫弹过载指令（二）

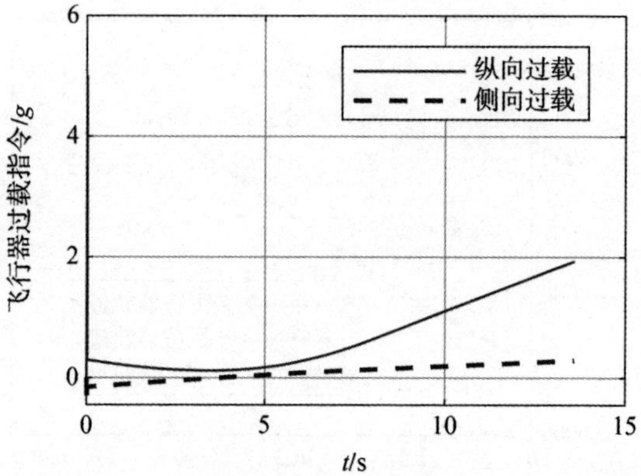

图 6－42　临近空间高速飞行器过载指令（二）

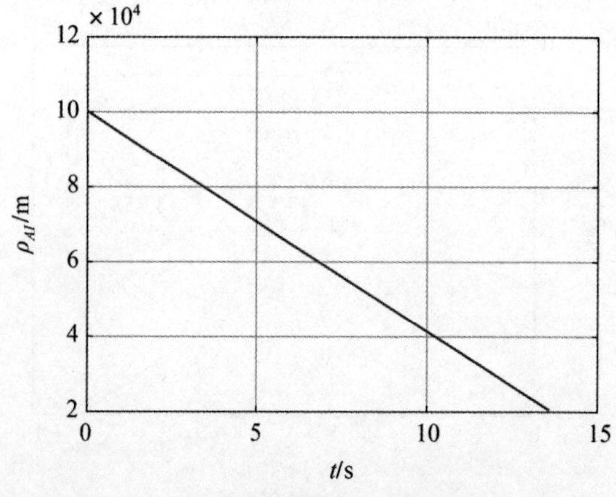

图 6－43　飞行器与拦截器相对距离（二）

6.7 本章小结

本章针对临近空间高速飞行器博弈任务需求，设计了基于深度确定性策略梯度网络的智能博弈制导与带有齐次高阶滑模观测器的自适应有限时间反拦截制导律。首先，针对临近空间高速飞行器与拦截器博弈场景建立马尔可夫模型，通过智能体与博弈环境交互学习，智能获取飞行器最优机动博弈制导律。然后，设计了带有齐次高阶滑模观测器的自适应有限时间反拦截制导律，齐次高阶滑模观测器可对拦截器加速度进行固定时间精确估计，并在光滑超螺旋制导律中进行前馈补偿，保障护卫弹对拦截器的高精度命中。同时，引入自适应律，根据相对距离实时调节反拦截制导增益，自主提升制导律的精度与鲁棒性，避免制导指令饱和。最后，针对临近空间高速飞行器、护卫弹与拦截器三体博弈场景，基于深度确定性策略梯度算法建立智能协同博弈制导律。该制导律可通过飞行器智能机动诱使拦截器机动至护卫弹可攻击流形，降低护卫弹命中难度。临近空间高速飞行器机动与护卫弹主动反拦截的“双博弈策略”协同配合，可有效提高飞行器博弈胜率。

思考题

1. 写出三种临近空间高速飞行器常用的博弈手段。
2. 推导脱靶量计算公式。
3. 写出强化学习的定义。
4. 在强化学习中，基于值函数方法与基于策略方法有什么不同？
5. 深度确定性策略梯度算法相较于普通强化学习算法有哪些优势？
6. 马尔可夫决策过程模型由哪几部分组成？
7. 简述反拦截制导律中自适应算法如何提高制导律鲁棒性。
8. 请证明：终端滑模面收敛至零后，状态变量 x 可在有限时间内收敛至零。
9. 相较于普通超螺旋算法的优点，本章进行了怎样的改进，优点是什么？

第7章

考虑多种约束的临近空间高速拦截器拦截制导律设计

7.1 引言

现阶段大空域、宽速域的临近空间高速飞行器因其强机动能力而具备极大的军事潜能，对各国现有拦截系统构成极大压力。因此，各国提出了以临反临的拦截策略，期望利用临近空间高速拦截器的快速、强机动优势，实现对来袭临近空间高速飞行器的高效防御。本章考虑临近空间高速飞行器精确拦截来袭高速目标的场景，为保障成功拦截概率，视线角速度需在有限时间内收敛至零，且视线角应收敛到期望值以提高毁伤效果。考虑飞行过程中的导引头视场限制，视线角误差需保持在有限区域内，即拦截制导律不仅要考虑视线角误差收敛的稳态性能，还应关注收敛过程中的瞬态性能指标。此外，为提高毁伤概率与精度，往往需要多枚临近空间高速拦截器对目标实施协同拦截。因此，需要针对临近空间高精度拦截任务，设计考虑终端角约束、视线角误差瞬态性能以及时间协同的制导算法。本章首先设计新型抗饱和预设性能函数用于限定视线角误差的瞬态与稳态性能，并可缓解过载饱和问题；然后，设计变幂次滑模算法，使得视线角与角速度在固定时间内收敛至期望值；最后，针对多拦截器时间协同拦截需求，建立时间协同拦截制导律，调节多拦截器命中时间，使其趋于指定值，提升整体命中概率。

7.2 问题描述

如3.4.2节制导动力学模型（式（3－30））可以得到临近空间高速拦截器 M 与目标 T 的相对运动模型：

$$\begin{cases}\ddot{\rho}-\rho(\dot{q}_{\alpha}^{2}+\dot{q}_{\beta}^{2}\cos^{2}q_{\alpha})=a_{T_x,L}-a_{M_x,L}\\ \rho\ddot{q}_{\alpha}+2\dot{\rho}\dot{q}_{\alpha}+\rho\dot{q}_{\beta}^{2}\sin q_{\alpha}\cos q_{\alpha}=a_{T_y,L}-a_{M_y,L}\\ -\rho\ddot{q}_{\beta}\cos q_{\alpha}+2\rho\dot{q}_{\beta}\dot{q}_{\alpha}\sin q_{\alpha}-2\dot{\rho}\dot{q}_{\beta}\cos q_{\alpha}=a_{T_z,L}-a_{M_z,L}\end{cases} \tag{7-1}$$

为了便于后续制导律分析与设计，选择状态变量为 $x_1=q_{\alpha}$、$x_2=\dot{q}_{\alpha}$、$x_3=q_{\beta}$、$x_4=\dot{q}_{\beta}$，式 (7-1) 状态空间形式表示为

$$\begin{cases}\dot{x}_1=x_2\\ \dot{x}_2=f_1+g_1(u_1+d_1)\\ \dot{x}_3=x_4\\ \dot{x}_4=f_2+g_2(u_2+d_2)\end{cases} \tag{7-2}$$

其中

$$\begin{cases}f_1=-\dfrac{2\dot{\rho}x_2}{\rho}-x_4^2\sin x_1\cos x_1,\ g_1=-\dfrac{1}{\rho},\ u_1=a_{M_y,L},\ d_1=-a_{T_y,L},\\ f_2=2x_2x_4\tan q_{\alpha}-\dfrac{2\dot{\rho}x_4}{\rho},\ g_2=\dfrac{1}{\rho\cos x_1},\ u_2=a_{M_z,L},\ d_2=-a_{T_z,L}\end{cases} \tag{7-3}$$

为了实现对来袭目标的精确拦截，状态变量 x_2 与 x_4 需在有限时间内收敛至零。同时，考虑到导引头视场限制以及更优毁伤效果，视线角应该收敛至特定值，总结如下：

$$\begin{cases}q_{\alpha}(t_{\mathrm{f}})\to q_{\alpha d}\\ q_{\beta}(t_{\mathrm{f}})\to q_{\beta d}\\ \dot{q}_{\alpha}(t_{\mathrm{f}})\to 0\\ \dot{q}_{\beta}(t_{\mathrm{f}})\to 0\end{cases} \tag{7-4}$$

式中：t_{f} 为飞行时间。

此外，在拦截过程中，仅考虑视线角速度稳态收敛性能是不够的，需要同时关注视线角误差收敛的瞬态性能。换言之，所设计的拦截制导律需确保视线角 q_{α} 与 q_{β} 始终收敛于预定范围内，即

$$\begin{cases}-\delta_{L,q_{\alpha}}\rho_{q_{\alpha}}(t)<q_{\alpha}-q_{\alpha d}<\delta_{U,q_{\alpha}}\rho_{q_{\alpha}}(t)\\ -\delta_{L,q_{\beta}}\rho_{q_{\beta}}(t)<q_{\beta}-q_{\beta d}<\delta_{U,q_{\beta}}\rho_{q_{\beta}}(t)\end{cases} \tag{7-5}$$

式中：$\rho_{q_{\alpha}}(t)$ 与 $\rho_{q_{\beta}}(t)$ 为预先设定的关于视线高低角与方位角的性能函数。

参数 $\delta_{L,q_{\alpha}}$、$\delta_{U,q_{\alpha}}$、$\delta_{L,q_{\beta}}$ 与 $\delta_{U,q_{\beta}}$ 满足：

$$\delta_{L,q_{\alpha}},\delta_{U,q_{\alpha}},\delta_{L,q_{\beta}},\delta_{L,q_{\beta}}\in(0,1] \tag{7-6}$$

同时，为了提高拦截成功率，往往应用多枚临近空间高速拦截器对目标实施拦截，因此需要研究具备时间协同能力的制导律。

本章的目的在于设计考虑多种约束的临近空间高速拦截器制导律，在保障精确命中的同时，满足视线角瞬态性能约束与终端角约束；设计时间协同拦截制导律，以实现多拦截器对来袭目标的时间序贯命中与时间协同命中。

7.3 带终端角约束的抗饱和预设性能制导律

本节针对单枚临近空间高速拦截器拦截高速强机动目标的任务场景，设计精确拦截制导律。首先，提出了一种新型设定时间收敛的性能函数以约束视线角收敛过程中的瞬态性能，随后给出误差转换模型。基于已建立的误差转化模型，设计带终端角约束的抗饱和预设性能制导律。

7.3.1 抗饱和预设性能函数设计与误差转换模型

7.3.1.1 新型抗饱和预设性能函数设计

新型抗饱和预设性能函数设计如下：

$$\rho(t)=\begin{cases}(\rho_0-\rho_\infty)\exp[\varpi(t)]+\rho_\infty, & t<T_\rho \\ \rho_\infty, & t\geqslant T_\rho\end{cases} \tag{7-7}$$

式中，ρ_0 与 ρ_∞ 为正常数。

函数 $\varpi(t)$ 满足：

$$\varpi(t)=\frac{-at(t-b)}{T_\rho-t} \tag{7-8}$$

式中：$a>0$；$b<T_\rho$；T_ρ 为性能函数 $\rho(t)$ 从初始状态 ρ_0 收敛至稳态误差 ρ_∞ 所用时间，其值为预先设定值。

定理 7.1：对于新型性能函数（式（7-7）），$\rho(t)$ 可在设定时间 T_ρ 内收敛至 ρ_∞，且性能函数 $\rho(t)$ 及其导数 $\dot{\rho}(t)$ 连续且光滑。

证明：

1）$t\geqslant T_\rho$

当 $t\geqslant T_\rho$ 时，显然可以得到：

$$\begin{cases}\rho(t)=\rho_\infty, \ \dot{\rho}(t)=\ddot{\rho}(t)=0 \\ \lim\limits_{t\to T_\rho^+}\rho(t)=\rho_\infty, \ \lim\limits_{t\to T_\rho^+}\dot{\rho}(t)=\lim\limits_{t\to T_\rho^+}\ddot{\rho}(t)=0\end{cases} \tag{7-9}$$

因此，在$t\geqslant T_\rho$后，性能函数$\rho(t)$已收敛至ρ_∞。同时，函数$\rho(t)$及其导数$\dot{\rho}(t)$均光滑且连续。

2）$t<T_p$

当$t<T_p$时，性能函数$\rho(t)$的导数$\dot{\rho}(t)$及二阶导数$\ddot{\rho}(t)$可写为

$$\begin{cases}\dot{\rho}(t)=(\rho_0-\rho_\infty)\dot{\varpi}(t)\exp[\varpi(t)]\\ \ddot{\rho}(t)=(\rho_0-\rho_\infty)\dot{\varpi}^2(t)\exp[\varpi(t)]+(\rho_0-\rho_\infty)\ddot{\varpi}(t)\exp[\varpi(t)]\end{cases}\tag{7-10}$$

其中，函数$\dot{\varpi}(t)$与$\ddot{\varpi}(t)$可表示为

$$\begin{cases}\dot{\varpi}(t)=\dfrac{a(t^2-2T_\rho t+bT_\rho)}{(T_\rho-t)^2}\\ \ddot{\varpi}(t)=\dfrac{-2aT_\rho(T_\rho-b)}{(T_\rho-t)^3}\end{cases}\tag{7-11}$$

显然，函数$\dot{\rho}(t)$与$\ddot{\rho}(t)$在$t<T_\rho$时均连续。因此，函数$\rho(t)$与$\dot{\rho}(t)$均连续且光滑。

接下来，分析$t\to T_\rho^-$的情况。此时，性能函数$\rho(t)$可表示为

$$\begin{aligned}\lim_{t\to T_\rho^-}\rho(t)&=\lim_{t\to T_\rho^-}\{(\rho_0-\rho_\infty)\exp[\varpi(t)]+\rho_\infty\}\\&=\lim_{t\to T_\rho^-}[(\rho_0-\rho_\infty)\exp(-\infty)+\rho_\infty]=\rho_\infty\end{aligned}\tag{7-12}$$

函数$\dot{\rho}(t)$满足：

$$\begin{aligned}\lim_{t\to T_\rho^-}\dot{\rho}(t)&=\lim_{t\to T_\rho^-}\{(\rho_0-\rho_\infty)\dot{\varpi}(t)\exp[\varpi(t)]\}\\&=(\rho_0-\rho_\infty)\lim_{t\to T_\rho^-}\left\{\frac{a(t^2-2T_\rho t+bT_\rho)}{(T_\rho-t)^2}\exp[\varpi(t)]\right\}\\&=a(\rho_0-\rho_\infty)\lim_{t\to T_\rho^-}\frac{(t^2-2T_\rho t+bT_\rho)/(T_\rho-t)^2}{\exp[-\varpi(t)]}\end{aligned}\tag{7-13}$$

对式（7-13）使用两次洛必达法则，可得

$$\begin{aligned}\lim_{t\to T_\rho^-}\dot{\rho}(t)&=-2(\rho_0-\rho_\infty)(bT_\rho-T_\rho^2)\lim_{t\to T_\rho^-}\frac{1/(T_\rho-t)}{\exp[-\varpi(t)](t^2-2T_\rho t+bT)}\\&=\frac{2(\rho_0-\rho_\infty)}{a(bT_\rho-T_\rho^2)}\lim_{t\to T_\rho^-}\frac{1}{\exp(+\infty)}=0\end{aligned}\tag{7-14}$$

与$\dot{\rho}(t)$类似，在$t\to T_\rho^-$时，$\ddot{\rho}(t)$为零，此时可得

$$\begin{cases}\lim\limits_{t\to T_\rho^-}\rho(t)=\lim\limits_{t\to T_\rho^+}\rho(t)=\rho_\infty\\ \lim\limits_{t\to T_\rho^-}\dot{\rho}(t)=\lim\limits_{t\to T_\rho^+}\dot{\rho}(t)=0\\ \lim\limits_{t\to T_\rho^-}\ddot{\rho}(t)=\lim\limits_{t\to T_\rho^+}\ddot{\rho}(t)=0\end{cases} \tag{7-15}$$

因此，函数$\rho(t)$与$\dot{\rho}(t)$在$t=T_\rho$处是连续且光滑的。

由以上分析可知，当$t\geqslant 0$时，函数$\rho(t)$及其导数$\dot{\rho}(t)$光滑且连续。此外，函数$\rho(t)$能够在设定时间T_ρ处精确收敛至ρ_∞。

注释7.1：由于$b<T_\rho$，显然在$t>0$时$\ddot{\varpi}(t)<0$恒成立。因此，函数$\dot{\varpi}(t)$是一个单调递减函数。对于指数函数$\exp(\cdot)$，$\exp[\varpi(t)]>0$恒成立，同时由于$\rho_0-\rho_\infty>0$，则函数$\dot{\rho}(t)$的正负由$\dot{\varpi}(t)$唯一确定。令$\dot{\varpi}(t)=0$，可求得根为$t=T_\rho\pm\sqrt{T_\rho^2-bT_\rho}$。将两个根分别写为$t_1=T_\rho-\sqrt{T_\rho^2-bT_\rho}$、$t_2=T_\rho+\sqrt{T_\rho^2-bT_\rho}$。如果$b>0$，则有$0<t_1<T_\rho<t_2$。因为$a>0$、$(T_\rho-t)^2>0$，所以当$0\leqslant t<t_1$时，$\dot{\varpi}(t)>0$，此时$\dot{\rho}(t)>0$，$\rho(t)$为单调递增函数；当$t_1\leqslant t<T_\rho$时，$\rho(t)$为单调递减函数。如果$b<0$，则有$t_1<0<T<t_2$。当$0\leqslant t<T_\rho$时，由于$a>0$且$(T_\rho-t)^2>0$，则$\dot{\varpi}(t)<0$，此时$\rho(t)$为单调递减函数。同理，在$b=0$时，$\rho(t)$为单调递减函数，但此时$\dot{\rho}(0)=0$。由以上分析可知，性能函数$\rho(t)$在初始阶段的收敛方向可以通过修改$b$值进行动态调整以适应不同任务需求。

注释7.2：当初始误差较大时，通过选择一个正的参数b，性能函数$\rho(t)$将在初始时增大以扩大误差容许范围，此时可以减小初始阶段所需控制量，以削弱过载饱和情况。当初始误差较小时，可以选择一个负的参数b以减小误差容许范围，进而加快误差收敛速度。

7.3.1.2 误差转换模型

为简化模型以便于制导律设计，将相对运动学模型（式（7-2））分解为两个子系统：纵向平面子系统与侧向平面子系统。纵向平面子系统可表示为

$$\begin{cases}\dot{x}_1=x_2\\ \dot{x}_2=f_1+g_1(u_1+d_1)\end{cases} \tag{7-16}$$

侧向平面子系统可表示为

$$\begin{cases}\dot{x}_3=x_4\\ \dot{x}_4=f_2+g_2(u_2+d_2)\end{cases} \tag{7-17}$$

考虑两个平面子系统（式（7-16）与式（7-17））结构相同，故以纵向平面子系统（式（7-16））为例，给出其误差转换模型求解过程。

定义误差 $e_1=x_1-x_{1d}$，其中 x_{1d} 为状态 x_1 的期望值。误差 e_1 的导数可写为

$$\begin{cases}\dot{e}_1=x_2-\dot{x}_{1d}\\ \ddot{e}_1=f_1-\ddot{x}_{1d}+g_1(u_1+d_1)\end{cases}\tag{7-18}$$

误差 e_1 的转换误差 ε_1 设计为

$$\varepsilon_1=S^{-1}(\lambda_1)=\frac{1}{2}\ln\frac{\delta_{L,1}\delta_{U,1}+\delta_{U,1}\lambda_1}{\delta_{L,1}\delta_{U,1}-\delta_{L,1}\lambda_1}\tag{7-19}$$

其中，$\lambda_1=e_1/\rho_1(t)$，$\rho_1(t)$ 为基于式（7-7）的性能函数，可表示为

$$\rho_1(t)=\begin{cases}(\rho_{0,1}-\rho_{\infty,1})\exp[\varpi_1(t)]+\rho_{\infty,1}, & t<T_{\rho_1}\\ \rho_{\infty,1}, & t\geqslant T_{\rho_1}\end{cases}$$

其中

$$\varpi_1(t)=\frac{-a_1t(t-b_1)}{T_{\rho_1}-t}\tag{7-20}$$

转换函数 $S(\varepsilon_1)$ 满足：

$$\begin{cases}-\delta_{L,1}<S(\varepsilon_1)<\delta_{U,1},\ \forall t>0\\ \lim\limits_{\varepsilon_1\to-\infty}S(\varepsilon_1)=-\delta_{L,1}\\ \lim\limits_{\varepsilon_1\to\infty}S(\varepsilon_1)=\delta_{U,1}\end{cases}\tag{7-21}$$

误差变量 ε_1 的导数可表示为

$$\dot{\varepsilon}_1=\frac{(\delta_{U,1}+\delta_{L,1})\dot{\lambda}_1}{2(\delta_{L,1}+\lambda_1)(\delta_{U,1}-\lambda_1)}\tag{7-22}$$

其中，$\dot{\lambda}_1=(\rho_1\dot{e}_1-e_1\dot{\rho}_1)/\rho_1^2$。

进一步可求得误差变量 ε_1 的二阶导数为

$$\ddot{\varepsilon}_1=\frac{(\delta_{U,1}+\delta_{L,1})\ddot{\lambda}_1}{2(\delta_{U,1}\delta_{L,1}-\lambda_1\delta_{L,1}+\delta_{U,1}\lambda_1-\lambda_1^2)}+\frac{(\delta_{U,1}+\delta_{L,1})(2\lambda_1-\delta_{U,1}+\delta_{L,1})\dot{\lambda}_1^2}{2(\delta_{U,1}\delta_{L,1}-\lambda_1\delta_{L,1}+\delta_{U,1}\lambda_1-\lambda_1^2)^2}\tag{7-23}$$

其中，变量 $\ddot{\lambda}_1$ 满足：

$$\ddot{\lambda}_1=\frac{\ddot{e}_1}{\rho_1}-\frac{e_1\rho_1\ddot{\rho}_1+2\dot{e}_1\rho_1\dot{\rho}_1-2e_1\dot{\rho}_1^2}{\rho_1^3}\tag{7-24}$$

将式（7-18）代入式（7-24），可得纵向平面子系统的误差转换模型为

$$\ddot{\varepsilon}_1=\bar{f}_1+\bar{g}_1u_1+\bar{d}_1\tag{7-25}$$

其中，变量 $\bar{f}_1$、$\bar{g}_1$与 $\bar{d}_1$满足：

$$\begin{cases}\bar{f}_1=\dfrac{(\delta_{U,1}+\delta_{L,1})[\rho_1^2(f_1-\ddot{x}_{1d})-(e_1\rho_1\ddot{\rho}_1+2\dot{e}_1\rho_1\dot{\rho}_1-2e_1\dot{\rho}_1^2)]}{2(\delta_{U,1}\delta_{L,1}-\lambda_1\delta_{L,1}+\delta_{U,1}\lambda_1-\lambda_1^2)\rho_1^3}+\\ \qquad\dfrac{(\delta_{U,1}+\delta_{L,1})(2\lambda_1-\delta_{U,1}+\delta_{L,1})\dot{\lambda}_1^2}{2(\delta_{U,1}\delta_{L,1}-\lambda_1\delta_{L,1}+\delta_{U,1}\lambda_1-\lambda_1^2)^2}\\ \bar{g}_1=\dfrac{(\delta_{U,1}+\delta_{L,1})g_1}{2\rho_1(\delta_{U,1}\delta_{L,1}-\lambda_1\delta_{L,1}+\delta_{U,1}\lambda_1-\lambda_1^2)}\\ \bar{d}_1=\dfrac{(\delta_{U,1}+\delta_{L,1})d_1}{2\rho_1(\delta_{U,1}\delta_{L,1}-\lambda_1\delta_{L,1}+\delta_{U,1}\lambda_1-\lambda_1^2)}\end{cases}\tag{7-26}$$

与纵向平面子系统类似，侧向平面子系统的误差转换模型可表示为

$$\ddot{\varepsilon}_2=\bar{f}_2+\bar{g}_2u_2+\bar{d}_2\tag{7-27}$$

其中，变量 $\bar{f}_2$、$\bar{g}_2$与 $\bar{d}_2$满足：

$$\begin{cases}\bar{f}_2=\dfrac{(\delta_{U,2}+\delta_{L,2})[\rho_2^2(f_2-\ddot{x}_{2d})-(e_2\rho_2\ddot{\rho}_2+2\dot{e}_2\rho_2\dot{\rho}_2-2e_2\dot{\rho}_2^2)]}{2(\delta_{U,2}\delta_{L,2}-\lambda_2\delta_{L,2}+\delta_{U,2}\lambda_2-\lambda_2^2)\rho_2^3}+\\ \qquad\dfrac{(\delta_{U,2}+\delta_{L,2})(2\lambda_2-\delta_{U,2}+\delta_{L,2})\dot{\lambda}_2^2}{2(\delta_{U,2}\delta_{L,2}-\lambda_2\delta_{L,2}+\delta_{U,2}\lambda_2-\lambda_2^2)^2}\\ \bar{g}_2=\dfrac{(\delta_{U,2}+\delta_{L,2})g_2}{2\rho_2(\delta_{U,2}\delta_{L,2}-\lambda_2\delta_{L,2}+\delta_{U,2}\lambda_2-\lambda_2^2)}\\ \bar{d}_2=\dfrac{(\delta_{U,2}+\delta_{L,2})d_2}{2\rho_2(\delta_{U,2}\delta_{L,2}-\lambda_2\delta_{L,2}+\delta_{U,2}\lambda_2-\lambda_2^2)}\end{cases}\tag{7-28}$$

7.3.2 临近空间高速拦截器制导律设计

本节针对临近空间高速拦截器，在建立的误差转换模型的基础上，设计带终端角约束的抗饱和预设性能制导律。首先，给出一种新型变幂次滑模趋近律，以加快滑模变量收敛过程。然后，将新型变幂次滑模趋近律用于制导律设计中，结合非奇异双幂次固定时间滑模面，保证视线角固定时间收敛至期望值。最后，将制导律与新型双层超螺旋自适应律相结合，以提高算法鲁棒性并降低抖振。带终端角约束的预设性能制导律结构如图 7 - 1 所示。

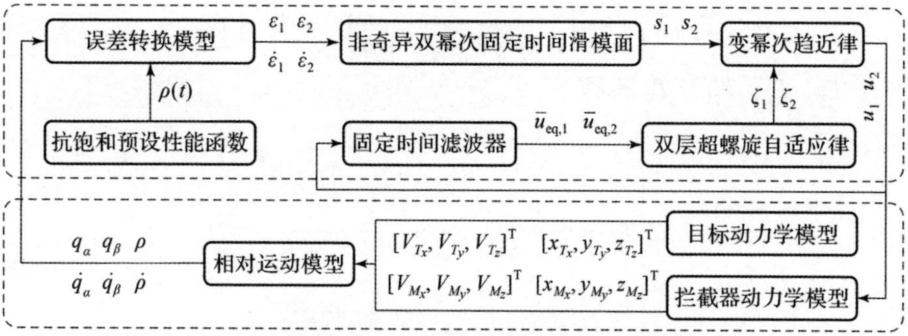

图 7-1　带终端角约束的抗饱和预设性能制导律结构图

7.3.2.1　变幂次滑模趋近律设计

为使滑模变量 s 在固定时间内收敛至零，本节设计了一种新型变幂次滑模趋近律。

定理 7.2：对于一阶系统，新型变幂次滑模趋近律设计为

$$\dot{s} = -\alpha \mathrm{sig}^{\gamma(p)}(s) - \beta \mathrm{sig}^{q}(s) \tag{7-29}$$

其中，$\alpha>0$，$\beta>0$，$0<q<1<p$。函数 $\gamma(p)$ 满足 $\gamma(p)=p^{\mathrm{sgn}(|s|-1)}$，则滑模变量 s 能够在固定时间 T_2 内收敛至零，其满足：

$$T_2 < T_1 \leqslant \frac{1}{\alpha(p-1)} + \frac{1}{\beta(1-q)} \tag{7-30}$$

证明：

传统双幂次终端滑模趋近律可写为

$$\dot{s} = -\alpha \mathrm{sig}^{p}(s) - \beta \mathrm{sig}^{q}(s) \tag{7-31}$$

此时滑模变量 s 可在固定时间 $T_1 \leqslant 1/[\alpha(p-1)] + 1/[\beta(1-q)]$ 内收敛至零。定义变量 $y=|s|^{1-q}$、$y_0=|s_0|^{1-q}$，则式（7-29）与式（7-31）可分别写为

$$\dot{y} = (1-q)\{-\alpha y^{[\gamma(p)-q]/(1-q)} - \beta\} \tag{7-32}$$

$$\dot{y} = (1-q)[-\alpha y^{(p-q)/(1-q)} - \beta] \tag{7-33}$$

对式（7-32）与式（7-33）移项，可得

$$\mathrm{d}t = \frac{1}{(1-q)\{-\alpha y^{[\gamma(p)-q]/(1-q)} - \beta\}}\mathrm{d}y \tag{7-34}$$

$$\mathrm{d}t = \frac{1}{(1-q)[-\alpha y^{(p-q)/(1-q)} - \beta]}\mathrm{d}y \tag{7-35}$$

对式（7-34）与式（7-35）积分，则有

$$T_2 = \frac{1}{1-q}\int_0^{y_0} \frac{1}{\alpha y^{[\gamma(p)-q]/(1-q)} + \beta}\mathrm{d}y = T_3 + T_4 \tag{7-36}$$

$$T_1 = \frac{1}{1-q}\int_0^{y_0}\frac{1}{\alpha y^{(p-q)/(1-q)}+\beta}\mathrm{d}y = T_5 + T_6 \tag{7-37}$$

其中，T_3、T_4、T_5 与 T_6 满足：

$$\begin{cases} T_3 = \dfrac{1}{1-q}\displaystyle\int_0^1 \dfrac{1}{\alpha y^{(p^{-1}-q)/(1-q)}+\beta} \\ T_4 = \dfrac{1}{1-q}\displaystyle\int_1^{y_0} \dfrac{1}{\alpha y^{(p-q)/(1-q)}+\beta} \\ T_5 = \dfrac{1}{1-q}\displaystyle\int_0^1 \dfrac{1}{\alpha y^{(p-q)/(1-q)}+\beta} \\ T_6 = \dfrac{1}{1-q}\displaystyle\int_1^{y_0} \dfrac{1}{\alpha y^{(p-q)/(1-q)}+\beta} \end{cases} \tag{7-38}$$

当 $y>1$ 时，有 $T_4 = T_6$。当 $y\leqslant 1$ 时，显然有 $y^{(p-q)/(1-q)} < y^{(p^{-1}-q)/(1-q)}$。因此，变量 $T_3 < T_5$，进一步有 $T_2 < T_1 \leqslant 1/[\alpha(p-1)] + 1/[\beta(1-q)]$。

注释 7.3：根据以上分析可以得到：当 $|s|<1$ 时，新型变幂次滑模趋近律（式（7－29））收敛速度快于传统双幂次终端滑模制导律（式（7－31））的收敛速度。

注释 7.4：由新型变幂次滑模趋近律（式（7－29））可以看出，由于其不含切换函数项，趋近律连续且光滑，无抖振现象。然而，这也意味着该趋近律无法完全抑制外界扰动与参数摄动。为避免这一问题，可引入观测器并在趋近律中做前馈补偿。

7.3.2.2 带终端角约束的抗饱和预设性能制导律设计

考虑到纵向平面子系统误差转换模型（式（7－25））与侧向平面子系统误差转换模型（式（7－27））结构相同，故以纵向平面子系统为例，给出制导律设计过程与稳定性证明。

为使纵向平面子系统误差转换模型（式（7－25））状态变量 ε_1 在固定时间内收敛至零，参考滑模面（式（2－153）），设计非奇异双幂次固定时间滑模面如下：

$$s_1 = \dot{\varepsilon}_1^{m_1/n_1} + \alpha_1 \mathrm{sig}^{p_1}(\varepsilon_1) + \beta_1 \mathrm{sig}^{q_1}(\varepsilon_1) \tag{7-39}$$

其中，$\alpha_1>0$，$\beta_1>0$，m_1 与 n_1 均为正奇数，且满足 $1<p_1<m_1/n_1<q_1$ 与 $m_1/n_1<2$。

对滑模变量 s 求导，有

$$\dot{s}_1 = \frac{m_1}{n_1}\dot{\varepsilon}_1^{m_1/n_1-1}\ddot{\varepsilon}_1 + \alpha_1 p_1 |\varepsilon_1|^{p_1-1}\dot{\varepsilon}_1 + \beta_1 q_1 |\varepsilon_1|^{q_1-1}\dot{\varepsilon}_1 \tag{7-40}$$

结合新设计的变幂次滑模趋近律（式（7－29）），制导律设计如下：

$$\begin{cases} u_1 = u_{0,1} + u_{r,1} \\ u_{0,1} = \bar{g}_1^{-1}\left[-\bar{f}_1 - \dfrac{n_1}{m_1}\dot{\varepsilon}_1^{2-m_1/n_1}(\alpha_1 p_1 \ |\varepsilon_1|^{p_1-1} + \beta_1 q_1 \ |\varepsilon_1|^{q_1-1}) \right] \\ u_{r,1} = \bar{g}_1^{-1}\left\{ -\dfrac{n_1}{m_1}\mu_\tau(\dot{\varepsilon}_1^{m_1/n_1-1})\dot{\varepsilon}_1^{1-m_1/n_1}[k_{1,1}\mathrm{sig}^{l_{1,1}}(s_1) + k_{2,1}\mathrm{sig}^{\gamma(l_{2,1})}(s_1)] \right. \\ \qquad \left. -\zeta_1 \mathrm{sgn}(s_1) \right\} \end{cases} \tag{7-41}$$

其中，$k_{1,1}>0$，$k_{2,1}>0$，$0<l_{1,1}<1<l_{2,1}$，$l_{1,1}l_{2,1}<1$，ζ_1 为正数且大于外界扰动 $\bar{d}_1$的上界 D_1。

函数$\mu_\tau(x)$满足：

$$\mu_\tau(x) = \begin{cases} \sin\left(\dfrac{\pi}{2} \times \dfrac{x^2}{\tau^2}\right), & |x| \leqslant \tau \\ 1, & |x| > \tau \end{cases} \tag{7-42}$$

其中，τ 为一个小的正常数。

定理7.3：在制导律（式（7-41））作用下，纵向平面子系统（式（7-16））中滑模变量 s_1 可在固定时间 $T_{s,1}$内收敛至零。在滑模变量 s_1 收敛至零后，状态变量 x_1 将在固定时间 $T_{x,1}$内收敛至期望状态值 x_{1d}。收敛时间 $T_{s,1}$与 $T_{x,1}$满足：

$$T_{s,1} < \frac{1}{k_{1,1}(1-l_{1,1})} + \frac{1}{k_{2,1}(l_{2,1}-1)} + \frac{2\tau^{1-m_1/n_1}}{\zeta_1 - D_1} \tag{7-43}$$

$$T_{x,1} \leqslant \frac{1}{\alpha_1^{n_1/m_1}(1-p_1 n_1/m_1)} + \frac{1}{\beta_1^{n_1/m_1}(q_1 n_1/m_1 - 1)} \tag{7-44}$$

证明：

将式（7-25）与式（7-41）代入式（7-40），有

$$\begin{aligned} \dot{s}_1 = & -\mu_\tau(\dot{\varepsilon}_1^{m_1/n_1-1})[k_{1,1}|s_1|^{l_{1,1}}\mathrm{sgn}(s_1) + k_{2,1}|s_1|^{\gamma(l_{2,1})}\mathrm{sgn}(s_1)] - \\ & \frac{m_1}{n_1}\dot{\varepsilon}_1^{m_1/n_1-1}[\zeta_1 \mathrm{sgn}(s_1) - \bar{d}_1] \end{aligned} \tag{7-45}$$

定义李雅普诺夫函数为 $V_1 = |s_1|$，其导数可写为

$$\begin{aligned} \dot{V}_1 &= \dot{s}_1 \mathrm{sgn}(s_1) \\ &= -\mu_\tau \dot{\varepsilon}_1^{m_1/n_1-1}[k_{1,1}|s_1|^{l_{1,1}} + k_{2,1}|s_1|^{\gamma(l_{2,1})}] - \frac{m_1}{n_1}\dot{\varepsilon}_1^{m_1/n_1-1}[\zeta_1 - \bar{d}_1 \mathrm{sgn}(s_1)] \end{aligned} \tag{7-46}$$

考虑到 $\varepsilon_1^{m_1/n_1-1}\geqslant 0$ 恒成立，可得

$$\begin{aligned}\dot{V}_1 &\leqslant -\mu_\tau\,\dot{\varepsilon}_1^{m_1/n_1-1}\left[k_{1,1}\left|s_1\right|^{l_{1,1}}+k_{2,1}\left|s_1\right|^{\gamma(l_{2,1})}\right]-\frac{m_1}{n_1}\dot{\varepsilon}_1^{m_1/n_1-1}(\zeta_1-D_1)\\ &\leqslant -\mu_\tau\,\dot{\varepsilon}_1^{m_1/n_1-1}\left[k_{1,1}\left|s_1\right|^{l_{1,1}}+k_{2,1}\left|s_1\right|^{\gamma(l_{2,1})}\right]\end{aligned}\tag{7-47}$$

接下来分析滑模变量 s_1 的变化情况。图 7-2 给出 $\varepsilon_1-\dot{\varepsilon}_1$ 的相平面图，其中区域 W_1 满足 $W_1=\{(\varepsilon_1,\dot{\varepsilon}_1)\mid\varepsilon_1\in R,|\dot{\varepsilon}_1|>\tau^{1-m_1/n_1}\}$，区域 W_2 满足 $W_2=\{(\varepsilon_1,\dot{\varepsilon}_1)\mid\varepsilon_1\in R,|\dot{\varepsilon}_1|\leqslant\tau^{1-m_1/n_1}\}$。当滑模变量 s_1 属于区域 W_1 时，$\mu_\tau(\dot{\varepsilon}_1^{m_1/n_1-1})$ 恒为 1，此时 $\dot{V}_1$ 满足 $\dot{V}_1\leqslant k_{1,1}V_1^{l_{1,1}}+k_{2,1}V_1^{\gamma(l_{2,1})}$。由定理 7.2. 可知，此时滑模变量 s 可在固定时间 $T_{2,1}\leqslant 1/[k_{1,1}(1-l_{1,1})]+1/[k_{2,1}(l_{2,1}-1)]$ 收敛至区域 W_2。当滑模变量 s_1 收敛至区域 W_2，随着 $\dot{\varepsilon}_1$ 接近于零，控制量 u_1 逐渐趋近于 $-\zeta_1\mathrm{sgn}(s_1)+\bar{d}_1$。如果 $s_1<0$，则有 $\dot{\varepsilon}_1<-\zeta_1+D_1<0$；如果 $s_1>0$，则有 $\dot{\varepsilon}_1>\zeta_1-D_1>0$。滑模变量 s_1 必然会在固定时间 $T_{2,2}=2\tau^{1-m/n}/(\zeta_1-D_1)$ 内离开区域 W_2。因此，滑模变量 s_1 可在固定时间 $T_{s,1}<T_{2,1}+T_{2,2}$ 内收敛至零。

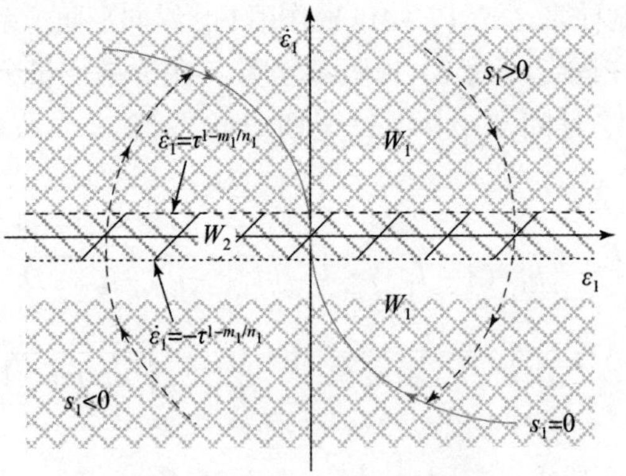

图 7-2　$\varepsilon_1-\dot{\varepsilon}_1$ 的相平面图

当滑模变量 s_1 收敛至零后，式（7-39）有

$$\dot{\varepsilon}_1^{m_1/n_1}+\alpha_1\mathrm{sig}^{p_1}(\varepsilon_1)+\beta_1\mathrm{sig}^{q_1}(\varepsilon_1)=0\tag{7-48}$$

将式（7-48）重写为

$$\dot{\varepsilon}_1=-\left[\alpha_1\mathrm{sig}^{p_1}(\varepsilon_1)+\beta_1\mathrm{sig}^{q_1}(\varepsilon_1)\right]^{n_1/m_1}\tag{7-49}$$

由此可知，此时状态变量 ε_1 将在固定时间 $T_{x,1}$ 内收敛至零，其满足：

$$T_{x,1}\leqslant\frac{1}{\alpha_1^{n_1/m_1}(1-p_1n_1/m_1)}+\frac{1}{\beta_1^{n_1/m_1}(q_1n_1/m_1-1)}\tag{7-50}$$

当转换误差 ε_1 收敛至零后，由式（7－19）可知此时 λ_1 也为零，考虑到 $\lambda_1 = e_1/\rho_1(t)$，则误差 e_1 也会在固定时间 $T_{x,1}$ 内收敛至零。

同理，侧向平面子系统制导律可设计为

$$\begin{cases} u_2 = u_{0,2} + u_{r,2} \\ u_{0,2} = \bar{g}_2^{-1}\left[-\bar{f}_2 - \dfrac{n_2}{m_2}\dot{\varepsilon}_2^{2-m_2/n_2}(\alpha_2 p_2 \,|\varepsilon_2|^{p_2-1} + \beta_2 q_2 \,|\varepsilon_2|^{q_2-1}) \right] \\ u_{r,2} = \bar{g}_2^{-1}\left\{ -\dfrac{n_2}{m_2}\mu_\tau \,\dot{\varepsilon}_2^{m_2/n_2-1}\,\dot{\varepsilon}_2^{1-m_2/n_2}[k_{1,2}\mathrm{sig}^{l_{1,2}}(s_2) + k_{2,2}\mathrm{sig}^{\gamma(l_{2,2})}(s_2)] - \zeta_2 \mathrm{sgn}(s_2) \right\} \end{cases} \tag{7-51}$$

其中，滑模变量 s_2 满足：

$$s_2 = \dot{\varepsilon}_2^{m_2/n_2} + \alpha_2 \mathrm{sig}^{p_2}(\varepsilon_2) + \beta_2 \mathrm{sig}^{q_2}(\varepsilon_2) \tag{7-52}$$

式（7－51）、式（7－52）中的参数选取原则与式（7－41）、式（7－39）中一致。

对于系统（式（7－2）），在带有终端角约束的抗饱和预设性能制导律（式（7－41））与（式（7－51））的作用下，临近空间高速拦截器的视线高低角 q_α、视线方位角 q_β 及视线角速度可在固定时间内收敛至期望值。同时，新设计的抗饱和预设性能函数能够精确限定视线角误差过程中的稳态与瞬态性能，确保其满足预设性能要求。

7.3.2.3　双层超螺旋自适应律设计

在制导律（式（7－41））中，参数 ζ_1 值需大于扰动上界值 D_1。然而，在实际应用中扰动上界值很难精确获得。为保证鲁棒性，选取的 ζ_1 只可远大于实际需要，进而加剧抖振现象。为了解决这一问题，本节提出一种新型双层超螺旋参数自适应律。

在趋近阶段，为保证滑模变量 s_1 能够收敛至零，制导律（式（7－41））参数 ζ_1 应该实时满足 $\zeta_1 > \bar{d}_1$；在滑动模态阶段，求取切换项 $-\zeta_1\mathrm{sgn}(s_1)$ 的平均值，可得到等效控制量 $u_{\mathrm{eq},1}(t)$，其满足：

$$u_{\mathrm{eq},1}(t) = -\bar{d}_1 \tag{7-53}$$

等效控制量 $u_{\mathrm{eq},1}(t)$ 在实际中很难获取，因此通常只作为分析工具。但通过对切换项进行滤波处理，可得到等效控制量 $u_{\mathrm{eq},1}(t)$ 的近似值。因此，本节使用固定时间滤波器以获取等效控制量 $\bar{u}_{\mathrm{eq},1}(t)$，滤波器设计如下：

$$\tau_{\mathrm{eq}}\dot{\bar{u}}_{\mathrm{eq},1} = \mathrm{sig}^{a_{f_1}}\{k_{f_1}[-\zeta_1\mathrm{sgn}(s_1)] - \bar{u}_{\mathrm{eq},1}\} + \mathrm{sig}^{a_{f_2}}\{k_{f_2}[-\zeta_1\mathrm{sgn}(s_1)] - \bar{u}_{\mathrm{eq},1}\} \tag{7-54}$$

式中：$0<a_{f_1}<1$；$a_{f_2}>1$；$k_{f_1}\geqslant 1$；$k_{f_2}\geqslant 1$；τ_{eq}为滤波器参数。

对于 $\bar{u}_{eq,1}(t)$与$u_{eq,1}(t)$，存在$0<\nu_{1,1}<1$与$\nu_{0,1}>0$，使得

$$|\bar{u}_{eq,1}(t)-u_{eq,1}(t)|<\nu_{1,1}|u_{eq,1}(t)|+\nu_{0,1} \tag{7-55}$$

在固定时间后恒成立。此时，将对参数ζ_1的不等式约束$\zeta_1>\bar{d}_1$转化为

$$\zeta_1(t)\geqslant\frac{1}{h_1}|\bar{u}_{eq}(t)|+\xi_0 \tag{7-56}$$

其中，$0<h_1<1$。

基于式（7-56），一个新型双层超螺旋自适应律设计为

$$\begin{cases}\dot{\zeta}_1(t)=-k_{eq,1,1}L_{eq,1}^{1/2}\mathrm{sig}^{1/2}[\xi_1(t)]-w_1\\ \dot{w}_1=\dfrac{1}{2}k_{eq,2,1}L_{eq,1}\mathrm{sgn}[\xi_1(t)]\end{cases} \tag{7-57}$$

其中，$L_{eq,1}=m_1(t)+m_{0,1}$，$m_{0,1}>0$，$m_1(t)$满足：

$$\begin{cases}\dot{m}_1(t)=\mu_1|\xi_1(t)|\\ \xi_1(t)=\zeta_1(t)-\dfrac{1}{h_1}|\bar{u}_{eq,1}(t)|-\xi_{0,1}\end{cases} \tag{7-58}$$

定理7.4：在新型双层超螺旋制导律（式（7-57）与式（7-58））的作用下，制导律（式（7-41））中参数$\zeta_1(t)$在有限时间后可保证$\zeta_1(t)>|\bar{d}_1|$恒成立。

证明：

考虑$s_1\neq 0$与$s_1=0$两种情况，分别分析如下。

1）$s_1\neq 0$

在趋近阶段，切换控制与等效控制相等，即$|\bar{u}_{eq,1}|=|\zeta_1\mathrm{sgn}(s_1)|$。将$\xi_1(t)$写为如下形式：

$$\begin{cases}\xi_1(t)=\zeta_1(t)-\dfrac{|\zeta_1(t)\mathrm{sgn}(s_1)|}{h_1}-\xi_{0,1}<\zeta_1(t)-\dfrac{\zeta_1(t)}{h_1}=\zeta_1(t)(1-\dfrac{1}{h_1})<0\\ \dot{m}_1(t)=\mu_1|\xi_1(t)|\end{cases} \tag{7-59}$$

因此，参数$L_{eq,1}$将单调递增。由于$\dot{w}_1<0$，$\dot{\zeta}_1(t)>0$，则制导律增益$\zeta_1(t)$单调递增，最终大于$|\bar{d}_1|$，保证滑模变量s_1收敛至零。

2）$s_1=0$

如果$s_1=0$，可得$|\bar{u}_{eq}|\approx|\bar{d}_1|$，则$|\bar{u}_{eq}(t)|/h_1+\xi_0>|\bar{u}_{eq}(t)|$。对于自

适应律（式（7－57）与式（7－58）），由超螺旋算法可知，在参数 $L_{eq,1}$ 大于 $|\bar{u}_{eq}(t)|$ 的导数 $|\dot{\bar{u}}_{eq}(t)|$ 上界时，制导律增益 $\zeta_1(t)$ 能够在有限时间内收敛至 $|\bar{u}_{eq}(t)|/h_1+\xi_0$。如果参数 $L_{eq,1}$ 小于 $|\dot{\bar{u}}_{eq}(t)|$，由于 $\xi_1(t)\neq 0$，则 $\dot{m}_1>0$。因此，$L_{eq,1}$ 将单调递增直至大于 $|\dot{\bar{u}}_{eq}(t)|$。总之，在滑模变量收敛至零后，制导律增益 ζ_1 将在有限时间后满足 $\zeta_1(t)>|\bar{d}_1|$。

从以上分析可以看出，通过在制导律（式（7－41））中引入自适应律（式（7－57）），可保证制导律增益 $\zeta_1(t)$ 始终满足 $\zeta_1(t)>|\bar{d}_1|$。

注释 7.5：对于滑模控制，其控制律增益需大于扰动上界值，而该值在实际中很难准确获取。一个常用的解决方法是选取较大的增益值以保证各个场景下的系统稳定性，但这加剧了抖振现象。本章采用新型双层超螺旋自适应律，无须已知扰动上界信息即可保证控制器增益始终满足 $\zeta_1>|d_1|$。

对于侧向平面子系统，制导律（式（7－51））增益值 ζ_2 也可以设计类似自适应律以进行更新。

7.4　多临近空间高速拦截器时间协同拦截制导律设计

针对多临近空间高速拦截器协同拦截来袭目标的任务场景，本节设计协同拦截制导律。该制导律可调节临近空间高速拦截器的飞行时间，实现多枚飞行器对来袭目标的时间序贯命中或协同命中，从而提升整体拦截命中概率[172]。时间协同拦截制导律设计分为两步：①假定目标静止设计制导律；②针对移动目标，在所设计制导律的基础上引入预测命中点进行适应性改进，使之具备协同拦截高速移动目标的能力。

第一步假定目标静止，临近空间高速拦截器速度为常值，纵向平面内拦截器与目标的相对位置关系如图 7－3 所示。

考虑一枚临近空间高速拦截器对纵向平面内目标的拦截制导情况。在图 7－3 中 r、γ、σ 分别表示拦截器到目标的距离、飞行路径角和视线高低角。为了方便推导，定义飞行路径角逆时针方向为正，视线高低角顺时针方向为正。下标 0 和 F 分别表示初始时间和命中时间，下面给出导引方程。

$$\dot{r}=-V_M\cos(\gamma-\sigma),\ r(0)=r_0 \tag{7-60}$$

$$\dot{\sigma}=-\frac{V_M\sin(\gamma-\sigma)}{r},\ \sigma(0)=\sigma_0 \tag{7-61}$$

$$\dot{\gamma}=\frac{a_M}{V_M}=\frac{a_B+a_F}{V_m},\ \gamma(0)=\gamma_0 \tag{7-62}$$

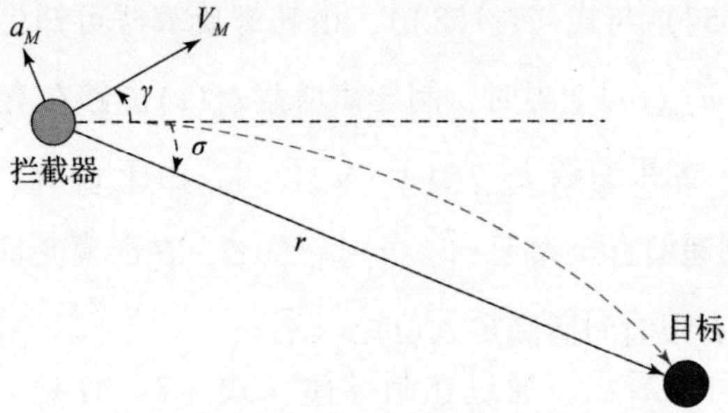

图 7-3　临近空间高速拦截器与目标相对位置

飞行器由垂直于速度方向的加速度 a_M 控制。a_M 由两部分组成：①用于降低脱靶量的反馈项 a_B；②用于调整命中时间的附加项 a_F。定义速度方向与视线方向的夹角为前置角，即

$$\rho = \gamma - \sigma \tag{7-63}$$

则相对运动关系可写为

$$\begin{cases} \dot{r} = -V_M\cos\rho, \ r(0) = r_0 \\ \dot{\rho} = \dot{\gamma} - \dot{\sigma} = \dfrac{a_B + a_F}{V_M} + \dfrac{V_M\sin\rho}{r}, \ \rho(0) = \gamma_0 - \sigma_0 \end{cases} \tag{7-64}$$

令 $\eta = \sin\rho$，$u = a_M/V_M^2$，由式（7-63）和式（7-65）可得

$$\frac{\mathrm{d}\eta}{\mathrm{d}r} + \frac{\eta}{r} = -u_B - u_F \tag{7-65}$$

其中，$u_B = a_B/V_M^2$，$u_F = a_F/V_M^2$。

假设调整命中时间的附加指令 u_F 为常值，将指标函数选取为

$$J = \frac{1}{2}\int_0^{r_0} \frac{u_B^2}{r^m}\mathrm{d}r \tag{7-66}$$

通过求解式（7-65）并使式（7-66）取值最小，得到最优控制问题的解：

$$u_B = -N\frac{\eta}{r} - \frac{N}{2}u_F \tag{7-67}$$

其中，N 定义为 $N = m + 3$，并且 $m > -1$。

如果 $u_F = 0$，则指令 a_B 变为比例导引律：

$$a_B = V_M^2 u_B = -NV_M^2\frac{\eta}{r} = NV_M\dot{\sigma} \tag{7-68}$$

将式（7-67）代入式（7-65），并进行积分，可得

$$\eta = \eta_0\left(\frac{r}{r_0}\right)^{N-1} + u_F r_0 \delta\left(\frac{r}{r_0}\right) \tag{7-69}$$

式中：$\delta(\cdot)$为轨迹成型控制函数，其定义如下：

$$\delta\left(\frac{r}{r_0}\right)=\frac{1}{2}\frac{r}{r_0}\left[\left(\frac{r}{r_0}\right)^{N-2}-1\right] \tag{7-70}$$

拦截器飞行时间近似为

$$T_d \approx \frac{1}{V_M}\int_0^{r_0}\left(1+\frac{1}{2}\eta^2\right)\mathrm{d}r \tag{7-71}$$

结合式（7-71）和式（7-69），并积分可得下式：

$$T_d=\frac{1}{V_M}\left\{\left[1+\frac{\eta_0^2}{2(2N-1)}\right]r_0-\frac{(N-2)\eta_0 r_0^2}{2(N+1)(2N-1)}u_F+\frac{(N-2)^2 r_0^3}{12(N+1)(2N-1)}u_F^2\right\} \tag{7-72}$$

令 $u_F=0$，可以得到比例导引的飞行时间：

$$\hat{T}_{f\mathrm{PNG}}=\frac{r_0}{V_M}\left[1+\frac{\eta_0^2}{2(2N-1)}\right] \tag{7-73}$$

将式（7-73）代入式（7-72），整理可得

$$u_F=\frac{3\eta}{(N-2)r}-\mathrm{sgn}(\eta)\sqrt{\left[\frac{3\eta}{(N-2)r}\right]^2+\frac{12(N+1)(2N-1)V_M}{(N+2)^2 r^3}(T_{\mathrm{go}d}-\hat{T}_{\mathrm{goPNG}})} \tag{7-74}$$

式中：$T_{\mathrm{go}_d}=T_d-t$，T_d 为期望命中时刻；$\hat{T}_{\mathrm{goPNG}}=\frac{r}{V_M}\left[1+\frac{\eta^2}{2(2N-1)}\right]$。

根据式（7-74）和式（7-67），可得最优闭环解：

$$a_M=\left(N+\frac{3}{2}\right)V_M\dot{\sigma}-\mathrm{sgn}[\sin(\gamma-\sigma)]\sqrt{\left(\frac{3}{2}V_M\dot{\sigma}\right)^2+\frac{3(N+1)(2N-1)V_M^5}{r^3}\hat{\varepsilon}_T} \tag{7-75}$$

令 $\hat{\varepsilon}_T=T_{\mathrm{go}d}-\hat{T}_{\mathrm{goPNG}}$。为了使飞行器以向上拉起轨迹的形式实现时间约束，需要保证前置角大于零，则选定制导指令加速度为

$$a_M=NV_M\dot{\sigma}+\frac{3}{2}V_M\dot{\sigma}\left[1-\sqrt{\frac{4(N+1)(2N-1)V_M^2}{3r^3\dot{\sigma}^2}\hat{\varepsilon}_T}\right] \tag{7-76}$$

如果 $r\gg V_M$，并且在前置角 η 很小的情况下，满足：

$$a_M\approx a_{\mathrm{PNG}}+G\hat{\varepsilon}_T \tag{7-77}$$

其中，$a_{\mathrm{PNG}}=NV_M\dot{\sigma}$，$G=[N(N+1)(2N-1)V_M^5/(a_{\mathrm{PNG}}r^3)]$。

式（7-77）的近似表达式显示了时间协同制导的简单结构，即等价于经

典的比例导引律与命中时间误差的反馈组合。这里命中时间误差被定义为当临近空间高速拦截器保持比例导引律并且没有任何额外机动的情况下，所期望的命中时间和估计命中时间之差。当 $\hat{\varepsilon}_T = T_{\text{god}} - \hat{T}_{\text{goPNG}} = 0$ 时，时间协同制导律将切换为经典比例导引律，因此时间协同制导律的性能取决于 $\hat{T}_{\text{goPNG}}$ 估计的准确性。

第二步假设在临近空间高速目标以固定速度移动，则在纵向平面内，对单个目标实施拦截的几何关系如图 7－4 所示。

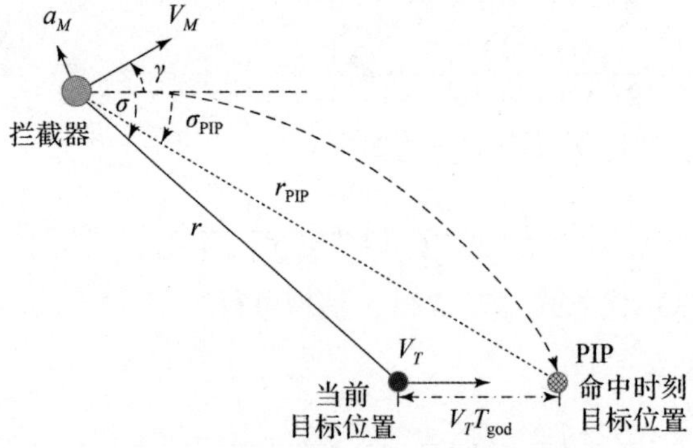

图 7－4　目标运动时的相对关系

目标以固定速度 V_T 移动，PIP 表示预测命中点，r_{PIP}为飞行器相对于预测命中点的距离，σ_{PIP}为飞行器相对于预测命中点的视线角。r_{PIP}和 σ_{PIP}可以通过下式计算：

$$r_{\text{PIP}} = \sqrt{r^2 + 2V_T T_{\text{god}} r\cos\sigma + V_T^2 T_{\text{god}}^2} \tag{7-78}$$

$$\sigma_{\text{PIP}} = \arctan\frac{r\sin\sigma}{r\cos\sigma + V_T T_{\text{god}}} \tag{7-79}$$

$$\dot{\sigma}_{\text{PIP}} = \frac{r^2\dot{\sigma} + V_T r\sin\sigma - V_M V_T T_{\text{god}}\sin\gamma}{r^2 + 2V_T T_{\text{god}} r\cos\sigma + V_T^2 T_{\text{god}}^2} \tag{7-80}$$

将式（7－78）、式（7－79）、式（7－80）代入式（7－75），可得目标运动情况下的带有时间约束末制导律。

上面给出的是俯仰通道末制导律，由于在俯仰通道已经满足了命中时间约束，故在偏航通道的拦截任务只须满足命中目标的约束即可。考虑到工程实际的可行性，偏航通道的导引律采用比例导引。

7.5　仿真与分析

7.5.1　带终端角约束的抗饱和预设性能制导律仿真分析

场景 A：在本节中，临近空间高速拦截器使用 7.3 节中设计的带终端角约束的抗饱和预设性能制导律完成对高速目标的拦截。场景 A.1 与场景 A.2 中目标直线飞行；场景 A.3 中目标进行螺旋机动；场景 A.4 中目标进行圆弧机动。表 7 – 1 给出各场景下目标不同机动形式设置，表 7 – 2 给出临近空间高速拦截器与目标的初始飞行状态。拦截器毁伤半径设定为 2m。

表 7 – 1　场景 A 下目标不同机动形式设置

场景	纵向加速度	侧向加速度
场景 A. 1	$a_{yT} = g\cos\theta_T$	$a_{zT} = 0$
场景 A. 2	$a_{yT} = g\cos\theta_T$	$a_{zT} = 0$
场景 A. 3	$a_{yT} = 6g\cos(0.3t) + g\cos\theta_I$	$a_{yT} = 6g\cos(0.3t)$
场景 A. 4	$a_{yT} = 3g + g\cos\theta_T$	$a_{yT} = 3g$

表 7 – 2　场景 A 下临近空间高速拦截器与目标的初始飞行状态

拦截器初始状态	状态值	目标	状态值
位置$[x_M, y_M, z_M]^T$	$[0, 3\times10^4, 10^4]^T$m	位置$[x_T, y_T, z_T]^T$	$[4.5, 4.5, 3]\times10^4$m
速度 V_M	1800m/s	速度 V_T	1000m/s
飞行路径角 γ_M	30°	飞行路径角 γ_T	−10°
航向角 σ_M	−30°	航向角 σ_T	170°

在场景 A. 1、场景 A. 3 与场景 A. 4 中，临近空间高速拦截器应用带终端角约束的抗饱和预设性能制导律；在场景 A. 2 中，拦截器应用超螺旋制导律作为对比仿真，形式如下：

$$
\begin{cases}
u = -k_{sw,1}L_{sw}^{1/2}|s|^{1/2}\mathrm{sgn}(s) - w \\
\dot{w} = -\dfrac{1}{2}k_{sw,2}L_{sw}\mathrm{sgn}(s) \\
s = cx + \dot{x}
\end{cases}
\tag{7-81}
$$

预设性能函数设计为

$$\rho(t)=(\rho_0-\rho_\infty)\exp(-at)+\rho_\infty \tag{7-82}$$

表7-3给出了新设计制导律的各参数取值，表7-4给出了对比仿真的各参数取值。为减弱抖振，使用饱和函数 sat(·)代替切换函数 sgn(·)，饱和函数边界层取值为 $\Delta=0.005$。

表7-3　带终端角约束的抗饱和预设性能制导律参数

制导律	纵向平面子系统	侧向平面子系统
抗饱和预设性能函数	$\rho_{0,1}=5$，$\rho_{\infty,1}=0.2$，$a_1=0.2$，$b_1=0.1$，$T_{\rho_1}=6$，$\delta_{U,1}=1$，$\delta_{L,1}=1$	$\rho_{0,2}=5$，$\rho_{\infty,2}=0.2$，$a_2=0.2$，$b_2=0.1$，$T_{\rho_2}=6$，$\delta_{U,2}=1$，$\delta_{L,2}=1$
非奇异双幂次终端滑模面	$m_1=5$，$n_1=3$，$p_1=1.6$，$q_1=3$，$\alpha_1=0.1$，$\beta_1=0.1$	$m_2=5$，$n_2=3$，$p_2=1.6$，$q_2=3$，$\alpha_2=0.1$，$\beta_2=0.1$
变幂次滑模趋近律	$k_{1,1}=0.1$，$k_{2,1}=0.1$，$l_{1,1}=0.6$，$l_{2,1}=2$，$\Delta=0.005$，$k_{\mathrm{eq},1,1}=1.5$，$k_{\mathrm{eq},2,1}=1.1$	$k_{1,2}=0.1$，$k_{2,2}=0.1$，$l_{1,2}=0.6$，$l_{2,2}=2$，$\Delta_s=0.1$，$k_{\mathrm{eq},1,2}=1.5$，$k_{\mathrm{eq},2,2}=1.1$
双层超螺旋自适应律	$\mu_1=10^{-8}$，$m_{0,1}=0.01$，$h_1=0.7$，$\xi_{0,1}=0.2$	$\mu_2=10^{-8}$，$m_{0,2}=0.01$，$h_2=0.7$，$\xi_{0,2}=0.2$
固定时间滤波器	$k_{f_1}=1$，$k_{f_2}=1$，$\alpha_{f_1}=0.9$，$\alpha_{f_2}=1.1$，$\tau_{\mathrm{eq}}=0.5$	

表7-4　超螺旋制导律参数

制导律	纵向平面子系统	侧向平面子系统
预设性能函数	$\rho_{0,1}=5$，$\rho_{\infty,1}=0.2$，$a_1=0.5$，$\delta_{U,1}=1$，$\delta_{L,1}=1$	$\rho_{0,2}=5$，$\rho_{\infty,2}=0.2$，$a_2=0.5$，$\delta_{U,2}=1$，$\delta_{L,2}=1$
线性滑模面	$c_1=0.2$	$c_2=0.1$
超螺旋制导律	$k_{sw,1,1}=1.5$，$k_{sw,2,1}=1.1$，$L_{sw,1}=0.025$	$k_{sw,1,2}=1.5$，$k_{sw,2,2}=1.1$，$L_{sw,2}=0.025$

1）场景 A.1 与场景 A.2

场景 A.1 和场景 A.2 的仿真结果如图7-5~图7-13所示。图7-5给出了场景 A.1 和场景 A.2 中临近空间高速拦截器与目标的拦截轨迹图，表7-5给出此时的拦截器脱靶量。可以看到，无论是抗饱和预设性能制导律，还是超螺旋制导律，均满足临近空间高速拦截器毁伤半径要求（2m），但抗饱和预设性能制导律脱靶量更小。

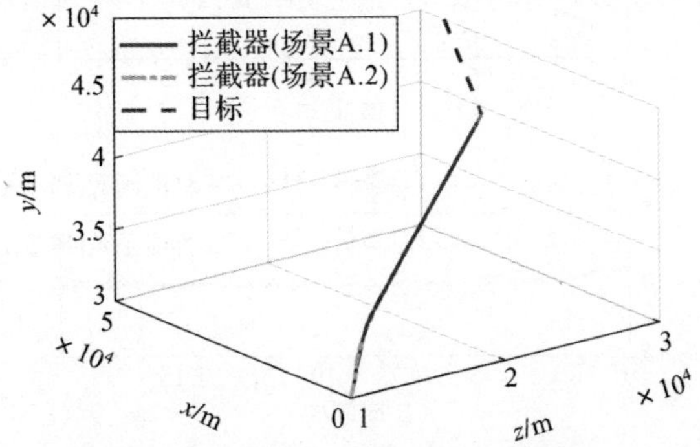

图 7－5　场景 A. 1 与场景 A. 2 的拦截轨迹

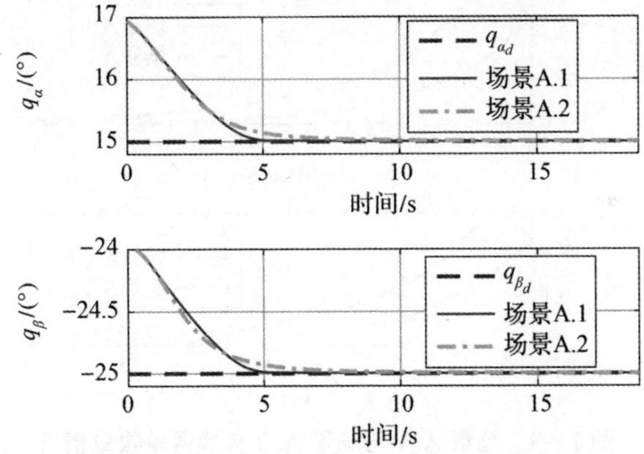

图 7－6　场景 A. 1 与场景 A. 2 视线角收敛情况

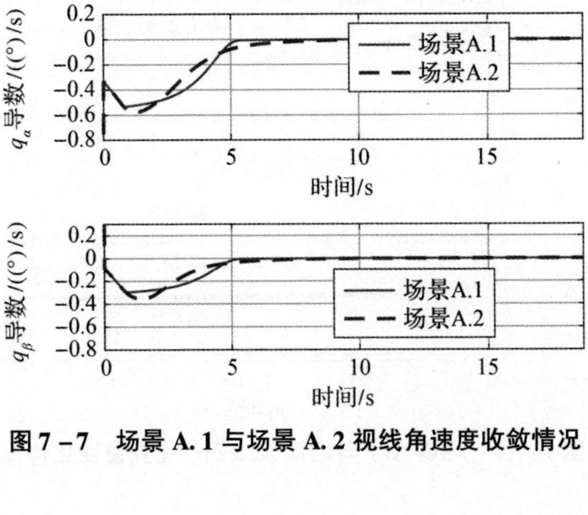

图 7－7　场景 A. 1 与场景 A. 2 视线角速度收敛情况

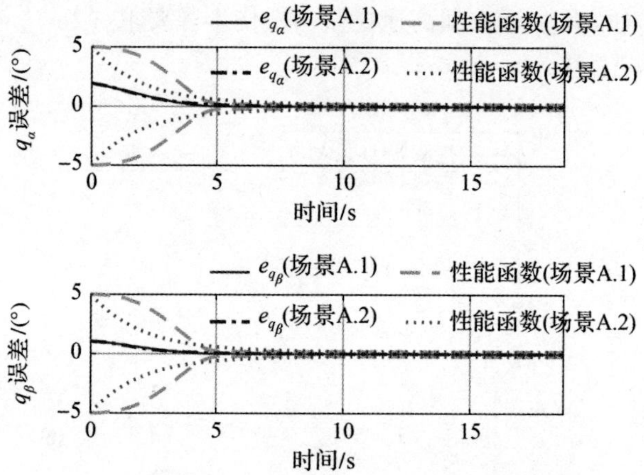

图 7 – 8　场景 A. 1 与场景 A. 2 视线角误差收敛情况

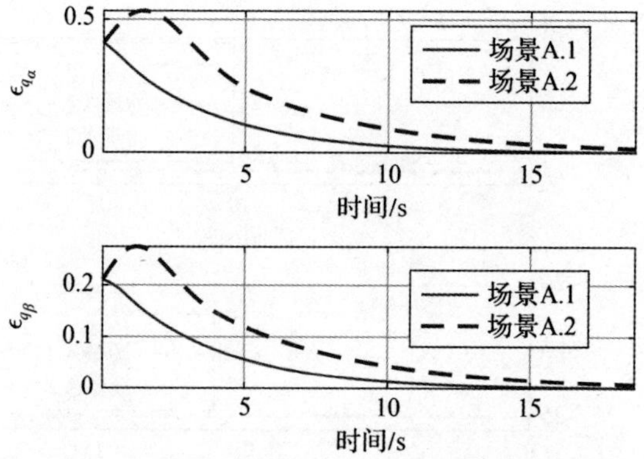

图 7 – 9　场景 A. 1 与场景 A. 2 转换误差收敛情况

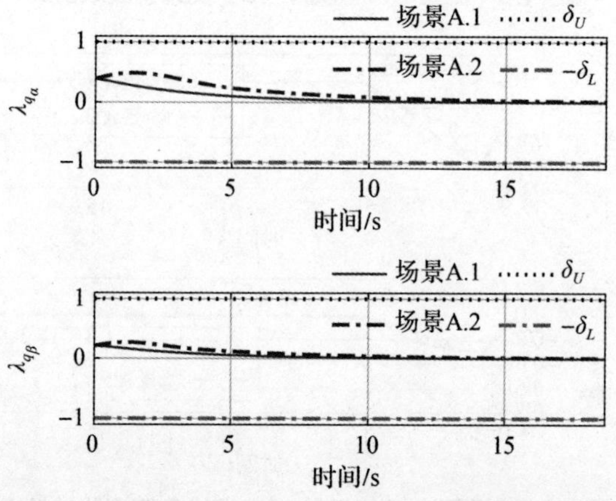

图 7 – 10　场景 A. 1 与场景 A. 2 归一化变量变化情况

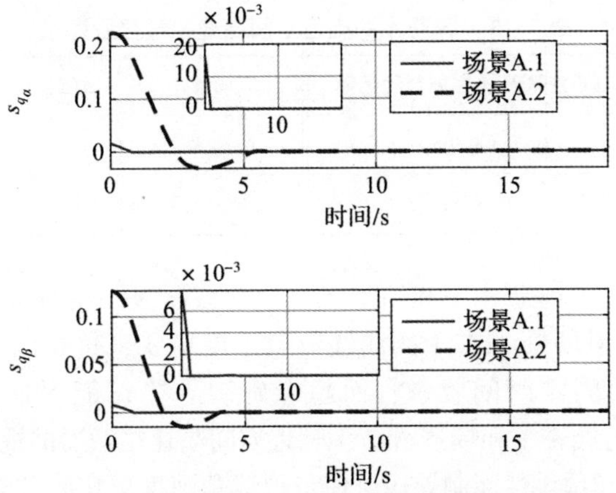

图 7－11　场景 A. 1 与场景 A. 2 滑模变量收敛情况

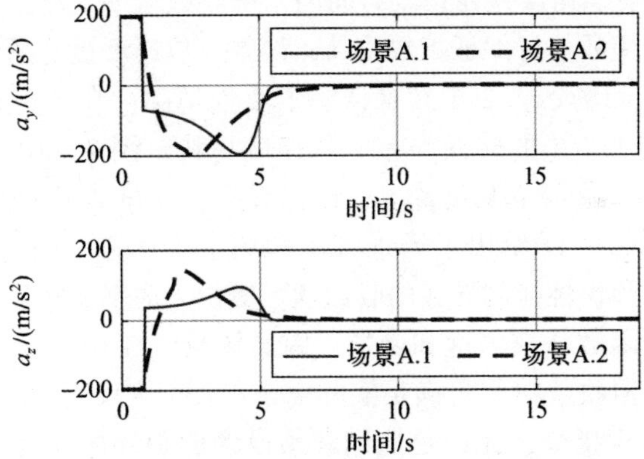

图 7－12　场景 A. 1 与场景 A. 2 拦截器加速度指令

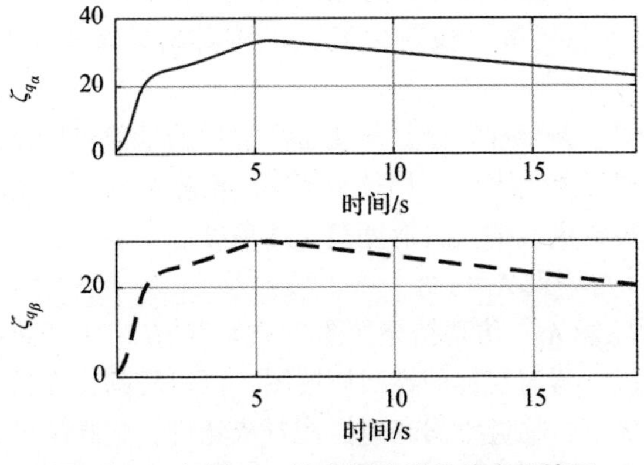

图 7－13　场景 A. 1 中制导律增益的变化情况

表 7-5　场景 A 的临近空间高速拦截器脱靶量

场景	临近空间高速拦截器脱靶量	场景	临近空间高速拦截器脱靶量
场景 A.1	0.0809m	场景 A.2	0.1229m
场景 A.3	0.1138m	场景 A.4	0.0023m

图 7-6 给出了场景 A.1 和场景 A.2 中拦截器视线角收敛情况，视线角均收敛至期望值，但场景 A.1 中的曲线收敛速度更快，这是因为抗饱和预设性能制导律可实现固定时间收敛，而超螺旋制导律仅能保证有限时间收敛。图 7-7 给出了场景 A.1 和场景 A.2 中临近空间高速拦截器的视线角速度收敛情况。同样，抗饱和预设性能制导律可使得视线角速度更快收敛至零。图 7-8 给出了场景 A.1 和场景 A.2 中拦截器视线角误差收敛情况。场景 A.1 中，新型预设性能函数可使视线角误差在设定时间内精确收敛至期望稳态误差范围内，而场景 A.2 的性能函数仅可保证指数收敛，误差收敛速度慢于场景 A.1。图 7-9 给出了场景 A.1 和场景 A.2 中转换误差的收敛情况，在抗饱和预设性能制导律作用下，场景 A.1 中的转换误差收敛速度更快。图 7-10 给出了场景 A.1 和场景 A.2 中归一化变量变化情况，可以看到，变量 λ 都被精确限定在区间 $(-\delta_L,\delta_U)$ 内。图 7-11 给出了场景 A.1 和场景 A.2 中滑模变量的收敛情况，可以看到抗饱和预设性能制导律的收敛速度更快。为削弱抖振，抗饱和预设性能制导律中符号函数替换为饱和函数，因此场景 A.1 中滑模变量仅可收敛至零附近邻域内，但收敛精度仍满足实际需求。图 7-12 给出了场景 A.1 和场景 A.2 中的加速度指令，无论是抗饱和预设性能制导律还是超螺旋滑模制导律的指令均连续，这便于其在实际工程中使用。图 7-13 给出了自适应律（式（7-57））作用下制导律增益的变化情况。在初始阶段，制导增益增加以保证滑模变量与状态变量尽快收敛至零，随后制导增益开始减小，以降低抖振。

仿真结果表明，新型性能函数与变幂次滑模趋近律可以使跟踪误差在设定时间内收敛至期望误差范围内。相较于超螺旋滑模制导律（式（7-81）），本章的新型制导律具有更快的收敛速度与收敛精度。

2）场景 A.3 与场景 A.4

场景 A.3 与场景 A.4 仿真结果如图 7-14 ~ 图 7-21 所示。图 7-14 给出了临近空间高速拦截器与目标的拦截轨迹图，可以看到，在目标采取螺旋机动与圆弧机动的情况下，临近空间高速拦截器依然可实施高精度拦截，验证了所

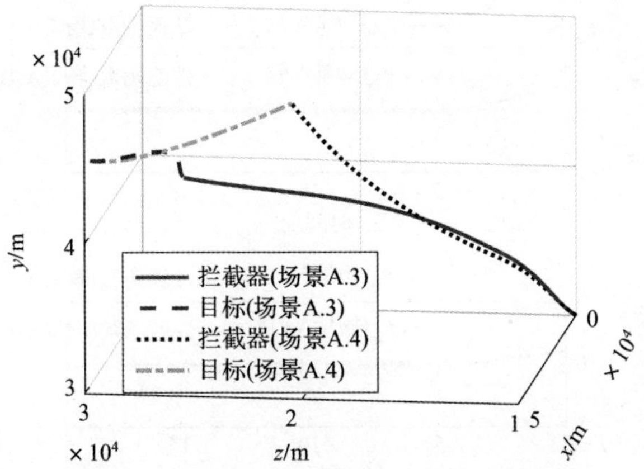

图 7-14　场景 A.3 与场景 A.4 的拦截轨迹

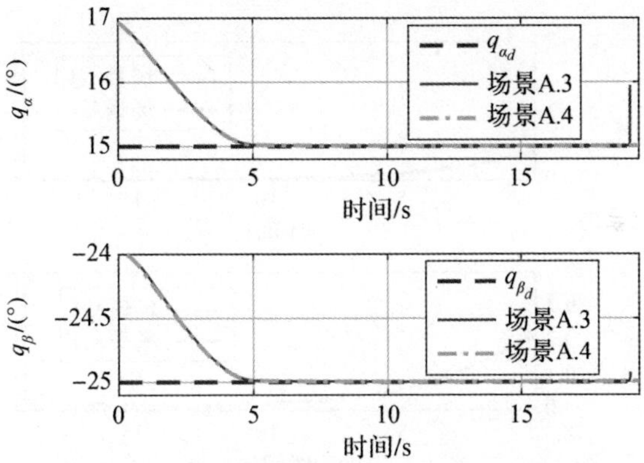

图 7-15　场景 A.3 与场景 A.4 视线角收敛情况

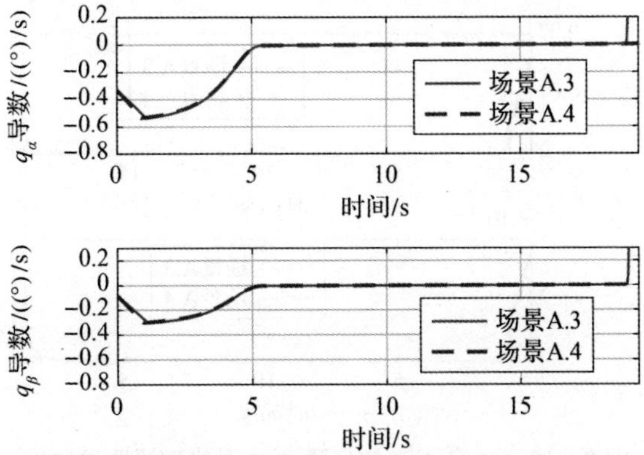

图 7-16　场景 A.3 与场景 A.4 视线角速度收敛情况

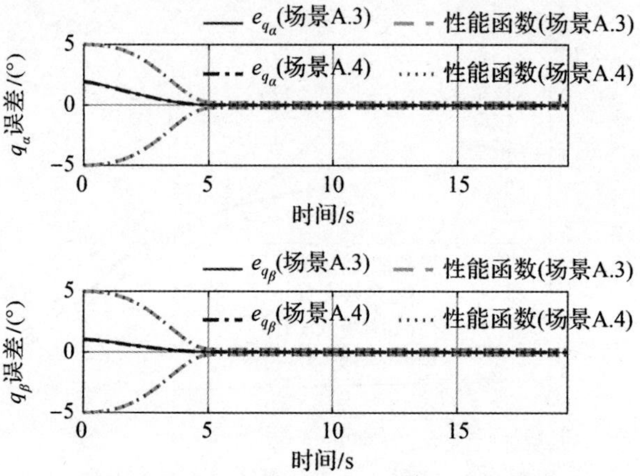

图 7-17　场景 A.3 与场景 A.4 视线角误差收敛情况

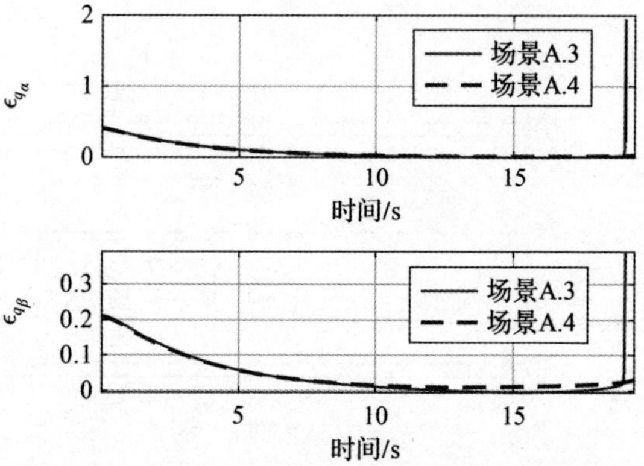

图 7-18　场景 A.3 与场景 A.4 转换误差收敛情况

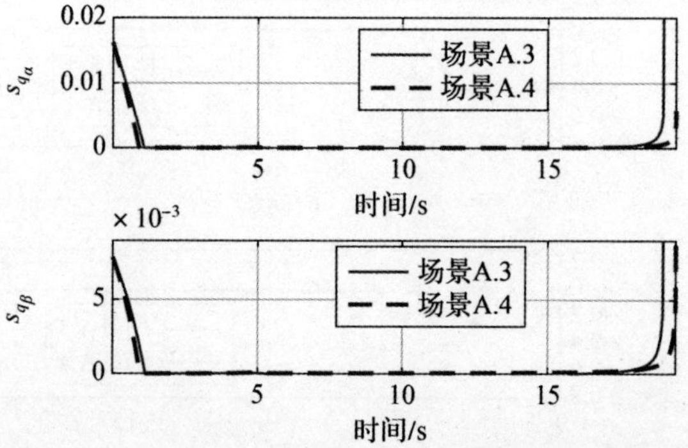

图 7-19　场景 A.3 与场景 A.4 滑模变量收敛情况

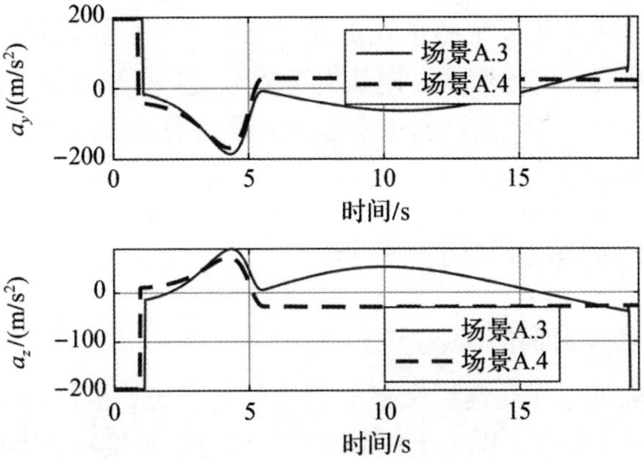

图 7 – 20　场景 A. 3 与场景 A. 4 拦截器加速度变化情况

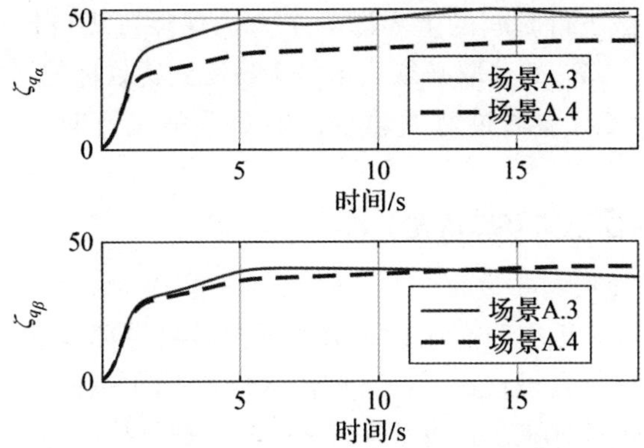

图 7 – 21　场景 A. 3 与场景 A. 4 制导律增益变化情况

设计抗饱和预设性能制导律的强鲁棒性。图 7 – 15 与图 7 – 16 给出了场景 A. 3 与场景 A. 4 下视线角及视线角速度的收敛情况，尽管目标采取不同机动形式，抗饱和预设性能滑模制导律均可使视线角及视线角速度收敛至期望值。图 7 – 17 给出了场景 A. 3 与场景 A. 4 下视线角误差的收敛情况，在抗饱和预设性能函数作用下，视线角误差均可在第 6s 时收敛至期望误差范围内，整个收敛过程被严格限制在期望性能边界以内。图 7 – 18 给出了场景 A. 3 与场景 A. 4 下转化误差收敛情况。图 7 – 19 给出了场景 A. 3 与场景 A. 4 下滑模变量的收敛情况。在外干扰作用下（目标加速度），抗饱和预设性能制导律可确保滑模变量收敛至零附近邻域，收敛精度满足需求。图 7 – 20 给出了场景 A. 3 与场景 A. 4 的拦截器加速度变化情况，指令连续，抖振现象弱。图 7 – 21 给出了场景

A. 3 与场景 A. 4 下制导律增益变化情况。在场景 A. 3 中，目标各方向加速度为正弦形式，因此增益也按照正弦形式自适应变化；在场景 A. 4 中，目标各方向加速度为常值，因此增益后期基本维持不变。在缺少扰动信息情况下，自适应律（式（7-57））可根据滑模变量 s 调整增益值以适应不同扰动情况，进而提高算法鲁棒性。

7.5.2 时间协同末制导仿真分析

7.5.2.1 协同时间的选取原则

对于 N 枚临近空间高速拦截器的协同拦截任务，假定各拦截器的标称制导律都采用比例导引律，则由于拦截器初始位置、速度状态不同，其对应的标称拦截飞行器时间均不相同（具体时间可由式（7-73）估计），记为 $T_{b,i}(i=1,2,\cdots,N)$，则飞行器集群中最晚命中时间应为 $T_l=\max\{T_{b,i}\}$，即在协同拦截任务中，整体拦截飞行时间的上界即为 T_l。为保障各飞行器均可实现设定的同时命中时刻 T_{set}，T_{set} 的选取必须大于等于最晚到达目标的拦截器标称飞行时间 T_l。此时，各飞行器通过弯曲轨迹，能够调整飞行时间以确保协同到达目标。

7.5.2.2 时间协同制导仿真分析

1. 同时命中协同制导仿真

为验证所设计临近空间高速拦截器协同拦截制导律（式（7-75））的同时命中能力，设计仿真场景如下：三枚初始状态不同的临近空间高速拦截器在仿真开始 30s 后同时对临近空间高速目标实施拦截。拦截器 1 的地面坐标系下各拦截器与目标的初始位置和速度信息如表 7-6 所列。比例导引系数选取为 $N=5$。

表 7-6 临近空间高速拦截器与目标的初始位置和速度（一）

拦截器与目标	初始位置	速度
拦截器 1	$[x_{M1}\ \ y_{M1}\ \ z_{M1}]=[0\ \ 30\text{km}\ \ 0]$	$[V_{M1}\ \ \theta_{M1}\ \ \psi_{vM1}]=[1800\text{m/s}\ \ 0\ \ 0]$
拦截器 2	$[x_{M2}\ \ y_{M2}\ \ z_{M2}]=[4\text{km}\ \ 30\text{km}\ \ 0]$	$[V_{M2}\ \ \theta_{M2}\ \ \psi_{vM2}]=[1800\text{m/s}\ \ 0\ \ 0]$
拦截器 3	$[x_{M3}\ \ y_{M3}\ \ z_{M3}]=[0\ \ 30\text{km}\ \ 5\text{km}]$	$[V_{M3}\ \ \theta_{M3}\ \ \psi_{vM3}]=[1800\text{m/s}\ \ 0\ \ 0]$
目标	$[x_T\ \ y_T\ \ z_T]=[45\text{km}\ \ 45\text{km}\ \ 30\text{km}]$	$[V_T\ \ \theta_T\ \ \psi_{vT}]=[1800\text{m/s}\ \ 0\ \ 180°]$

图 7-22～图 7-25 所示为拦截器与目标的运动轨迹，三枚不同初始位置的临近空间高速拦截器，通过“弯曲”弹道，成功实现时间协同命中。拦截器 1、拦截器 2 与拦截器 3 的脱靶量分别为 0.77m、0.052m、0.99m，满足高精度拦截需求。图 7-26 为三枚拦截器实时的估计剩余飞行时间。期望的命中时间为 30s，实际协同飞行时间为 28.3s，估计较为准确；三枚拦截器的命中时刻之差不超过 0.1s，同时命中的时间精度较高。说明所设计的制导律可有效实现多拦截器的同时命中。

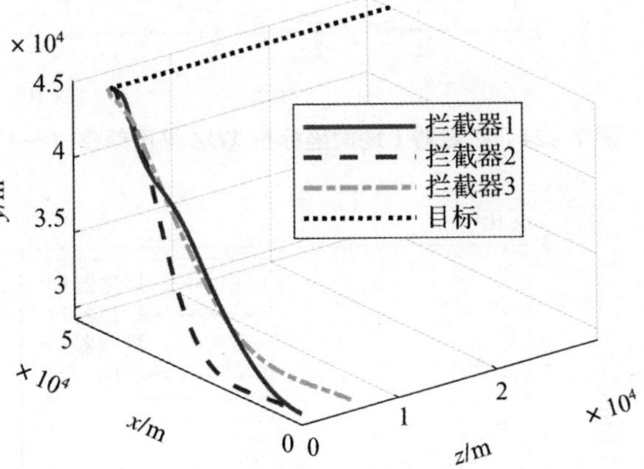

图 7-22　拦截器 1 地面坐标系下拦截器与目标的三维轨迹（一）

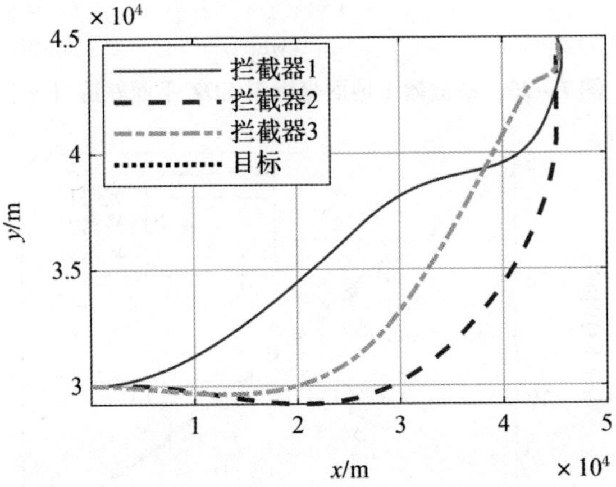

图 7-23　拦截器 1 地面坐标系 *XOY* 平面轨迹（一）

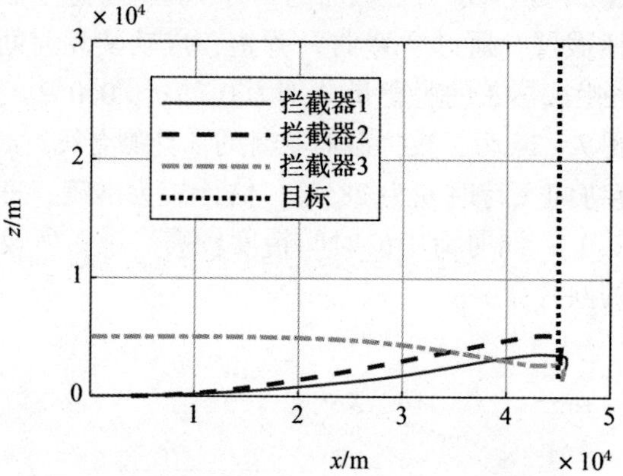

图 7-24　拦截器 1 地面坐标系 *XOZ* 平面轨迹（一）

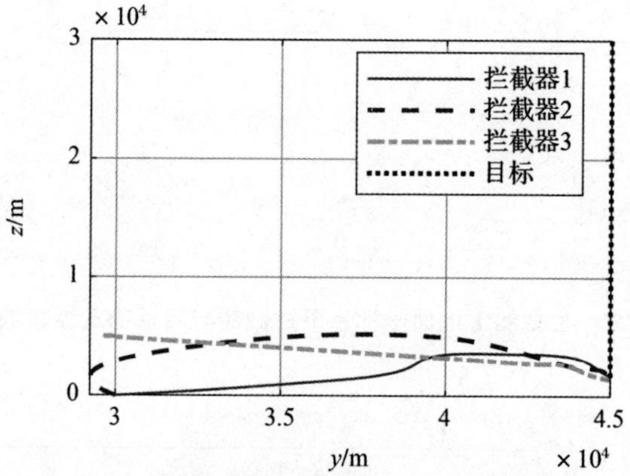

图 7-25　拦截器 1 地面坐标系 *YOZ* 平面轨迹（一）

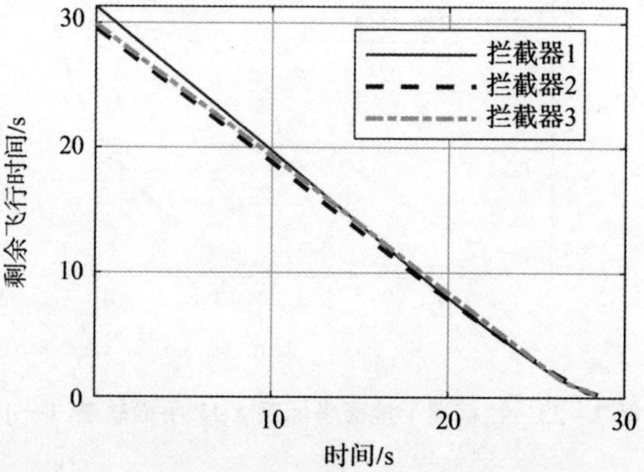

图 7-26　实际飞行时间与估计剩余飞行时间（一）

2. 序贯命中协同制导仿真

为验证所设计协同拦截制导律（式（7－75））的序贯命中能力，设计仿真场景如下：三枚临近空间高速拦截器以 2s 时间间隔先后对目标实施序贯拦截。拦截器 1 的地面坐标系下各拦截器与目标的初始位置和速度信息如表 7－7 所列。比例导引系数选取为 $N=5$。

表 7－7　临近空间高速拦截器与目标的初始位置和速度（二）

拦截器与目标	初始位置	速度
拦截器 1	$[x_{M1}\ \ y_{M1}\ \ z_{M1}]=[0\ \ 30\text{km}\ \ -8\text{km}]$	$[V_{M1}\ \ \theta_{M1}\ \ \psi_{vM1}]=[1800\text{m/s}\ \ 0\ \ 0]$
拦截器 2	$[x_{M2}\ \ y_{M2}\ \ z_{M2}]=[5\text{km}\ \ 30\text{km}\ \ 0]$	$[V_{M2}\ \ \theta_{M2}\ \ \psi_{vM2}]=[1800\text{m/s}\ \ 0\ \ 0]$
拦截器 3	$[x_{M3}\ \ y_{M3}\ \ z_{M3}]=[0\ \ 30\text{km}\ \ 10\text{km}]$	$[V_{M3}\ \ \theta_{M3}\ \ \psi_{vM3}]=[1800\text{m/s}\ \ 0\ \ 0]$
目标	$[x_T\ \ y_T\ \ z_T]=[45\text{km}\ \ 45\text{km}\ \ 30\text{km}]$	$[V_T\ \ \theta_T\ \ \psi_{vT}]=[1000\text{m/s}\ \ 0\ \ -180°]$

图 7－27～图 7－30 给出了三枚临近空间高速拦截器与目标的运动轨迹，可以看到，通过“弯曲”弹道，拦截器 2、拦截器 1 与拦截器 3 依次对目标实施序贯拦截，脱靶量分别为 0.59m、0.58m、0.61m，满足高精度拦截需求。图 7－31 为三枚拦截器实时的估计剩余飞行时间，第二枚拦截器攻击时刻为 25.27s，第一枚拦截器攻击时刻为 27.29s，第三枚拦截器攻击时刻为 29.28s，成功实现三枚拦截器飞行时间相隔 2s 的序贯协同拦截。

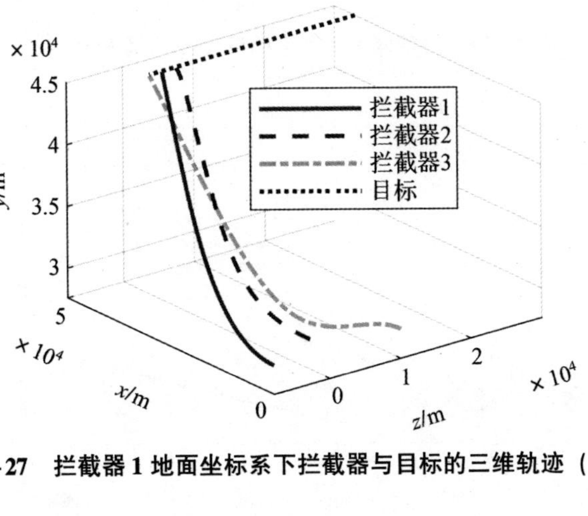

图 7－27　拦截器 1 地面坐标系下拦截器与目标的三维轨迹（二）

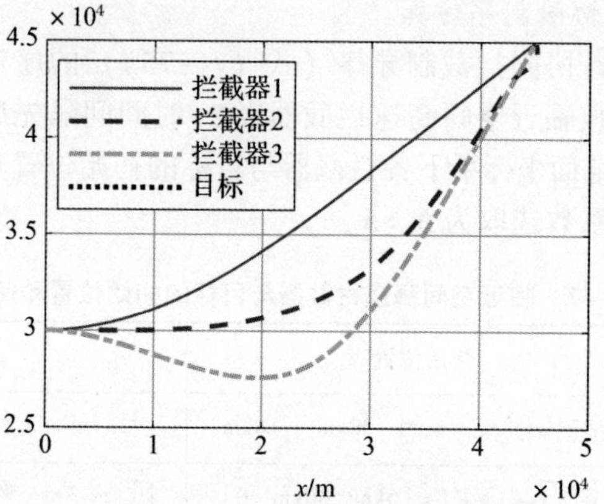

图 7-28 拦截器 1 地面坐标系 *XOY* 平面轨迹（二）

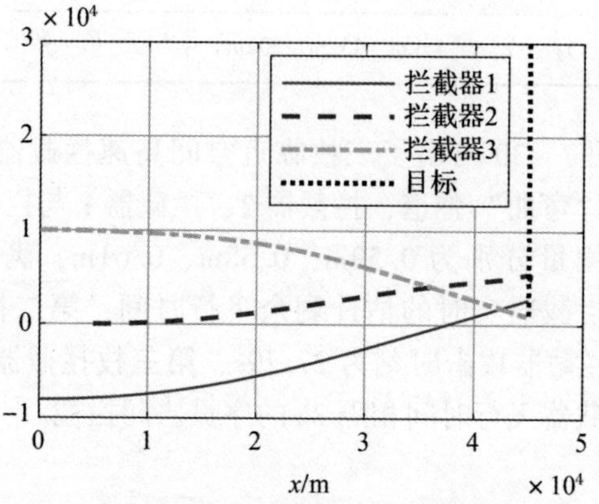

图 7-29 拦截器 1 地面坐标系 *XOZ* 平面轨迹（二）

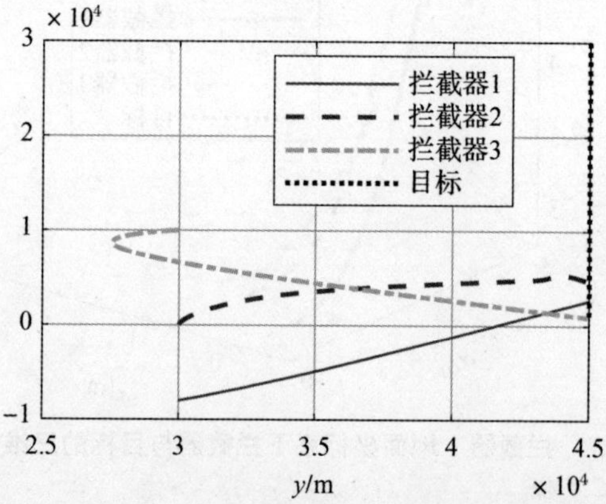

图 7-30 拦截器 1 地面坐标系 *YOZ* 平面轨迹（二）

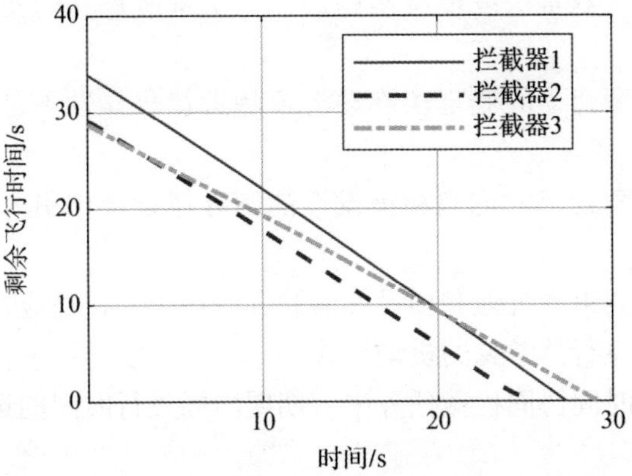

图 7－31　实际飞行时间与估计剩余飞行时间（二）

7.6　本章小结

本章针对临近空间高速拦截器精确拦截高速目标的制导需求，设计带有终端角约束的抗饱和预设性能滑模制导律与时间协同制导律。首先，为精确限定视线角跟踪误差的瞬态与稳态性能，设计了新型预设性能函数，可使视线角误差在设定时间内收敛至期望误差范围内。该性能函数可以自由调节收敛方向、减弱执行器饱和。然后，提出一种新型变幂次滑模趋近律，可根据滑模变量收敛情况调整分数阶幂次。相较于传统双幂次终端滑模趋近律，新型变幂次滑模趋近律的收敛速度更快。将预设性能函数与变幂次滑模趋近律结合，得到带有终端角约束的抗饱和预设性能滑模制导律。该制导律可使滑模变量与视线角跟踪误差在固定时间收敛至零，同时可精确限定跟踪误差的瞬态与稳态性能。最后，针对多拦截器时间协同命中需求，建立时间协同拦截制导律。基于预估剩余飞行时间与设定期望飞行时间形成命中时间误差反馈项，并在制导律中补偿，得到多临近空间高速拦截器的时间协同拦截制导律，分别导引每个拦截器按照期望协同时间命中，实现多拦截器同时命中和序贯命中的任务需求。

思考题

1. 请写出拦截器与目标相对运动方程的状态空间形式。
2. 请证明：本章所设计预设性能函数在 $t \geqslant 0$ 时光滑且连续。
3. 请简述本章所设计预设性能函数变化方向与参数 b 之间的关系。

4. 相较于传统双幂次终端滑模趋近律，本章所建立的变幂次终端滑模趋近律有哪些优势?

5. 针对本章所建立的变幂次终端滑模趋近律鲁棒性不足的缺点，给出两种改进措施。

6. 在带终端角约束的抗饱和预设性能制导律设计中引入 $\mu_{\tau}(x)$ 的意义是什么?

7. 在终端角约束的抗饱和预设性能制导律中引入自适应律有哪些优点?

8. 给出三种飞行器常见的机动形式。

9. 多飞行器时间协同拦截任务中，期望协同飞行时间的选取规则是什么?

参 考 文 献

[1]INFANTE L W F. On the stability of systems defined over a finite time interval[J]. Proceedings of the National Academy of Sciences of the United States of America, 1965, 54(1):44 -48.

[2]WEISS L, INFANTE E F. Finite time stability under perturbing forces and on product spaces[J]. IEEE Transactions on Automatic Control, 1967, 12(1):54 -59.

[3]HONG Y, HUANG J, XU Y S. On an output feedback finite - time stabilization problem[J]. IEEE Transactions on Automatic Control, 2001, 46(2): 305 -309.

[4]POLYAKOV A. Nonlinear feedback design for fixed - time stabilization of Linear Control Systems[J]. IEEE Transactions on Automatic Control, 2012, 57(8):2106 -2110.

[5]SONG Y, WANG Y, HOLLOWAY J, et al. Time - varying feedback for regulation of normal - form nonlinear systems in prescribed finite time[J]. Automatica, 2017, 83:243 -251.

[6]YIBO D, XIAO K Y, GUANGSHAN C, et al. Review of control and guidance technology on hypersonic vehicle[J]. Chinese Journal of Aeronautics, 2022, 35(7): 1 -18.

[7]丁一波. 吸气式高超声速飞行器有限时间控制方法研究[D]. 哈尔滨:哈尔滨工业大学, 2020.

[8]BOLENDER M A. An overview on dynamics and controls modelling of hypersonic vehicles[C]. 2009 American Control Conference. IEEE, 2019:2507 -2512.

[9]方洋旺, 柴栋, 毛东辉, 等. 吸气式高超声速飞行器制导与控制研究现状及发展趋势[J]. 航空学报, 2014, 35(7): 1776 -1786.

[10]孙经广. 高超声速飞行器跟踪控制方法研究[D]. 哈尔滨: 哈尔滨工业大学, 2018.

[11]闫杰. 吸气式高超声速飞行器控制技术[M]. 西安: 西北工业大学出版社, 2015: 2 -3, 17 -18.

[12]刘薇, 龚海华. 国外高超声速飞行器发展历程综述[J]. 飞航导弹, 2020(03):20 -27.

[13]李建林. 临近空间高超声速飞行器发展研究[M]. 北京: 中国宇航出版社, 2012: 103, 162 -165, 211 -212.

[14]牛文, 郭朝邦, 叶蕾. 美国成功完成 AHW 首次试飞[J]. 飞航导弹, 2011(12): 1 -3.

[15]董萌. 类 HGB 飞行器再入制导技术研究[D]. 哈尔滨: 哈尔滨工业大学, 2014.

[16]王友利, 才满瑞. 美国 X -51A 项目总结与前景分析[J]. 飞航导弹, 2014 (3): 17 -21.

[17]李国忠, 于廷臣, 赖正华. 美国 X -51A 高超声速飞行器的发展与思考[J]. 飞航导弹, 2014(05): 5 -8,21.

[18]胡冬冬, 叶蕾. 美国加速高超声速打击武器实用化发展进程[J]. 飞航导弹, 2016 (03): 15 -19.

[19]武卉, 牛文. 美国积极发展高超声速武器[J]. 飞航导弹, 2014(08): 6 -9.

[20]HAMBLING D. China, Russia and the US in hypersonic arms race[J]. New Scientist, 2019, 243 (3238): 12.

[21]李慧峰. 高超声速飞行器制导与控制技术[M]. 北京: 中国宇航出版社, 2012: 13 -15.

[22]林旭斌, 张灿. 俄罗斯新型高超声速打击武器研究[J]. 战术导弹技术, 2019 (01): 19 -24.

[23]张灿，林旭斌，刘都群，等. 2019年国外高超声速飞行器技术发展综述[J]. 飞航导弹，2020(01)：16-20.

[24]韩洪涛，王璐，郑义. 2019年国外高超声速技术发展回顾[J]. 飞航导弹，2020(05)：14-18.

[25]JIANG J, YU X. Fault-tolerant control systems: A comparative study between active and passive approaches[J]. Annual Review in Control, 2012, 36(1): 60-72.

[26]CAI W, LIAO X, SONG D Y. Indirect robust adaptive fault-tolerant control for attitude tracking of spacecraft[J]. Journal of Guidance Control & Dynamics, 2008, 31(5): 1456-1463.

[27]TANG X, TAO G, JOSHI S M. Adaptive actuator failure compensation for nonlinear MIMO systems with an aircraft control application[J]. Automatica, 2007, 43(11): 1869-1883.

[28]XU D, JIANG B, SHI P. Robust NSV fault-tolerant control system design against actuator faults and control surface damage under actuator dynamics[J]. IEEE Transactions on Industrial Electronics, 2015, 62(9): 5919-5928.

[29]XU D, JIANG B, LIU H, et al. Decentralized asymptotic fault tolerant control of near space vehicle with high order actuator dynamics[J]. Journal of the Franklin Institute, 2013, 350(9): 2519-2534.

[30]HUANG B, LI A, XU B. Adaptive fault tolerant control for hypersonic vehicle with external disturbance[J]. International Journal of Advanced Robotic Systems, 2017, 14(1): 1-7.

[31]XU B, GUO Y, YUAN Y, et al. Fault-tolerant control using command-filtered adaptive back-stepping technique: Application to hypersonic longitudinal flight dynamics[J]. International Journal of Adaptive Control & Signal Processing, 2016, 30(4): 553-577.

[32]HE J, QI R, JIANG B, et al. Adaptive output feedback fault-tolerant control design for hypersonic flight vehicles[J]. Journal of the Franklin Institute, 2015, 352(5): 1811-1835.

[33]XU B, ZHANG Q, PAN Y. Neural network based dynamic surface control of hypersonic flight dynamics using small-gain theorem[J]. Neurocomputing, 2016, 173: 690-699.

[34]HU C, ZHOU X, SUN B, et al. Nussbaum-based fuzzy adaptive nonlinear fault-tolerant control for hypersonic vehicles with diverse actuator faults[J]. Aerospace Science & Technology, 2017, 71: 432-440.

[35]MUSHAGE B O, CHEDJOU J C, KYAMAKYA K. Observer-based fuzzy adaptive fault-tolerant nonlinear control for uncertain strict-feedback nonlinear systems with unknown control direction and its applications[J]. Nonlinear Dynamics, 2017, 88(4): 2553-2575.

[36]LIU Y, PU Z, YI J. Observer-based robust adaptive T2 fuzzy tracking control for flexible air-breathing hypersonic vehicles[J]. IET Control Theory & Applications, 2018, 12(8): 1036-1045.

[37]GAO G, WANG J, WANG X. Prescribed-performance fault-tolerant control for feedback linearisable systems with an aircraft application[J]. International Journal of Control, 2016, 90(5): 932-949.

[38]GAO G, WANG J, WANG X. Adaptive fault-tolerant control for feedback linearizable systems with an aircraft application[J]. International Journal of Robust & Nonlinear Control, 2015, 25(9): 1301-1326.

[39]SUN J G, SONG S M, WU G Q. Fault-tolerant track control of hypersonic vehicle based on fast terminal sliding mode[J]. Journal of Spacecraft and Rockets, 2017, 54(6): 1304-1316.

[40]WANG J, ZONG Q, HE X, et al. Adaptive finite-time control for a flexible hypersonic vehicle with actuator fault[J]. Mathematical Problems in Engineering, 2013, 2013: 1-10.

[41]YU X, LI P, ZHANG Y. The Design of fixed-time observer and finite-time fault-tolerant control for hypersonic gliding vehicles[J]. IEEE Transactions on Industrial Electronics, 2018, 65(5): 4135-4144.

[42]LI P, MA J, ZHENG Z. Disturbance - observer - based fixed - time second - order sliding mode control of an air - breathing hypersonic vehicle with actuator faults[J]. Proceedings of the Institution of Mechanical Engineers, Part G: Journal of Aerospace Engineering, 2018, 232(2): 344 - 361.

[43]NI J, AHN C K, LIU L, et al. Prescribed performance fixed - time recurrent neural network control for uncertain nonlinear systems[J]. Neurocomputing, 2019, 363: 351 - 365.

[44]BAO J, WANG H, LIU X P. Adaptive finite - time tracking control for robotic manipulators with funnel boundary[J]. International Journal of Adaptive Control and Signal Processing, 2020,34(5):575 - 589.

[45]WANG S, CHEN Q, REN X, et al. Neural network - based adaptive funnel sliding mode control for servo mechanisms with friction compensation[J]. Neurocomputing, 2020, 377: 16 - 26.

[46]BU X. Air - breathing hypersonic vehicles funnel control using neural approximation of non - affine dynamics[J]. IEEE/ASME Transactions on Mechatronics, 2018, 23(5): 2099 - 2108.

[47]DONG C, LIU Y, WANG Q. Barrier Lyapunov function based adaptive finite - time control for hypersonic flight vehicles with state constraints[J]. ISA Transactions, 2020, 96: 163 - 176.

[48]AN H, XIA H, WANG C. Barrier Lyapunov function - based adaptive control for hypersonic flight vehicles [J]. Nonlinear Dynamics, 2017, 88(3): 1833 - 1853.

[49]XU B, SHI Z, SUN F, et al. Barrier Lyapunov function based learning control of hypersonic flight vehicle with AOA constraint and actuator faults[J]. IEEE Transactions on Cybernetics, 2018, 49(3): 1 - 11.

[50]BECHLIOULIS C P, ROVITHAKIS G A. Robust adaptive control of feedback linearizable MIMO nonlinear systems with prescribed performance[J]. IEEE Transactions on Automatic Control, 2008, 53(9): 2090 - 2099.

[51]BU X. Guaranteeing prescribed performance for air - breathing hypersonic vehicles via an adaptive non - affine tracking controller[J]. Acta Astronautica, 2018, 151: 368 - 379.

[52]BU X, WU X, ZHU F, et al. Novel prescribed performance neural control of a flexible air - breathing hypersonic vehicle with unknown initial errors[J]. ISA Transactions, 2015, 59: 149 - 159.

[53]ZHAO S, LI X, BU X, et al. Prescribed performance tracking control for hypersonic flight vehicles with model uncertainties[J]. International Journal of Aerospace Engineering, 2019, 2019(1): 3505614.

[54]LIU Y, LIU X, JING Y. Adaptive fuzzy finite - time stability of uncertain nonlinear systems based on prescribed performance[J]. Fuzzy Sets and Systems, 2019, 374: 23 - 39.

[55]WANG Y, HU J. Improved prescribed performance control for air - breathing hypersonic vehicles with unknown deadzone input nonlinearity[J]. ISA Transactions, 2018, 79: 95 - 107.

[56]ZHENG Y, CHEN Z, SHAO W J, et al. Time - optimal guidance for intercepting moving targets with impact - angle constraints[J]. Chinese Journal of Aeronautics, 2022, 35(7): 157 - 167

[57]WANG Y D, WANG J, HE S M, et al. Optimal guidance with active observability enhancement for scale factor error estimation of strapdown seeker[J]. IEEE Transactions on Aerospace and Electronic Systems, 2021, 57(6): 4347 - 4362.

[58]YAGHI M, EFE M Ö. H_2/H_∞ - neural - based fOPID controller applied for radar - guided missile[J]. IEEE Transactions on Industrial Electronics, 2019, 67(6): 4806 - 4814

[59]SHENG Y Z, ZHANG Z, XIA L. Fractional - order sliding mode control based guidance law with impact angle constraint[J]. Nonlinear Dynamics, 2021, 106: 425 - 444.

[60]ZHAI S, WEI X Q, YANG J Y. Cooperative guidance law based on time - varying terminal sliding mode for

maneuvering target with unknown uncertainty in simultaneous attack[J]. Journal of the Franklin Institute, 2020, 357(16): 11914 - 11938.

[61]DING Y B, YUE X K, LIU C, et al. Finite - time controller design with adaptive fixed - time anti - saturation compensator for hypersonic vehicle[J]. ISA Transactions, 2022, 122: 96 - 113.

[62]DONG F, ZHANG X Y, HE K P, et al. A new three - dimensional adaptive sliding mode guidance law for maneuvering target with actuator fault and terminal angle constraints[J]. Aerospace Science and Technology, 2022, 131: 107974.

[63]DONG W, WANG C Y, WANG J N, et al. Three - dimensional nonsingular cooperative guidance law with different field - of - view constraints[J]. Journal of Guidance, Control, and Dynamics, 2021, 44(11): 2001 - 2015.

[64]DONG F, ZHANG X Y, Tan P L. Terminal sliding mode guidance design under impact angle and time constraints in three - dimensional space[C]. 2022 34th Chinese Control and Decision Conference (CCDC). IEEE, 2022: 412 - 417.

[65]KUMAR S R, GHOSE D. Sliding mode control based guidance law with impact time con - straints[C]. 2013 American Control Conference. IEEE, 2013: 5760 - 5765.

[66]GUO R Y, DING Y B, YUE X K. Active adaptive continuous nonsingular terminal sliding mode controller for hypersonic vehicle[J]. Aerospace Science and Technology, 2023, 137: 108279.

[67]TAN Y T, JING W X, GAO C S, et al. Adaptive improved super - twisting integral sliding mode guidance law against maneuvering target with terminal angle constraint[J]. Aerospace Science and Technology, 2022, 129: 107820.

[68]WANG X X, LU H Q, HUANG X L, et al. Three - dimensional time - varying sliding mode guidance law against maneuvering targets with terminal angle constraint[J]. Chinese Journal of Aeronautics, 2022, 35(4): 303 - 319.

[69]ZHANG B L, ZHOU D. Optimal predictive sliding - mode guidance law for intercepting near - space hypersonic maneuvering target[J]. Chinese Journal of Aeronautics, 2022, 35(4): 320 - 331.

[70]ZHANG Y, TANG S, GUO J. Adaptive terminal angle constraint interception against ma - neuvering targets with fast fixed - time convergence[J]. International Journal of Ro - bust and Nonlinear Control, 2018, 28(8): 2996 - 3014.

[71]DING Y B, WANG X G, BAI Y L, et al. Robust fixed - time sliding mode controller for flexible air - breathing hypersonic vehicle[J]. ISA transactions, 2019, 90: 1 - 18.

[72]EDWARDS C, SHTESSEL Y. Adaptive dual layer second - order sliding mode control and observation[C]. 2015 American control conference (ACC). IEEE, 2015: 5853 - 5858.

[73]DING Y B, WANG X G, BAI Y L, et al. Adaptive higher order super - twisting control algo - rithm for a flexible air - breathing hypersonic vehicle[J]. Acta Astronautica, 2018, 152: 275 - 288.

[74]HSU L, OLIVEIRA T R, MELO G T, et al. Adaptive sliding mode control using monitoring functions[J]. New Perspectives and Applications of Modern Control Theory: In Hon or of Alexander S. Poznyak, 2018: 269 - 285.

[75]EDWARDS C, SHTESSEL Y B. Adaptive continuous higher order sliding mode control[J]. Automatica, 2016, 65: 183 - 190.

[76]DING Y B, WANG X G, BAI Y L, et al. An improved continuous sliding mode controller for flexible air -

breathing hypersonic vehicle[J]. International Journal of Robust and Nonlinear Control, 2020, 30(14): 5751 -5772.

[77]CHEN Y, WU S F, WANG X L, et al. Time and FOV constraint guidance applicable to maneuvering target via sliding mode control[J]. Aerospace Science and Technology, 2023, 133: 108104.

[78]SHI L Y, ZHENG Z H, TANG S, et al. Prescribed performance slide mode guidance law with terminal line - of - sight angle constraint against maneuvering targets[J]. Nonlinear Dynamics, 2017, 88: 2101 - 2110.

[79]MING C, WANG X M. Nonsingular terminal sliding mode control - based prescribed performance guidance law with impact angle constraints[J]. International Journal of Control, Automation and Systems, 2022, 20(3): 715 -726.

[80]BU X W. Prescribed performance control approaches, applications and challenges: A comprehensive survey [J]. Asian Journal of Control, 2023, 25(1): 241 -261.

[81]YANG P, SU Y X. Proximate fixed - time prescribed performance tracking control of un - certain robot manipulators[J]. IEEE/ASME Transactions on Mechatronics, 2021, 27(5): 3275 -3285.

[82]YANG X Y, ZHANG Y C, SONG S M. Three - dimensional nonsingular impact angle guid - ance strategy with physical constraints[J]. ISA transactions, 2022, 131: 476 -488.

[83]DING Y B, YUE X K, DAI H H, et al. Prescribed performance controller for flexible air - breathing hypersonic vehicle with considering inlet airflow constraint [J]. Acta Aeronautica et Astronautica Sinica, 2021, 42(11): 524838.

[84]朱高璨. 弹道导弹中段反突防最优制导律研究[D]. 哈尔滨:哈尔滨工业大学, 2021.

[85]熊伟, 张艳玲, 姜利, 等. 国外轴对称再入飞行器中段机动策略研究[J]. 导弹与航天运载技术, 2019(01): 30 -35.

[86]FARUQ I, FARHAN A. Differential game theory with applications to missiles and autonomous systems guidance[M]. Hoboken John Wiley & Sons, 2017.

[87]BARDHAN R. An SDRE based differential game approach for maneuvering target interception. [C]. AIAA Guidance, Navigation, and Control Conference. 2015:0341.

[88]GONG X, CHEN W, CHEN Z. Intelligent game strategies in target - missile - defender engagement using curriculum - based deep reinforcement learning[J]. Aerospace, 2023, 10(2): 133.

[89]LI Z, WU J, WU Y, et al. Real - time guidance strategy for active defense aircraft via deep reinforcement learning[C]. NAECON 2021 - IEEE National Aerospace and Electronics Conference. IEEE, 2021: 177 -183.

[90]WANG Y, ZHAO K, GUIRAO J L G, et al. Online intelligent maneuvering penetration methods of missile with respect to unknown intercepting strategies based on reinforcement learning[J]. Electronic Research Archive, 2022, 30(12): 4366 -4381.

[91]GONG X, CHEN W, CHEN Z. Intelligent game strategies in target - missile - defender engagement using curriculum - based deep reinforcement learning[J]. Aerospace, 2023, 10(2): 133.

[92]MCKENZIE M C, MCDONNELL M D. Modern value based reinforcement learning: A chronological review [J]. IEEE Access, 2022, 10: 134704 - 134725.

[93]张婷宇. 粒子群融合多元自适应 Dyna - Q 值调整算法及其在路径规划中的应用[D]. 西安:长安大学, 2020.

[94]史豪斌, 徐梦, 刘珈妤,等. 一种基于 Dyna – Q 学习的旋翼无人机视觉伺服智能控制方法 [J]. 控制与决策, 2019, 34 (12): 2517 – 2526.

[95]魏占阳. 面向多无人平台的 Dyna 模型学习算法研究[D]. 长沙:国防科技大学, 2018.

[96]SHARMA S, YOON W. Energy efficient power allocation in massive MIMO based on parameterized deep DQN[J]. Electronics, 2023, 12(21): 4517.

[97]AGARWAL V, SHARMA S. DQN algorithm for network resource management in vehicular communication network[J]. International Journal of Information Technology, 2023, 15(6): 3371 – 3379.

[98]李丽霞,陈艳. 基于 D – DQN 强化学习算法的双足机器人智能控制研究 [J/OL]. 计算机测量与控制, 2024, 32 (03): 181 – 187 [2024 – 01 – 03]. http: //kns. cnki. net /kcms /detail /11. 4762. TP. 20231012. 0946. 014. html.

[99]林俊文,程金,季金胜. 基于策略梯度及强化学习的拖挂式移动机器人控制方法[J]. 市政技术, 2023, 41 (10): 101 – 105.

[100]李海亮, 王莉. 有样本重用的阶段性策略梯度深度强化学习[J]. 太原理工大学学报, 2024, 55 (04): 712 – 719.

[101]贺宝记, 白林亭, 文鹏程. 基于态势评估及 DDPG 算法的一对一空战格斗控制方法 [J]. 航空工程进展, 2024, 15 (02): 179 – 187.

[102]YAOZHONG Z, ZHUORAN W, ZHENKAI X, et al. A UAV collaborative defense scheme driven by DDPG algorithm [J]. Journal of Systems Engineering and Electronics, 2023, 34 (05): 1211 – 1224.

[103]KHALIL H. Nonlinear Systems [M]. 3rd Ed. Boston: Prentice Hall, 2002.

[104]BHAT S, BERNSTEIN D S. Lyapunov analysis of finite – time differential equations[C]. Proceedings of 1995 American Control Conference – ACC 195. IEEE, 1995,3: 1831 – 1832.

[105]BHAT S P, BERNSTEIN D S. Geometric homogeneity with applications to finite – time stability[J]. Mathematics of Control, Signals, and Systems: MCSS, 2005, 17(2). 101 – 127.

[106]BHAT S P, BERNSTEIN D S. Continuous finite – time stabilization of the translational and rotational double integrators[J]. IEEE Transactions on Automatic Control, 1998, 43(5): 678 – 682.

[107]YU S, YU X, SHIRINZADEH B, et al. Continuous finite – time control for robotic ma – nipulators with terminal sliding mode[J]. Automatica, 2005, 41(11): 1957 – 1964.

[108]BU X, WU X, ZHANG R, et al. A neural approximation – based novel back – stepping control scheme for air – breathing hypersonic vehicles with uncertain parameters[J]. Proceedings of the Institution of Mechanical Engineers, Part I: Journal of Systems & Control Engineering, 2016, 230(3): 231 – 243.

[109]JIANG B, HU Q, FRISWELL M. Fixed – Time Attitude Control for Rigid Spacecraft with Actuator Saturation and Faults[J]. IEEE transactions on control systems technology: A publication of the IEEE Control Systems Society,2016,24(5):1892 – 1898.

[110]FILIPPOV A F, ARSCOTT F M. Differential equations with discontinuous righthand sides[M]. Dordrecht: Springer, 1988.

[111]LEVANT A. Sliding order and sliding accuracy in sliding mode control[J]. International Journal of Control, 1993, 58(6): 1247 – 1263.

[112]LEVANT A. Principles of 2 – sliding mode design[J]. Automatica, 2007, 43(4): 576 – 586.

[113]REICHHARTINGER M, HORN M. Application of higher order sliding – mode concepts to a throttle actuator for gasoline engines[J]. IEEE Transactions on Industrial Electronics, 2009, 56(9):3322 – 3329.

[114] BARTOLINI G, FERRARA A, USANI E. Chattering avoidance by second – order sliding mode control[J]. IEEE Transactions on Automatic Control, 2002, 43(2):241 – 246.

[115] LEVANT A. Quasi – continuous high – order sliding – mode controllers[J]. IEEE Transactions on Automatic Control, 2005, 50(11): 1812 – 1816.

[116] LEVANT A. Universal SISO sliding – mode controllers with finite – time conver gence[J]. IEEE Transactions on Automatic Control, 2001, 46(9): 1447 – 1451.

[117] LEVANT A. Homogeneity approach to high – order sliding mode design[J]. Automatica, 2005, 41(5): 823 – 830.

[118] KAMAL S, CHALANGA A, MORENO J A, et al. Higher order super – twisting algorithm[C]. 2014 13th International Workshop on Variable Structure Systems(VSS). IEEE, 2014: 1 – 5.

[119] KAMAL S, MORENO J A, CHALANGA A, et al. Continuous terminal sliding – mode controller[J]. Automatica, 2016, 69: 308 – 314.

[120] KAMAL S, CHALANGA A, THORAT V, et al. A new family of continuous higher order sliding mode algorithm[C]. 2015 10th Asian Control Conference(ASCC). IEEE, 2015: 1 – 6.

[121] MORENO J A, NEGRETE D Y, TORRES – GONZÁLEZ V, et al. Adaptive continuous twisting algorithm[J]. International Journal of Control, 2015, 89(9): 1798 – 1806.

[122] YU S, YU X, MAN Z. On Singularity Free Recursive Fast Terminal Sliding Mode Control[C]. 2008 International Workshop on Variable Structure Systems. IEEE, 2008:163 – 166.

[123] FENG Y, YU X, MAN Z. Non – singular terminal sliding mode control of rigid ma – nipulators[J]. Automatica, 2002, 38(12):2159 – 2167.

[124] YANG L , YANG J . Nonsingular fast terminal sliding – mode control for nonlinear dynamical systems[J]. International Journal of Robust and Nonlinear Control, 2011, 21(16):1865 – 1879.

[125] JIANG B, HU Q, Friswell M I. Fixed – time rendezvous control of spacecraft with a tumbling target under loss of actuator effectiveness[J]. IEEE Transactions on Aer – ospace & Electronic Systems, 2016, 52(4): 1576 – 1586.

[126] NI J, LIU L, LIU C, CHONGXIN LIU, et al. Fast Fixed – Time Nonsingular Terminal Sliding Mode Control and Its Application to Chaos Suppression in Power System[J]. IEEE Transactions on Circuits and Systems II: Express Briefs, 2017,64: 151 – 155.

[127] ZUO Z. Non – singular fixed – time terminal sliding mode control of non – linear systems[J]. IET Control Theory & Applications, 2015, 9(4): 545 – 552.

[128] FU J, Wang J. Fixed – time coordinated tracking for second – order multi – agent systems with bounded input uncertainties[J]. Systems & Control Letters, 2016, 93: 1 – 12.

[129] PISANO A, USAI E. Sliding mode control: A survey with applications in math[J]. Elsevier Science Publishers B. V. , 2011, 81(5): 954 – 979.

[130] LEVANT A. Robust exact differentiation via sliding mode technique[J]. Automatica, 1998, 34(3): 379 – 384.

[131] LEVANT A. Higher – order sliding modes, differentiation and output feedback control[J]. International Journal of Control, 2003, 76(9 – 10):924 – 941.

[132] BASIN M, YU P, SHTESSEL Y. Finite – and fixed – time differentiators utilising HOSM techniques[J]. IET Control Theory & Applications, 2017, 11(8): 1144 – 1152.

[133] ANGULO M T, MORENO J A, FRIDMAN L. Robust exact uniformly convergent arbi - trary order differentiator[J]. Automatica, 2013, 49(8): 2489 - 2495.

[134] BANDYOPADHYAY B, JANARDHANAN S, SPURGEON S. Advances in sliding mode con - trol: concept, theory and implementation[M]. Berlin: Springer, 2013.

[135] OPPENHEIMER M, DOMAN D. A hypersonic vehicle model developed with piston theory[C]. AIAA Atmospheric Flight Mechanics Conference and Exhibit, 2006: 6637.

[136] BOLENDER M, OPPENHEIMER M, DOMAN D. Effects of unsteady and viscous aerodynamics on the dynamics of a flexible air - breathing hypersonic vehicle[C]. AIAA Atmospheric Flight Mechanics Conference and Exhibit, 2007: 6397.

[137] 王婕. 弹性高超声速飞行器跟踪问题控制方法研究[D]. 天津: 天津大学, 2014.

[138] WILLIAMS T, BOLENDER M, DOMAN D, et al. An aerothermal flexible mode analysis of a hypersonic vehicle[C]. AIAA Atmospheric Flight Mechanics Conference and Exhibit, 2006: 6647.

[139] SRIDHARAN S, RODRIGUEZ A A. Performance based control - relevant design for scramjet - powered hypersonic vehicles[C]. AIAA Guidance, Navigation, and Control Conference, 2012: 4469.

[140] 李晓红. 临近空间高超声速飞行器的 L_1 自适应控制[D]. 哈尔滨: 哈尔滨工业大学, 2012.

[141] 杨志红, 徐宝华, 姚德清. 基于高斯伪谱法的吸气式高超声速飞行器爬升弹道优化研究[J]. 导航定位与授时, 2018, 5(3): 35 - 40.

[142] PARKER J T, SERRANI A, YURKOVICH S, et al. Control - oriented modeling of an air - breathing hypersonic vehicle[J]. Journal of Guidance Control & Dynamics, 2007, 30(3): 856 - 869.

[143] BOLENDER M A, DOMAN D B. Flight path angle dynamics of air - breathing hypersonic vehicles[C]. AIAA Guidance, Navigation, and Control Conference and Exhibit, 2006: 6692.

[144] DAVID SIGTHORSSON, ANDREA SERRANI. Development of linear parameter - varying models of hypersonic air - breathing vehicles[C]. AIAA Guidance, Navigation, and Control Conference and Exhibit. 2009: 6282.

[145] FIORENTINI L, SERRANI A, BOLENDER M A, et al. Nonlinear robust adaptive control of flexible air - breathing hypersonic vehicles[J]. Journal of Guidance Control & Dynamics, 2009, 32(2): 402 - 417.

[146] BU X, Wu X, HUANG J, et al. Minimal - learning - parameter based simplified adaptive neural back - stepping control of flexible air - breathing hypersonic vehicles without virtual controllers[J]. Neurocomputing, 2016, 175: 816 - 825.

[147] XU B, SHI Z K. An overview on flight dynamics and control approaches for hypersonic vehicles[J]. Science China Information Sciences, 2015, 58(7): 1 - 19.

[148] WANG J, WU Y, DONG X. Recursive terminal sliding mode control for hypersonic flight vehicle with sliding mode disturbance observer[J]. Nonlinear Dynamics, 2015, 81(3): 1489 - 1510.

[149] BU X, WU X, HE G, et al. Novel adaptive neural control design for a constrained flexible air - breathing hypersonic vehicle based on actuator compensation[J]. Acta astronautica, 2016, 120: 75 - 86.

[150] WANG N, WU H, GUO L. Coupling - observer - based nonlinear control for flexible air - breathing hypersonic vehicles[J]. Nonlinear Dynamics, 2014, 78(3): 2141 - 2159.

[151] HE N, GAO Q, GUTIERREZ H, et al. Robust adaptive dynamic surface control for hypersonic vehicles[J]. Nonlinear Dynamics, 2018, 93(3): 1109 - 1120.

[152] LEVANT A. Higher - order sliding modes, differentiation and output - feedback control[J]. International

Journal of Control, 2003, 76(9 -10), 924 -941.

[153]LI H, WU L, SI Y, et al. Multi - objective fault - tolerant output tracking control of a flexible air - breathing hypersonic vehicle[J]. Proceedings of the Institution of Mechanical Engineers, Part I: Journal of Systems and Control Engineering, 2010, 224(6): 647 -667.

[154]NIU J, CHEN F, TAO G. Nonlinear fuzzy fault - tolerant control of hypersonic flight vehicle with parametric uncertainty and actuator fault[J]. Nonlinear Dynamics, 2018, 92(3): 1299 -1315.

[155]BASIN M, SHTESSEL Y, ALDUKALI F. Continuous finite - and fixed - time high - order regulators[J]. Journal of the Franklin Institute, 2016, 353(18): 5001 -5012.

[156]CRUZ - ZAVALA E, MORENO J A, FRIDMAN L M. Uniform robust exact differentiator[J]. IEEE Transactions on Automatic Control, 2011, 56(11): 2727 -2733.

[157]POLYAKOV A, FRIDMAN L. Stability notions and Lyapunov functions for sliding mode control systems[J]. Journal of the Franklin Institute, 2014, 351(4): 1831 -1865.

[158]PERRUQUETTI W, FLOQUET T, MOULAY E. Finite - time observers: application to secure communication[J]. IEEE Transactions on Automatic Control, 2008, 53(1): 356 -360.

[159]LEVANT A, LIVNE M. Weighted homogeneity and robustness of sliding mode control[J]. Automatica, 2016, 72: 186 -193.

[160]BASIN M, BHARATH P C, SHTESSEL Y. Multivariable continuous fixed - time second - order sliding mode control: design and convergence time estimation[J]. IET Control Theory & Applications, 2017, 11(8): 1104 -1111.

[161]ANGULO M T, MORENO J A, FRIDMAN L. Robust exact uniformly convergent arbitrary order differentiator[J]. Automatica, 2013, 49(8): 2489 -2495.

[162]LI P, MA J, ZHENG Z. Robust adaptive multivariable higher - order sliding mode flight control for air - breathing hypersonic vehicle with actuator failures[J]. International Journal of Advanced Robotic Systems, 2016, 13(5): 1 -12.

[163]MING C, SUN R, ZHU B. Nonlinear fault - tolerant control with prescribed performance for air - breathing supersonic missiles[J]. Journal of Spacecraft and Rockets, 2017, 54(5): 1092 -1099.

[164]WU Z, LU J, SHI J, et al. Tracking error constrained robust adaptive neural prescribed performance control for flexible hypersonic flight vehicle[J]. International Journal of Advanced Robotic Systems, 2017, 14(1): 1 -16.

[165]安昊. 吸气式高超声速飞行器控制方法研究[D]. 哈尔滨: 哈尔滨工业大学, 2017.

[166]SERRANI A, BOLENDER M A. Addressing limits of operability of the scramjet engine in adaptive control of a generic hypersonic vehicle[C]. 2016 IEEE 55th Conference on Decision and Control(CDC). IEEE, 2016: 7567 -7572.

[167]GUO Y, XU B, HU X, et al. Two controller designs of hypersonic flight vehicle under actuator dynamics and AOA constraint[J]. Aerospace Science and Technology, 2018, 80: 11 -19.

[168]BU X, WU X, HUANG J, et al. A guaranteed transient performance - based adaptive neural control scheme with low - complexity computation for flexible air - breathing hypersonic vehicles[J]. Nonlinear Dynamics, 2016, 84(4): 2175 -2194.

[169]ZHU G, SUN L, ZHANG X. Neural networks approximator based robust adaptive controller design of hypersonic flight vehicles systems coupled with stochastic disturbance and dynamic uncertainties[J]. Math-

ematical Problems in Engineering, 2017, 2017: 1 - 10.

[170] LIU J, AN H, GAO Y, et al. Adaptive control of hypersonic flight vehicles with limited angle - of - attack[J]. IEEE/ASME Transactions on Mechatronics, 2018, 23(2): 883 - 894.

[171] BU X, WEI D, WU X, et al. Guaranteeing preselected tracking quality for air - breathing hypersonic non - affine models with an unknown control direction via concise neural control[J]. Journal of the Franklin Institute, 2016, 353(13): 3207 - 3232.

[172] JEON I S, LEE J I, TAHK M J. Impact - time - control guidance with generalized proportional navigation based on nonlinear formulation[J]. Journal of Guidance, Control, and Dynamics, 2016, 39(8): 1885 - 1890.

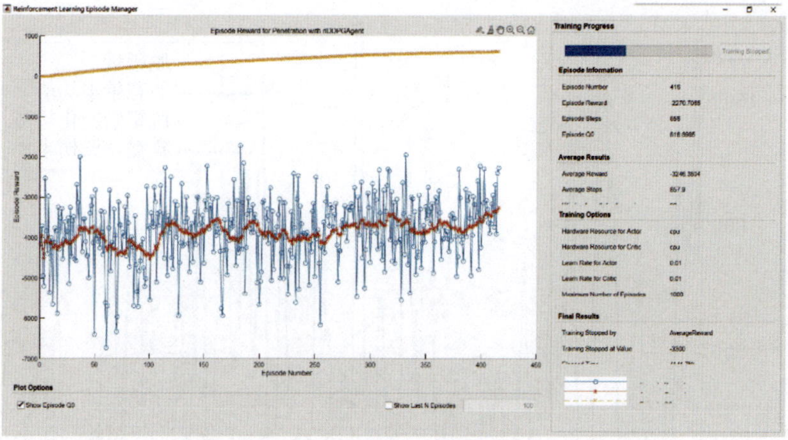

图 6－8　强化学习训练过程（一）

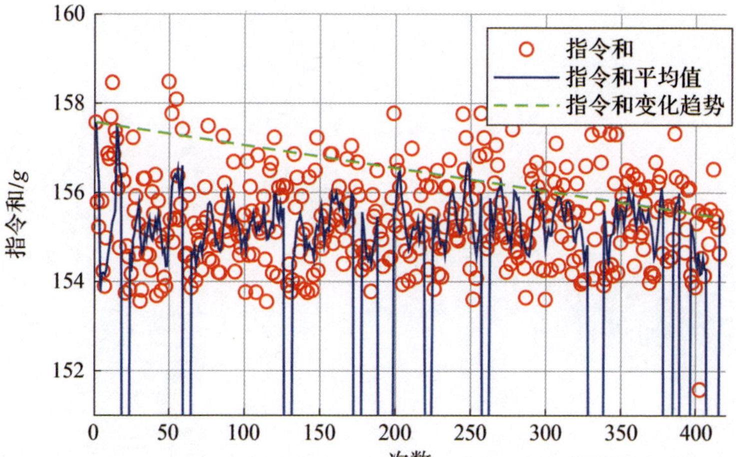

图 6－10　临近空间高速飞行器指令和变化趋势（一）

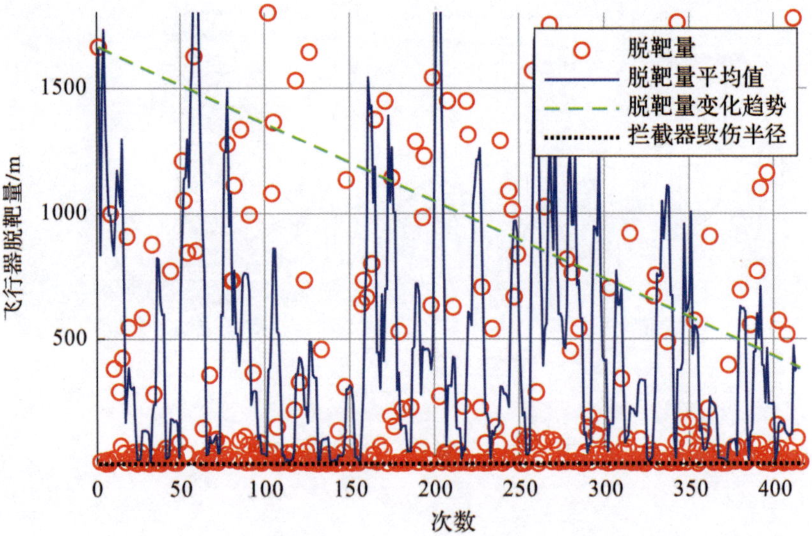

图 6－11　飞行器脱靶量

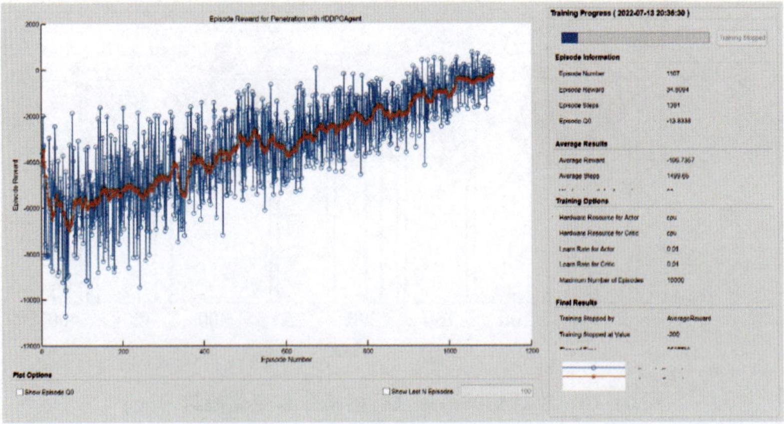

图 6－24　强化学习训练过程（二）

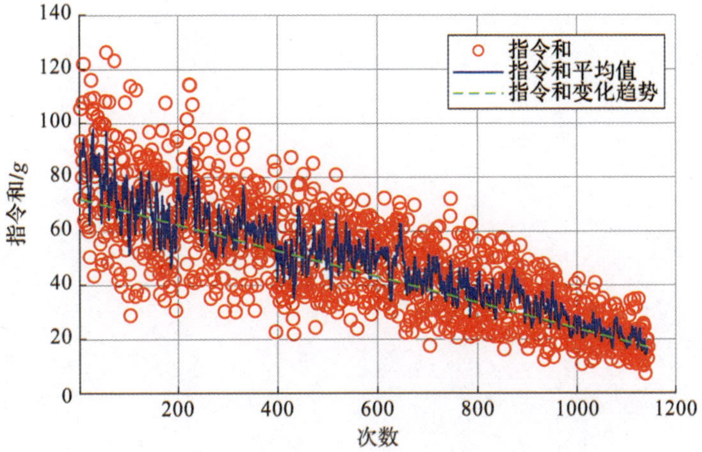

图 6－26　临近空间高速飞行器指令和收敛趋势（二）

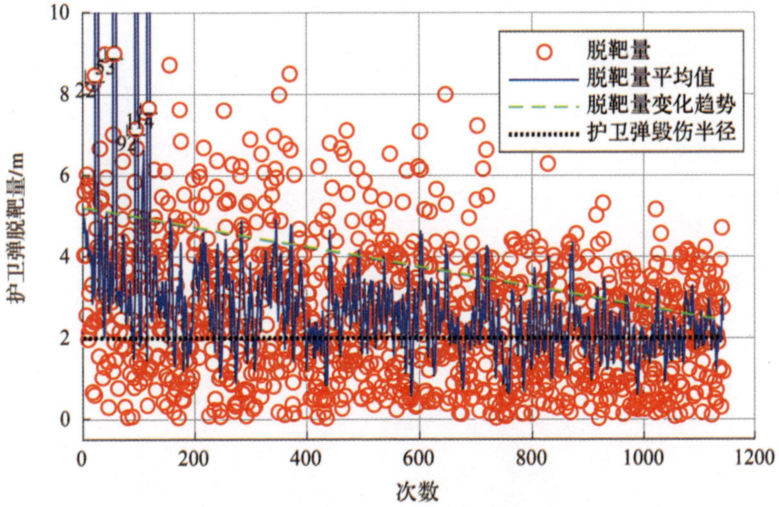

图 6－27　护卫弹、拦截器脱靶量收敛趋势